浙江省普通高校"十三五"新形态教材
浙江理工大学、浙江工业大学、杭州电子科技大学、中国计量大学合编

近代物理应用实验

李小云　　　　　　主　编

吴小平　童建平　　　副主编

张高会　徐婳梅　程　琳　　参　编
李超荣　陈爱喜　陈瑞品

U0275810

电子工业出版社
Publishing House of Electronics Industry
北京·BEIJING

内 容 简 介

本书共选编了 35 个在近代物理学发展进程中具有"里程碑"作用的系列实验,涉及原子物理、分子和固体物理、原子核等内容,教学目的是将近代物理的思想和方法、现代科技理论和成果应用到物理实验教学中,通过实践过程,对学生进行创新思维、操作技能、知识整合、成果转化等各层次的训练。本书在内容叙述上,注重解读实验原理的缘由发展和应用拓展等内容,强调物理思想;在编排方面,以富媒体与纸质教材相结合的方式,嵌入相关虚拟仿真实验、实验操作视频、电子课件(PPT)等链接,读者扫描二维码即可观看。

本书可作为理工科院校本科生或研究生"近代物理实验"和"材料表征技术实验"等课程的教学参考书,也可供从事实验物理的工程技术人员及科研人员参考。

图书在版编目(CIP)数据

近代物理应用实验 / 李小云主编.—北京:电子工业出版社,2022.6
ISBN 978-7-121-43654-3

Ⅰ.①近… Ⅱ.①李… Ⅲ.①物理学−实验−高等学校−教材 Ⅳ.①O4-33

中国版本图书馆 CIP 数据核字(2022)第 096042 号

责任编辑:刘 瑉   特约编辑:王 楠
印　　刷:北京雁林吉兆印刷有限公司
装　　订:北京雁林吉兆印刷有限公司
出版发行:电子工业出版社
　　　　　北京市海淀区万寿路 173 信箱　　　邮编:100036
开　　本:787×1092　1/16　印张:19　字数:486 千字
版　　次:2022 年 6 月第 1 版
印　　次:2023 年 8 月第 2 次印刷
定　　价:69.00 元

凡所购买电子工业出版社图书有缺损问题,请向购买书店调换。若书店售缺,请与本社发行部联系,联系及邮购电话:(010)88254888,88258888。

质量投诉请发邮件至 zlts@phei.com.cn,盗版侵权举报请发邮件至 dbqq@phei.com.cn。

本书咨询联系方式:liuy01@phei.com.cn。

前　言

当前科学研究领域的学科交叉融合渐成趋势，技术革命正在向以信息技术为主导，信息技术与物理技术、生物技术等深度融合的方向加速演进，并向经济和社会领域快速渗透。这种全球科技革命产业变革呈现的新特征，要求我们培养的人才具有扎实的物理基础和宽广的知识，具有独立、批判性思维和能够适应不断变化环境的能力。实验技术是工业实力的精华（理查德·费曼，1961年，《物理学未来》），近代物理中的一些研究思维和方法、实验技术对新学科、新产业的发展起着推波助澜的作用。"近代物理实验"是以激发学生创新精神，培养具有科学思维、有较强工程能力的创新人才为目标的课程，在培养学生科学素质和实验能力上，特别是在培养与科学技术相适应的综合能力上有着无可替代的重要作用。

本书结合了浙江省高等教育教学改革项目"基于诺贝尔物理学奖系列实验，构建学生科学素养培养新模式"和"五校联合，物理实验教学资源区域共享的探索与研究"，教育部产学合作协同育人项目"现代物理与工程应用实验室建设"，教育部高等学校物理教学指导委员会教学改革项目"创新创业型人才培养模式在物理实践教学中的应用探索"，浙江理工大学优质课程建设项目"近代物理应用实验"等的教学改革成果，将现代物理的实验思想和方法、现代物理理论的实际应用、基于人工智能概念的传感器技术及与互联网新技术相结合的物理实验项目引入实验教学；建立了"回顾历史、触摸现在、遇见未来"的基于"四维时空"概念的"近代物理应用实验"教学模式（通过课前预习，使学生回顾科学知识产生的历史背景，感受科学研究中人性的光辉；通过课堂实践，使学生掌握实验方法与实验技术；通过课后探索，使学生对所学的知识进行创新实践、应用拓展，遇见未来）；推进了现代信息技术与实验教学项目深度融合，拓展了实验教学内容的广度和深度，延伸了实验教学的时间和空间，提升了实验教学的质量和水平。

本书共选编了35个在近代物理学发展进程中具有"里程碑"意义的系列实验，涉及原子物理、分子和固体物理、原子核等内容。在介绍近代物理知识的同时，本书以诺贝尔物理学奖为主线，剖析事件的背景和作用及当事人取得成功的经验，展示科学家的风格与科学精神，探讨科学发展的规律、理论与实验的关系、科学研究与技术创新的关系，将人文精神与物理实验相结合，帮助学生确立正确的科学观，启发学生的创新意识。本书的教学目的是将近代物理的思想和方法、现代科技理论和成果应用到物理实验教学中，通过实践过程，对学生进行创新思维、操作技能、知识整合、成果转化等各层次的训练。因此，本书的出版有利于实施新工科的教育改革，促进理工结合，实现实践创新能力强、学科间通透性强、视野广阔的高素质复合型人才的培养。

本书面向的对象主要为非物理专业的学生，因此，本书在内容叙述上避免安排过多复杂的数学公式，注重解读实验原理背后的历史故事、缘由发展和应用拓展等内容，强调物理思想；在编排方面以富媒体与纸质教材相结合的方式，嵌入相关虚拟仿真实验、实验操作视频、电子课件（PPT）等链接，读者扫描二维码即可观看，使教材生动形象，通俗易懂。读者可登录华信教育资源网（www.hxedu.com.cn）免费下载本书的配套资源。本书为浙江理工大学、浙江工业大学、杭州电子科技大学、中国计量大学的合编教材，四所高校都是浙江省重点高校，它们的物理学科都有很强的工科专业作为支撑。本书积极吸纳四所高校物理学科发展及物理实验教学改革的成果，集各校所长，因而其中的近代物理实验内容更全面、应用更前沿。

　　虽然国内不少高校编有《近代物理实验》教材，但各高校办学层次不一样，而且这些教材主要是针对物理专业的学生的。而本书面向的对象主要是以工科为主的高校的非物理专业学生。同时，各高校所开设的实验项目不完全相同，采用的仪器设备也不同，不能完全满足我们的教学要求。因此，编写一本既能反映近年来在近代物理实验课程改革中所取得的成果，又能满足近代物理实验课程教学要求的教材是非常必要的。考虑到各高校所使用的仪器和实验内容不同，本书增加了相关的扩展实验，以便其他高校参考使用。

　　本书由浙江理工大学李小云（负责实验二、四、七、九、十、十四、十五、十六、三十三的编写）、吴小平（负责实验五、十八、二十、二十五、二十六、二十八、三十一的编写），浙江工业大学童建平（负责实验三、八、十三、十七、二十一、二十二的编写）、程琳（负责实验六、十九、二十四、二十九的编写）、李超荣（负责实验十一、二十七的编写）、陈爱喜（负责实验一、十二的编写）、陈瑞品（负责实验二十三的编写），杭州电子科技大学徐婭梅（负责实验三十、三十二的编写），中国计量大学张高会（负责实验三十四、三十五的编写）老师共同编写。另外，浙江理工大学王顺利、金立、赵廷玉、潘佳奇等老师以及李叔浩、王军霞等同学对本书的编写给予了很大的帮助，在此一并表示感谢。

　　本书在编写和出版过程中，得到了浙江省普通高校"十三五"新形态教材建设项目和浙江理工大学教材建设等项目的资助。同时，一些兄弟院校的教材以及设备厂家提供的使用说明书也为本书的编写提供了很好的借鉴。本书在编写过程中还参考了国内外大量的文献资料，也从网络上收集了大量的有关资料和图片，并在每个实验后面进行了标注，对于部分网络上转引的资料，由于难以确定原作者，在此向原作者表示感谢。正是由于如此广泛丰富的参考资料，我们才能为学生呈现出这样一本内容充实、生动的教材。我们向所有对本书做出贡献的同仁致以深切的谢意。

　　由于编者的学术水平有限，加之编写时间仓促，教材中难免有不足和错误之处，恳请读者提出宝贵意见，以便在再版中加以纠正。

编　者

目　录

实验一　汤姆孙电子荷质比测量实验

电子课件

19 世纪 80 年代，英国物理学家汤姆孙（Joseph John Thomson）做了一个著名的实验：阴极射线受强磁场的作用发生偏转，显示射线运行轨迹的曲率半径；采用静电偏转力与磁场偏转力平衡的方法求得粒子的速度，结果发现了"电子"，并测定了电子的电荷量与质量之比，对人类科学做出了重大的贡献。

电子荷质比（e/m）是一个物理常数，它的定义是电子的电荷量与其质量的比值，经现代科学技术测定，电子荷质比的标准值是 $1.759×10^{11}$C/kg。当然，测量电子荷质比的方法在物理实验中有多种，本实验是以汤姆孙的思路，利用电子束在磁场中运动轨迹发生偏转的方法来测量的。通过该实验的操作不仅可以测量出电子荷质比，还能加深对洛伦兹力的认识。

Joseph John Thomson（1856—1940）

【实验目的】

1. 了解汤姆孙测量电子荷质比的思路，培养创新精神。
2. 了解带电粒子在电磁场中的运动规律，掌握电子束电磁偏转的原理。
3. 了解电磁偏转原理在科学研究和日常生活中的应用。

【实验原理】

1. 电子在磁场中的偏转

当一个电子以速度 v 进入磁场时，电子要受到洛伦兹力的作用，它可由式（1-1）决定：
$$f = evB \tag{1-1}$$

当电子垂直进入均匀磁场时，由于力的方向垂直于速度的方向，如图 1-1 所示，因此电子运动的轨迹是一个圆，力的方向指向圆心，符合圆周运动的规律，所以作用力与速度又有

$$f = \frac{mv^2}{r} \tag{1-2}$$

其中，r 是电子运动轨迹圆周的半径。洛伦兹力就是使电子做圆周运动的向心力，因此

$$evB = \frac{mv^2}{r} \tag{1-3}$$

由以上转换可得

$$\frac{e}{m} = \frac{v}{rB} \tag{1-4}$$

图 1-1　电子在磁场中运动
的轨迹

本实验的装置是三维立体的威尔尼氏管，器件中心是一个电子枪，在加速电压 u 的驱使下，射出电子束，此时电子的电能转变成电子的输出动能，因此又有

$$eu = \frac{1}{2}mv^2 \tag{1-5}$$

由式（1-4）、式（1-5）转换可得

$$\frac{e}{m} = \frac{2u}{(r \times B)^2} \tag{1-6}$$

实验中固定加速电压 u，通过改变不同的磁场，测量出电子束的运动轨迹圆半径 r 就能测试出电子的荷质比。

实验采用亥姆霍兹线圈产生均匀磁场。因此，通过改变不同的线圈电流 I，就能产生不同的磁场。按本实验的要求，必须仔细地调整威尔尼氏管，使电子束与磁场严格保持垂直，产生完全封闭的圆形电子轨迹。按照亥姆霍兹线圈产生磁场的原理，有

$$B = KI \tag{1-7}$$

其中，K 为磁电变换系数，其表达式为

$$K = \mu_0 \left(\frac{4}{5}\right)^{\frac{3}{2}} \frac{N}{R} \tag{1-8}$$

其中，μ_0 是真空磁导率，R 为亥姆霍兹线圈的平均半径，N 为单个线圈的匝数，由厂家提供的参数可以知道它。因此，式（1-6）可以改写成

$$\frac{e}{m} = \left(\frac{125}{32}\right) \frac{R^2 u}{\mu_0^2 N^2 I^2 r^2} = 2.474 \times 10^{12} \times \frac{R^2 u}{N^2 I^2 r^2} \text{(C/kg)} \tag{1-9}$$

2. 电子在电场中的电偏转

在电子枪中，电子从被加热的阴极逸出后，由于受到阳极电场的加速作用，获得沿电子枪轴向的动能。选用一个直角坐标系，令 x 轴方向为沿电子枪的轴向（电子束的出射方向）水平向右，y 轴方向为垂直方向向上。假定电子从阴极逸出时初速度忽略不计，则电子经过电位差为 u 的加速电场后，电场力做的功 eu 应等于电子获得的动能：

$$\frac{1}{2}mv_x^2 = eu \tag{1-10}$$

此后，电子通过偏转板之间的空间，由于本实验的两个偏转板是不平行的，为了不阻挡电子束的大角度偏转，将它设置为一个喇叭口形状。如果偏转板之间没有电位差，那么电子将笔直地通过。但是，如果两个偏转板之间加有电位差 u_d，在偏转板之间形成一个横向电场 E_y，那么作用在电子上的电场力便使电子获得一个纵向速度 v_y，但不改变它的轴向速度分量 v_x，这样，电子在离开偏转板时的运动方向将与 x 轴成一个夹角 θ，而这个 θ 角称为偏转角，由下式决定：

$$\tan \theta = \frac{v_y}{v_x} \tag{1-11}$$

　　如图 1-2 所示。如果知道了偏转电位差和偏转板的尺寸，那么以上各个量都能计算出来。

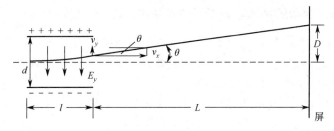

图 1-2　电子在电场中的运动

　　设平均距离为 d 的两个偏转板之间的电位差 u_d 在其中产生一个纵向电场：

$$E_y = u_d / d$$

从而对电子作用一个大小为 F_y 的纵向力：

$$F_y = eE_y = eu_d / d$$

　　在电子从偏转板之间通过的时间 Δt 内，这个力使电子得到一个纵向动量 mv_y，而它等于力的冲量，即

$$mv_y = F_y \Delta t = eu_d \frac{\Delta t}{d} \tag{1-12}$$

$$v_y = \frac{e}{m} \frac{u_d}{d} \Delta t \tag{1-13}$$

　　时间间隔 Δt 就是电子以轴向速度 v_x 通过距离 l（l 等于偏转电场的有效长度）所需的时间，因此 $l = v_x \Delta t$。由这个关系式解出 Δt，代入冲量—动量关系式，得

$$v_y = \frac{e}{m} \frac{u_d}{d} \frac{l}{v_x} \tag{1-14}$$

　　这样，偏转角 θ 就由下式给出，再把能量关系式（1-10）代入式（1-14），最后得到

$$\tan\theta = \frac{v_y}{v_x} = \frac{eu_d l}{dmv_x^2} = \frac{u_d}{u} \frac{l}{2d} \tag{1-15}$$

　　式（1-15）表明，偏转角随偏转电位差 u_d 的增加而增大，而且偏转角也随偏转板长度 l 的增大而增大，偏转角与 d 成反比，对于给定的总电位差来说，两偏转板之间距离越近，偏转电场就越强。最后，降低加速电位差 u 也能增大偏转角，这是因为减小了电子的轴向速度，延长了偏转电场对电子的作用时间。此外，对于相同的偏转电位差，轴向速度越小，得到的偏转角就越大。

　　电子束离开偏转区域以后，便又沿一条直线行进，这条直线是电子离开偏转区域那一点的电子轨迹的切线。这样，荧光屏上的亮点会偏移一个垂直距离 D，而这个距离由关系式（1-16）确定：

$$D = L \tan\theta \tag{1-16}$$

　　这里的 L 应从偏转板的中心量到荧光屏。于是有

$$D = L\frac{u_\mathrm{d}}{u}\frac{l}{2d}$$　　　　　　　　　　（1-17）

3. 电子荷质比测量的拓展学习以及电子束在电磁场中偏转的应用

自从汤姆孙测量电子的荷质比后，随着科学技术的发展，人们又设计出一些更准确的测量带电粒子荷质比的实验方法及实验装置。例如，运用电磁偏转法测量正离子的荷质比、运用质谱仪法测量同位素的荷质比、运用磁聚焦法测量电子的荷质比、运用双电容法测量电子荷质比、在反常塞曼效应中用法布里—珀罗标准具进行干涉成像测量电子荷质比等。

如今电子束的电偏、磁偏、电聚焦、磁聚焦现象已被广泛应用在科学研究和日常生活中，如示波器、显像管、电子显微镜、质谱仪、雷达指示器、回旋加速器等就是在这个基础上制成的。1923 年，德国科学家蒲许提出了"具有轴对称性的磁场对电子束来说起着透镜的作用"，从理论上解决了电子显微镜的透镜问题。1932 年，德国柏林工科大学的年轻研究员卢斯卡制作了第一台电子显微镜，这是一台经过改进的阴极射线示波器，它使用电子束和电子透镜形成与光学像相同的电子像。经过不断的改进，1933 年，卢斯卡制成了二级放大的电子显微镜，获得了金属箔和纤维的 1 万倍放大像。电子显微镜的出现使人类的洞察能力提高了几百倍。鉴于卢斯卡发明电子显微镜的功绩，他获得了 1986 年诺贝尔物理学奖。回旋加速器是高能物理中利用磁场使带电粒子做回旋运动，在运动中经高频电场反复加速的重要仪器。劳伦斯回旋加速器是劳伦斯发明和改进的，他因此于 1939 年获诺贝尔物理学奖。

发现电子一百多年来，人们对电子的认识虽然不断深入，并取得了丰硕的成果，但还有许多问题有待深入研究和探索。究竟电子本身有没有内部结构，依然是人们关注的课题。

【实验装置】

可调电压源，可调恒流源，威尔尼氏管，亥姆霍兹线圈。
扫描图 1-3 右边的二维码，可以观看操作视频。

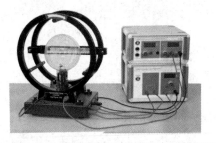

操作视频

图 1-3　汤姆孙测电子荷质比实验装置图

1. 可调电压源

可调电压源面板如图 1-4 所示。

- 电压表：显示输出电压。

- 电压范围选择按钮：设置电压输出范围为0～12V、0～100V或0～200V。
- 电源开关：选择设备的电源开和关。
- 电压调节旋钮：调节输出电压大小。
- 输出端：电压输出端口。
- 数据接口：连接到数据采集器。

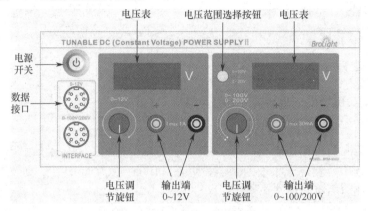

图 1-4　可调电压源面板图

2．可调恒流源

可调电流源电流调节范围为0～3.5A，面板如图1-5所示。

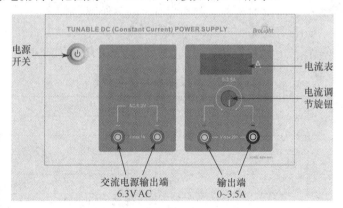

图 1-5　可调恒流源面板图

- 电源开关：选择设备电源的开和关。
- 电流调节旋钮：调节输出电流大小。
- 输出端：输出电流或电压的端口。
- 电流表：显示输出电流数值。
- 交流电源输出端：6.3V AC。

3．威尔尼氏管

- 充气：氦气。
- 气压：10^{-1}Pa。

- 灯丝电压：6.3V AC。
- 加速电压：≤250V。

4. 亥姆霍兹线圈

- 有效半径：158mm。
- 线圈匝数：130 匝。
- 电流≤3.5A DC。

【实验内容】

1. 电子束在磁场中的偏转

（1）按图 1-2 正确完成仪器的连接。

（2）开启电源，将加速电压调到 140V，耐心地等待，直到电子枪射出翠绿色的电子束。调节加速电压，使电子束最为聚焦和明亮（100～120V）。注意：加速电压太高或偏转电流太大，都容易引起电子束散焦。

（3）调节偏转电流，使电子束的运行轨迹形成封闭的圆，细心调节加速电压，使电子束明亮，缓缓改变亥姆霍兹线圈中的励磁电流，观察电子束曲率半径大小的变化。注意：如果电子束没有偏转或者偏转幅度非常小，则需改变其中一个线圈的电流方向；如果电子束没有向上偏转，而是向下偏转，则需改变两个亥姆霍兹线圈串联电流的方向。

（4）调节仪器线圈后面反射镜的位置和高度，以方便观察。对准电子束与反射镜中的像，测出电子轨迹圆的直径。

（5）改变加速电压或者励磁电流，重复测试并记录多组数据于表 1-1 中。

表 1-1 磁偏转数据记录表

项目	U(V)	I(A)	r(mm)	e/m(C/kg)	测量误差(%)
1					
2					
3					
4					
5					
6					

2. 电子束在电场中的偏转（注意：需再配一个 0～200V 的直流电源）

（1）按要求连接导线，只需 6.3V AC 灯丝电压和 120～150V 加速电压，并且连接另外一组直流电源 0～200V DC 到底座的偏转电极作为电偏转电压，0～3.5A 励磁电流不用连接到线圈。

（2）打开电源，将电偏转电压调节到 0V，耐心地等待，直到电子枪射出翠绿色的电子束。

（3）慢慢增加电偏转电压，观察电子束的偏转及其偏转方向。

（4）测量 D 随 u_d（y 轴）的变化：调节加速电压调节旋钮，设定加速电压 u（120V），

改变电偏转电压 u_d，每隔 20V 测一组 D 值，用透明的直尺来测量 D 的值，并记录数据到表 1-2 中。

（5）改变加速电压 u（150V）后，再测 D-u_d 变化。

表 1-2　电偏转数据记录表

$u = 120V$									
u_d(V)	0	20	40	60	80	100	120	140	160	180
D(mm)									
$u = 150V$									
u_d (V)	0	20	40	60	80	100	120	140	160	180
D(mm)									

【注意事项】

1. 在连接任何导线之前，请确认所有电源开关都处于关闭状态。
2. 在开启电源前，请确认所有调节旋钮都左旋到底。
3. 威尔尼氏管电源是高压电源，工作时禁止用身体的任何部位去触摸。
4. 威尔尼氏管是玻璃管，插拔时请小心，防止打破玻璃。

【结果分析】

1. 根据式（1-9）计算 e/m，并分析测量误差。
2. 作 D-u_d 图，求出曲线斜率，以求得电偏转灵敏度。

【思考讨论】

1. 如何调节加速电压使得电子束聚焦和明亮？
2. 在磁偏转实验中，如果电子束没有偏转或者偏转幅度非常小，其原因有哪些？如果电子束向下偏转或者电子束不能形成一个封闭的圆，该如何解决？
3. 为了减少用磁聚焦法测量电子荷质比的误差，可以采取什么办法？

【参考文献】

[1] 杨福家. 原子物理学[M]. 北京：高等教育出版社，2011.

[2] 黄孝瑛. 材料微观结构的电子显微学分析[M]. 北京：冶金工业出版社，2008.

[3] 隋成华. 大学物理实验[M]. 上海：上海科学普及出版社，2012.

[4] 代伟. 带电粒子荷质比测量方法研究[J]. 实验室科学，2008, (1): 77-81.

[5] 江向东，黄艳华. 诺贝尔奖百年鉴·微观绝唱：量子物理学[M]. 上海：上海科技教育出版社，2001.

[6] 郭奕玲，沈慧君. 物理学史[M]. 北京：清华大学出版社，1993.

[7] 杨振宁. 基本粒子发现简史[M]. 上海：上海科学技术出版社，1963.

[8] 王之国. 人类发现的第一个基本粒子——电子[J]. 黑河科技，2003, (1): 59-60.

实验二　塞曼效应实验

电子课件

1896 年，荷兰物理学家塞曼（Pieter Zeeman）发现钠的两根黄色谱线 D_1（589.6nm）和 D_2（589.0nm）在强磁场中出现了分裂的现象，并且根据谱线分裂的波长差及洛伦兹电磁理论计算出了带电粒子的荷质比。这一比值与几个月前汤姆孙用电磁方法测出的值的数量级相同（10^{11}C/kg），实验又一次有力论证了电子的存在。塞曼为了进一步去解释这种现象，给洛伦兹（H. A. Lorentz）写了一封信。洛伦兹用电磁理论及时地对塞曼发现的效应做出了解释。所以塞曼和洛伦兹共同获得了1902 年诺贝尔物理学奖。塞曼的实验不但有力证实了汤姆孙发现的电子，打破了原子不可分割的观念，使物理学进入微观粒子研究的新领域，而且帮助洛伦兹建立了电磁理论。这个理论把电磁场和物质结构联系起来，是麦克斯韦电磁理论的进一步发展。到目前为止，塞曼效应仍然是研究原子内部结构的一种重要方法。

Pieter Zeeman（1865—1943）

【实验目的】

1．观察汞原子 546.1nm 谱线的分裂现象以及它们的偏振状态，加深对原子磁矩及空间量子物理学概念的理解。

2．掌握观测塞曼效应的实验方法，学习法布里—珀罗标准具的原理和使用。

3．测量塞曼分裂的裂距，计算电子荷质比。

【实验原理】

1．原子的磁矩

1）电子轨道角动量和磁矩

如果原子中的电子绕核旋转的圆周速度为 v，轨道半径为 r，则电子轨道角动量 L 的大小为

$$L = mvr \tag{2-1}$$

电子绕核做轨道运动，相当于产生一个圆电流，从而产生轨道磁矩 μ_l：

$$\mu_l = IS = \frac{ev}{2\pi r}\pi r^2 = \frac{evr}{2} \tag{2-2}$$

用轨道角动量表示电子的轨道磁矩时，有

$$\boldsymbol{\mu} = -\frac{e}{2m}\boldsymbol{L} \tag{2-3}$$

同时，轨道角动量是量子化的，其表达式为

$$L = \sqrt{l(l+1)}\hbar \tag{2-4}$$

则轨道磁距的量子化表达式为

$$\mu_l = -\frac{e\hbar}{2m}\sqrt{l(l+1)} \tag{2-5}$$

其中，l 称为角量子数，它表征电子的角动量，也影响电子的能量，它的取值为整数 0, 1, 2,…, $n-1$；n 为主量子数，当 n 值确定后，l 可以有 n 个取值，n 可以取 1, 2 等正整数。

轨道磁距在 z 方向（如图 2-1 所示）的投影表示为

$$\mu_{l,z} = -\frac{e\hbar}{2m}m_l = -\mu_B m_l \tag{2-6}$$

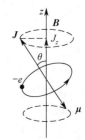

图 2-1　磁距绕磁场 B 进动的示意图

其中，m_l 为磁量子数，它决定电子轨道角动量的空间取向，由 m_l 所反映的量子效应一般要在外磁场作用下才呈现出来，m_l 的取值可以是 0, ±1, ±2,…, ±l，共有 $2l+1$ 个；μ_B 为玻尔磁子，是轨道磁距的最小单位，其值为

$$\mu_B = \frac{e\hbar}{2m} = 0.927 \times 10^{-23}(A \cdot m^2) \tag{2-7}$$

原子内电子的能级主要由 n 和 l 同时确定。原子中的电子按能级的高低分布在若干壳层和支壳层上，主壳层的划分由主量子数 n 决定。在每个壳层中，具有相同量子数 l 的电子组成一个支壳层，用符号 s, p, d, f, g, h 等代表 $l = 0, 1, 2, 3, 4, 5$ 等支壳层，如钠原子表示为 $1s^2 2s^2 2p^6 3s^1$。

2）电子自旋角动量和磁矩

电子的自旋运动产生自旋磁矩。

电子的自旋角动量 S 为

$$S = \sqrt{s(s+1)}\hbar \tag{2-8}$$

其中，s 为自旋量子数，由于电子的自旋角动量在磁场方向上的投影只有 2 个，所以 $s = 1/2$。

电子的自旋磁矩 μ_s 为

$$\mu_s = -\frac{e}{m}S = -2\sqrt{s(s+1)}\mu_B \tag{2-9}$$

自旋磁矩在 z 方向的投影为

$$\mu_{s,z} = -2\mu_B m_s = \pm\mu_B \tag{2-10}$$

其中，m_s 为自旋磁量子数，其值为 ±1/2。

3）原子的总磁矩

原子中的电子一般既有轨道角动量又有自旋角动量，它们相应的磁矩合起来形成电子的总磁矩 μ_j，如图 2-2 所示。要计算 μ_j 的大小，只需要把 μ_l 和 μ_s 在 J 方向上的分量相加，所以

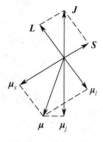

图 2-2　电子磁矩同角动量的关系

$$\mu_j = \mu_l \cos(L, J) + \mu_s \cos(S, J) \tag{2-11}$$

简化后总磁矩 μ_j 可表示为

$$\mu_j = -g \frac{e}{2m} J = -g \frac{e}{2m} M\hbar = -Mg\mu_B \tag{2-12}$$

其中，M 是总角动量所对应的磁量子数，J 是由 S 和 L 耦合成的总角动量所对应的量子数。M 只能取 $J, J-1, J-2, \cdots, -J$（共 $2J+1$ 个值）。g 为朗德因子，是反映物质内部运动的一个重要物理量，其表达式为

$$g = \frac{3}{2} + \frac{s(s+1) - l(l+1)}{2J(J+1)} \tag{2-13}$$

对一个原子，我们应把原子中所有的电子的贡献都加起来，但是对于原子序数为奇数的大多数原子，所有偶数部分的电子的角动量都双双抵消，最终有贡献的只是剩下的那个单电子。对于另外一些原子，对原子的总角动量有贡献的电子数目不止一个，只要把 s、l 改成 S、L 即可，S 和 L 为各个有贡献的电子耦合成的总自旋及总轨道角动量所对应的量子数。在原子态的表达式 $^{2S+1}L_J$ 中，左上角的数字等于 $2S+1$，右下角数字为 J，如汞 $^3P_2$ 原子态中，L 等于 1，S 等于 1，J 等于 2，所以 g 等于 2/3。

2. 谱线分裂原理

从电磁学中可以知道，原子的总磁矩在外磁场中受到力矩的作用，而力矩使原子的总角动量绕磁场方向做进动，如图 2-1 所示。进动引起附加的能量，而这个附加能量和磁量子数 M 有关，即

$$\Delta E = -\boldsymbol{\mu} \cdot \boldsymbol{B} = -\mu_Z B = Mg\mu_B B \tag{2-14}$$

原子的两个能级 E_2 和 E_1（$E_2 > E_1$）之间存在光谱跃迁，无外磁场时，跃迁的能量为

$$h\nu = E_2 - E_1 \tag{2-15}$$

在外磁场 B 的作用下，上、下两能级各获得附加能量 ΔE_1 和 ΔE_2，两能级的能量分别为

$$E_2' = E_2 + M_2 g_2 \mu_B B \tag{2-16}$$

$$E_1' = E_1 + M_1 g_1 \mu_B B \tag{2-17}$$

每个能级各分裂成 $2J_2+1$ 和 $2J_1+1$ 个子能级，这样上、下能级之间的跃迁将发出频率为 ν' 的谱线，于是有

$$h\nu' = E_2' - E_1' = (E_2 - E_1) + (M_2 g_2 - M_1 g_1)\mu_B B \tag{2-18}$$

或者

$$h\nu = h\nu + (M_2 g_2 - M_1 g_1)\mu_B B \tag{2-19}$$

所以分裂后的谱线与原谱线的频率差为

$$\Delta\nu = \nu - \nu' = (1/h)(M_2 g_2 - M_1 g_1)\mu_B B \tag{2-20}$$

将式（2-7）代入，并转化为波长表示，有

$$\Delta\lambda = (-\lambda^2 / c)\Delta\nu = (M_2 g_2 - M_1 g_1)(\lambda^2 / 4\pi c)(e/m)B \tag{2-21}$$

电子并不能在任何两个能级间跃迁，而必须满足选择定则：$\Delta M = 0$ 或 ±1。磁场观察的方式和偏振特性如表 2-1 所示。

表 2-1　磁场观察的方式和偏振特性

ΔM	垂直于磁场	平行于磁场
+1	线偏振光（σ⁺）	圆偏振光（σ⁺）
0	线偏振光（π）	无光
-1	线偏振光（σ⁻）	圆偏振光（σ⁻）

（1）当 $\Delta M = 0$，垂直于磁场的方向观察时，能观察到线偏振光，线偏振光的振动方向平行于磁场，称为 π 成分。当平行于磁场方向观察时，π 成分不出现。

（2）当 $\Delta M = \pm 1$，垂直于磁场的方向观察时，能观察到线偏振光，线偏振光的振动方向垂直于磁场，称为 σ 成分。当平行于磁场方向观察时，能观察到圆偏振光，圆偏振光的转向依赖于 ΔM 的正负、磁场方向以及观察者相对于磁场的方向。当 $\Delta M = 1$，偏振转向是沿磁场方向前进的螺旋转动方向，磁场指向观察者时，为左旋圆偏振光 σ⁺，当 $\Delta M = -1$，偏振转向是沿磁场方向倒退的螺旋转动方向，磁场指向观察者时，为右旋圆偏振光 σ⁻。

在本实验装置中，观测汞灯发出的绿线，其波长为 546.1nm。该绿线是汞 $^3S_1 \rightarrow {}^3P_2$ 跃迁的结果。在足够强的磁场中，当垂直于磁场方向观察时，可以观察到 9 条谱线，包括 3 条 π 偏振谱线，6 条 σ 偏振谱线。其中，3 条 π 线最亮，6 条 σ 线较弱。可以通过旋转偏振器来观测 π 线和 σ 线，如图 2-3 所示。

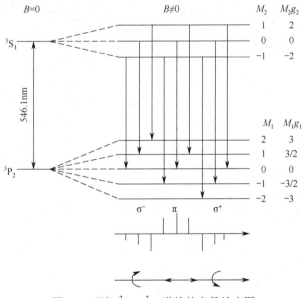

图 2-3　汞灯 $^3S_1 \rightarrow {}^3P_2$ 谱线的塞曼效应图

3．F-P 标准具测量波长差

塞曼分裂的波长差很小，下面以汞原子（Hg）546.1nm 谱线为例加以说明。当处于 $B = 1$T 的磁场中时，波长差约为 0.01nm。要观察到如此小的波长差，用一般的光谱仪是不可能的，而需要用高分辨率仪器，如法布里—珀罗标准具（F-P 标准具）。

F-P 标准具由两块平面平晶及中间的间隔圈组成。平晶内表面需经过精密加工，精度

高于 $\lambda/20$。内表面镀有高反射膜，反射率高于 90%。标准具两块镜片的内表面距离为 d，中间为空气，折射率为 1，光线的入射角为 θ，于是两条光线的光程差为

$$\Delta = 2d\cos\theta \tag{2-22}$$

构成干涉极大值的条件是光程差为波长的整数倍，即

$$\Delta = 2d\cos\theta = k\lambda \tag{2-23}$$

在标准具中心附近，由于入射角很小，可以认为 $\theta \approx 0$，则 $\cos\theta = 1$。由于 $\cos\theta$ 随着入射角的增加而减小，所以干涉圆环的最内层级数最高，为 k 级，向外依次为 $k-1$ 级、$k-2$ 级等。磁场为零时的干涉图像如图 2-4 所示，磁场足够强时的干涉圆环分裂图像如图 2-5 所示。

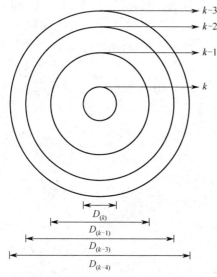

图 2-4　磁场为零时的干涉图像　　　图 2-5　磁场足够强时的干涉圆环分裂图像

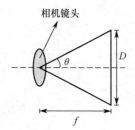

图 2-6　相机镜头处的光路图

从标准具出射的平行光，被焦距为 f 的相机镜头聚焦成像在 CMOS 相机上，如图 2-6 所示。

干涉圆环的直径 $D = 2f\tan\theta$，又因为内层干涉圆环的出射角度很小，所以 $\theta = D/2f$。通过二项式展开，可得第 k 级圆环满足

$$3d(1 - D_{(k)}^2 / 8f^2) = k\lambda \tag{2-24}$$

对于 k 级的不同波长满足

$$\Delta\lambda = \lambda_{k1} - \lambda_k = (D_{(k)}^2 - D_{(k)1}^2)(d / 4f^2 k) \tag{2-25}$$

由能级分裂产生的谱线的波长差是和相机镜头焦距无关的量，为消去焦距 f，由式（2-24）可得 $k-1$ 级满足

$$2d(1 - D_{(k-1)}^2 / 8f^2) = (k-1)\lambda \tag{2-26}$$

由式（2-24）和式（2-26）得

$$d /[4f^2(D_{(k-1)}^2 - D_{(k)}^2)] = \lambda \tag{2-27}$$

由式（2-27）求出 f^2 并代入式（2-25），有

$$\Delta\lambda = (\lambda / k)(D_{(k)}^2 - D_{(k)1}^2) / (D_{(k-1)}^2 - D_{(k)}^2) \qquad (2\text{-}28)$$

由于入射角很小，所以 $\cos\theta \approx 1$，$k \approx 2d / \lambda$。代入式（2-28），有

$$\Delta\lambda = (\lambda^2 / 2d) \cdot (D_{(k)}^2 - D_{(k)1}^2) / (D_{(k-1)}^2 - D_{(k)}^2) \qquad (2\text{-}29)$$

由式（2-21）和式（2-29）得

$$\frac{e}{m} = (2\pi c / dB)(1 / M_2 g_2 - M_1 g_1)(D_{(k)}^2 - D_{(k)1}^2) / (D_{(k-1)}^2 - D_{(k)}^2) \qquad (2\text{-}30)$$

实验预习：请上浙江理工大学物理实验中心网站观看塞曼效应的虚拟仿真实验，界面如图 2-7 所示。

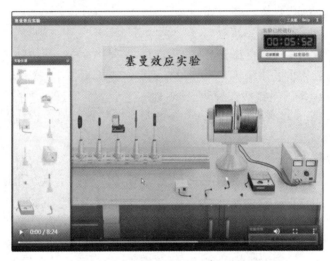

图 2-7 塞曼效应虚拟仿真实验界面

【实验装置】

聚光透镜（焦距为 129 mm），偏振器；干涉滤光片；标准具；CMOS 相机（镜头焦距为 50mm）；电磁线圈（电阻 <6Ω，最大输出电流为 6A；最大磁感应强度为 1.2T）；恒流电源（输出电流为 0～6A）；计算机。实验装置如图 2-8 所示，扫描图 2-8 旁边的二维码可以观看操作视频。

操作视频

图 2-8 实验装置

【实验内容】

1. 基本安装

如图 2-8 所示，将聚光透镜和偏振器组合装入具有一维横向调节架的精密调整架中，并旋紧螺钉，锁死；将装有干涉滤光片的标准具、CMOS 相机分别装入升降调节架。用连接件连接导轨和电磁线圈，0 刻度一端与连接件相连。用红色和黑色连接线分别连接恒流源和电磁线圈。用 USB 数据线连接 CMOS 相机和计算机。

2. 垂直于磁场方向观察塞曼效应

将汞灯插入电磁线圈中间，如图 2-8 所示。打开汞灯电源和计算机。

将 CMOS 相机调节架放在导轨 40mm 处。打开 Capstone 软件，进入主界面。双击或拖动"图像"按钮，选择"截取图像"按钮，视频画面出现汞灯光斑。调节 CMOS 相机杆的高度，并微调升降调节架，确保 CMOS 相机和汞灯窗口处于同一高度；调节 CMOS 相机的水平方向，使汞灯光斑在视频窗口中心位置。

将聚光透镜和偏振器系统放在导轨 5mm 处（这个位置不是固定的，以获得清晰的图像为准），调节相机镜头的光阑和后焦，并调节整个调整架，使得汞灯光斑清晰地位于视频窗口的中心位置。

将装有干涉滤光片的标准具置于 CMOS 相机和偏振器之间的位置，使得标准具尽可能靠近相机镜头，但不能相互触碰（避免杂散光），如图 2-8 所示。此时汞灯发出的光经透镜聚光后，穿过偏振器，经干涉滤光片滤光后，剩下波长为 546.1nm 的光线，进入标准具形成干涉圆环，经相机镜头和 CMOS 相机成像（注意：为避免杂散光的影响，该实验请在较黑暗的环境中进行）。适当调节聚光透镜的位置和相机镜头光阑，使得图像亮度适中，调节装有标准具的精密调整架的 X、Y 调节旋钮，使得干涉圆环位于视频窗口的中心，调节相机镜头后焦，获得清晰的干涉图像，如图 2-9 所示。

（1）观测 π 分量，将偏振器置于 90°位置。

增大输入电磁线圈的电流，获得如图 2-10 所示的清晰图像（一般电流大于 4A 即可看到分裂干涉圆环，电流为 5A 时实验效果较佳）。

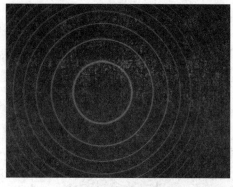 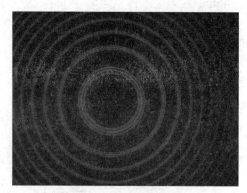

图 2-9　未分裂干涉圆环　　　　　　　　图 2-10　π 分量分裂干涉圆环

调节完毕且获得清晰的图像后，进行数据测量。单击 按钮，截取分裂图像；单击 按钮，选择进入"视频分析模式"，单击 按钮，创建测量工具；选择"半径工具"，并按鼠标右键，选择"属性"选项，在"校准工具"中将数据单位修改为毫米。开始描点，每个圆需要描三个点，三个点之间最好成 120°。三个点描好后，读出干涉圆环直径并记录于表 2-1 中（注意：软件显示的数据为半径）。

表 2-1 数据记录表

I（A）	B（T）	$D_{(k)}$（mm）	$D_{(k)1}$（mm）	$D_{(k-1)}$（mm）	$\Delta\lambda$（nm）	e/m（C/kg）
1						
2						
3						
4						
5						
6						

（2）调节偏振器观察σ分量，将偏振器置于 0°位置，可以看到如图 2-11 所示的干涉图像（选做）。

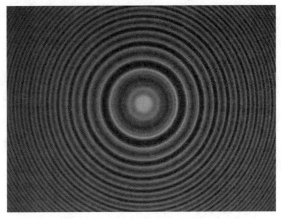

图 2-11 σ分量分裂干涉圆环

3. 平行于磁场方向观察塞曼效应

松开锁紧螺钉，取出铁心，如图 2-12 所示。确保汞灯光线从该孔穿出，旋转电磁线圈，使得磁场方向平行于导轨，如图 2-13 所示。

图 2-12 电磁线圈铁心

图 2-13 平行于磁场方向观察

如实验内容 2 那样，调整光路。

整套装置调整完毕后，可以观察到如图 2-14 所示的现象，此时旋转偏振器没有任何影响，说明此时的光线为圆偏正光。

记录数据并保存图像，关闭电源整理实验仪器。

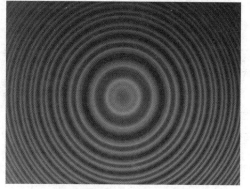

图 2-14　平行于磁场的圆偏正干涉分裂圆环

【注意事项】

1．先断开电源，再连接电源线、连接线等。

2．画圆时要从内到外依次画 9 个，点要均匀分布在圆上。输入磁感应强度，单位为 T 且应为分裂时的磁感应强度，需要用特斯拉计测量。

【结果分析】

1．根据式（2-29）计算塞曼分裂的裂距，并分析磁场 B 与裂距的关系。

2．根据式（2-30）计算电子荷质比（e/m），多次测量求平均值，并与标准值（$1.759×10^{11}$ C/kg）比较，求相对误差。

【思考讨论】

1．为什么不使用常见的光谱仪观测塞曼效应，比如光纤光谱仪？

2．如何观测塞曼效应？叙述各光学器件在实验中各起什么作用。

3．实验中如何观察和鉴别塞曼分裂谱线中的 π 成分和 σ 成分？如何观察和分辨 σ 成分中的左旋和右旋偏振光？

4．为什么分裂后的圆环会比分裂前的暗？

【参考文献】

[1] 杨福家. 原子物理学[M]. 北京：高等教育出版社，2011.

[2] 郭欣. 近代物理学简明教程[M]. 北京：科学出版社，2019.

[3] 魏奶萍. 汞谱线的塞曼效应分析与朗德 g 因子的测量[J]. 大学物理实验，2017, 30(5): 36-38.

[4] 王逗. 利用塞曼效应实验研究原子能级结构[J]. 大学物理实验，2005, 18(4): 11-14.

[5] 王俊华，沙春芳，张开明，等. 塞曼效应数字成像法测定电子荷质比[J]. 实验室研究与探索，2010, 29(11): 210-211.

[6] 张勇，司福祺，李传新. 基于塞曼原子吸收法的燃煤电厂汞排放监测研究[J]. 激光与光电子学进展，2017, 5418: 50-58.

[7] 李传新，司福祺，周海金，等. 基于普通汞灯光源的横向塞曼效应背景校正大气汞检测方法研究[J]. 物理学报，2014, 63(7): 074202-1-074202-6.

[8] 章苗苗，朱雷丽，王强，等. 汞原子塞曼效应分裂谱线的完整观测与分析[J]. 2014, 13(2): 213-217.

[9] 刘志军. 塞曼效应测光速实验中影响精度的因素分析[J]. 大学物理实验，2010, 23(2): 71-73.

[10] 刘景林. 塞曼效应实验的一个应用[J]. 佳木斯大学学报（自然科学版），2006, 24(3): 433-434.

实验三　卢瑟福散射实验

电子课件

1909 年，卢瑟福（Ernest Rutherford）和其合作者盖革（H. Geiger）与马斯顿（E. Marsden）所进行的 α 粒子散射实验为原子核式模型（又称"行星模型"）的建立奠定了基础。

卢瑟福散射实验用 α 射线（两个中子和两个质子构成的带正电的高能粒子）轰击厚度为微米级金箔，其最重要的结果是发现大约有 1/8000 的 α 粒子的偏转角大于 90°，甚至观察到了偏转角大于 150°的大角度散射。当卢瑟福试图用汤姆孙模型解释这个实验结果时，他发现大角度散射是不能被解释的。在汤姆孙模型中，正电荷分布于整个原子中，因此在原子内部的任何位置上都不可能有足够强的电场使 α 粒子发生大角度散射。为了解释该实验结果，卢瑟福认为原子中的正电荷不得不更紧密地集中在一起。通过他对物理现象的深刻的洞察，最终提出了原子的核式模型。原子核直径为 $10^{-15} \sim 10^{-14}$ m，原子直径约为 10^{-10} m，所以原子核的直径大约是原子直径的万分之一，原子核的体积只相当于原子体积的万亿分之一。

Ernest Rutherford（1871—1937）

【实验目的】

1．初步了解近代物理中有关 α 粒子探测的技术和相关电子学系统的结构，熟悉 α 粒子探测器的使用方法。

2．实验验证卢瑟福散射的微分散射截面公式。

3．测量 α 粒子在空气中的射程（选做）。

【实验原理】

1．瞄准距离与散射角的关系

把 α 粒子和原子当作点电荷且假设两者之间的静电斥力是唯一的相互作用力。设一个 α 粒子以速度 v_0 沿 AT 方向入射，由于受到核电荷的库仑作用，α 粒子将沿轨道 ABC 出射。通常，散射原子的质量比 α 粒子的质量大得多，可近似认为核静止不动。按库仑定律，相距为 r 的 α 粒子和原子核之间的库仑斥力的大小为

$$F = \frac{2Ze^2}{4\pi\varepsilon_0 r^2} \tag{3-1}$$

式中，Z 为靶核电荷数。α 粒子的轨迹为双曲线的一支，如图 3-1 所示，原子核与 α 粒子入射方向之间的垂直距离 b 称为瞄准距离（或碰撞参数），θ 是入射方向与散射方向之间的夹角。

由牛顿第二运动定律可导出散射角与瞄准距离之间的关系为

$$\cot\frac{\theta}{2}=\frac{2b}{D} \tag{3-2}$$

其中

$$D=\frac{1}{4\pi\varepsilon_0}\frac{2Ze^2}{mv_0^2/2} \tag{3-3}$$

式中，m 为 α 粒子的质量。

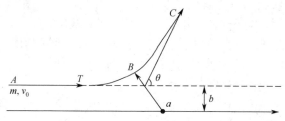

图 3-1　散射角与瞄准距离的关系

2. 卢瑟福微分散射截面公式

由散射角与瞄准距离的关系式（3-2）可见，瞄准距离 b 越大，散射角 θ 就越小；反之，b 越小，θ 就越大。只要瞄准距离 b 足够小，θ 就可以足够大，这就解释了大角度散射的可能性。但要用实验来验证式（3-2）显然是不可能的，因为我们无法测量瞄准距离 b。然而，我们可以求出 α 粒按瞄准距离 b 的分布，根据这种分布和式（3-2），就可以推出散射 α 粒子的角分布，而这个角分布是可以直接测量的。

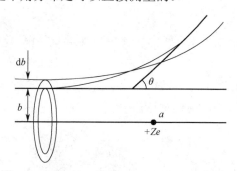

图 3-2　入射 α 粒子散射到 dθ 角度范围内的概率

设有截面为 s 的 α 粒子束射到厚度为 t 的靶上。其中某个 α 粒子在通过靶时相对于靶中某一原子核 a 的瞄准距离在 b 到 $b+\mathrm{d}b$ 之间的概率，应等于圆心在 a 而圆周半径分别为 b、$b+\mathrm{d}b$ 的圆环面积与入射截面 s 之比。若靶的原子数密度为 n，则 α 粒子束所经过的体积内共有 nst 个原子核，因此该 α 粒子相对于靶中任何一个原子核的瞄准距离在 b 与 $b+\mathrm{d}b$ 之间的概率为

$$\mathrm{d}w=\frac{2\pi b\mathrm{d}b}{s}nst=2\pi ntb\mathrm{d}b \tag{3-4}$$

这也就是该 α 粒子被散射到 θ 到 $\theta+\mathrm{d}\theta$ 之间的概率，即落到角度为 θ 和 $\theta+\mathrm{d}\theta$ 的两个圆锥面之间的概率。

由式（3-2）求微分可得

$$b|\mathrm{d}b| = \frac{1}{2}\left(\frac{D}{2}\right)^2 \frac{\cos\frac{\theta}{2}}{\sin^3\frac{\theta}{2}}\mathrm{d}\theta \tag{3-5}$$

于是有

$$\mathrm{d}w = \pi\left(\frac{D}{2}\right)^2 nt \frac{\cos\frac{\theta}{2}}{\sin^3\frac{\theta}{2}}\mathrm{d}\theta$$

另外，由角度为 θ 和 $\theta+\mathrm{d}\theta$ 的两个圆锥面所围成的立体角为（如图 3-3 所示）

$$\mathrm{d}\Omega = \frac{\mathrm{d}A}{r^2} = \frac{2\pi r\sin\theta\cdot r\mathrm{d}\theta}{r^2} = 2\pi\sin\theta\mathrm{d}\theta$$

因此，α 粒子被散射到该范围中单位立体角内的概率为

$$\frac{\mathrm{d}w}{\mathrm{d}\Omega} = \left(\frac{D}{4}\right)^2 nt \frac{1}{\sin^4\frac{\theta}{2}} \tag{3-6}$$

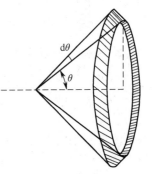

图 3-3　立体角

上式两边除以单位面积的靶原子数 nt，可得微分散射截面为

$$\frac{\mathrm{d}\sigma}{\mathrm{d}\Omega} = \left(\frac{D}{4}\right)^2 \frac{1}{\sin^4\frac{\theta}{2}} = \left(\frac{1}{4\pi\varepsilon_0}\right)^2 \left(\frac{Ze^2}{mv_0^2}\right)^2 \frac{1}{\sin^4\frac{\theta}{2}} \tag{3-7}$$

这就是著名的卢瑟福 α 粒子散射公式。

代入各常数值，以 E 代表入射 α 粒子的能量，得到

$$\frac{\mathrm{d}\sigma}{\mathrm{d}\Omega} = 1.296^2 \left(\frac{2Z}{E}\right)^2 \frac{1}{\sin^4\frac{\theta}{2}} \tag{3-8}$$

其中，$\dfrac{\mathrm{d}\sigma}{\mathrm{d}\Omega}$ 的单位为 m^2/sr，E 的单位为 MeV。

实验过程中，设探测器的灵敏面积对靶所张的立体角为 $\Delta\Omega$，由卢瑟福散射公式可知在某段时间间隔内所观察到的 α 粒子数 N（即计数率）应是

$$N = \left(\frac{1}{4\pi\varepsilon_0}\right)^2 \left(\frac{Ze^2}{mv_0^2}\right)^2 nt \frac{\Delta\Omega}{\sin^4\frac{\theta}{2}} T \tag{3-9}$$

式中，T 为该时间内射到靶上的 α 粒子总数。由于式中 N、$\Delta\Omega$、θ 都是可测的，所以式（3-9）可和实验进行比较。由该式可见，在 θ 方向上 $\Delta\Omega$ 内所观察到的 α 粒子数 N 与散射靶的核电荷数 Z、α 粒子动能 $\frac{1}{2}mv_0^2$ 及散射角 θ 等因素都有关。

对卢瑟福散射公式 [式（3-8）或式（3-9）]，可以从以下几方面加以验证。

（1）固定散射角，改变金箔靶的厚度，验证散射计数率与靶厚度的线性关系：$N \propto t$。

（2）更换 α 粒子源以改变 α 粒子能量，验证散射计数率与 α 粒子能量的平方反比关

系：$N \propto 1/E^2$。

（3）改变散射角，验证散射计数率与散射角的关系：$N \propto 1/\sin^4\dfrac{\theta}{2}$。这是卢瑟福散射公式中最突出和最重要的特征。

（4）固定散射角，使用厚度相等而材料不同的散射靶，验证散射计数率与靶材料核电荷数的平方关系：$N \propto Z^2$。由于很难找到厚度相同的散射靶，而且需要对原子数密度 n 进行修正，因此这一实验内容的难度较大。

本实验只涉及第（3）方面的实验内容，这是对卢瑟福散射理论最有力的验证。

3．α粒子散射实验的应用意义

要了解原子内部的情形，最好的办法是将它砸开。用 α 粒子做炮弹轰击原子不但可能将某些原子打破，而且可以从它打入原子后走过的轨迹了解原子内部的结构。根据 α 粒子散射实验，可以估算出原子核的直径。1920 年，查德维克改进实验装置，用卢瑟福散射公式测量原子的电荷数 Z，测得铜、银、铂的 Z 值等于这些原子的序数，原子的核电荷数等于该元素的原子序数，有力地证明了卢瑟福散射公式的正确性。卢瑟福背散射分析是一种离子束分析技术，被用在材料科学中，用以分析、测量材料的结构和组成。通过将一束确定能量的高能离子束（通常是质子或 α 粒子）打到待分析材料上，检测背向反射的离子的能量，即可确定靶原子的种类、浓度和深度分布。20 世纪 60 年代，美国在勘察者任务（surveyor mission）中利用卢瑟福背散射谱学实验收集了月球的地质资料。

【实验装置】

卢瑟福散射实验装置包括散射真空室部分、电子学系统部分和步进电机及其控制系统部分。

1．散射真空室

散射真空室机械装置中主要有 α 放射源与准直器、散射样品台、α 粒子探测器与准直器、步进电机及传动机构等。α 放射源为 241Am 或 238Pu 源，241Am 源主要的 α 粒子能量为 5.486MeV，238Pu 源主要的 α 粒子能量为 5.499MeV。散射真空室机械装置的结构见图 3-4。

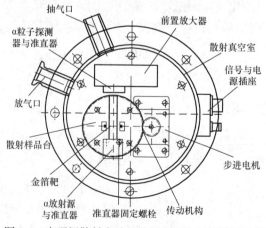

图 3-4　卢瑟福散射实验的散射真空室机械装置结构

2．电子学系统

为测量 α 粒子的微分散射截面，由式（3-9）可知，需测量以不同散射角度出射 α 粒子的计数率。所用的 α 粒子探测器为金硅面垒 Si（Au）探测器，α 粒子探测系统还包括电荷灵敏前置放大器、主放大器、计数器、探测器偏置电源与低压电源等。此外，在系统的调试过程中，还要用到脉冲信号发生器、示波器和多道分析器等。该电子学系统的结构如图 3-5 所示。

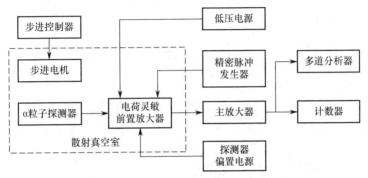

图 3-5　卢瑟福散射实验装置的电子学系统结构

3．步进电机及其控制系统

在实验过程中，需在真空条件下测量不同散射角出射 α 粒子的计数率，这样就需要经常变换散射角度。本实验装置利用步进电机来控制散射角 θ，可使实验过程变得极为方便。不用每测量一个角度的数据便打开散射真空室转换角度，而只需在散射真空室外控制步进电机转动相应的角度即可。这是由于步进电机具有定位准确的特性，简单的开环控制即可达到所需的精度。

步进电机作为可以高精度定位的电机，广泛应用于数控机床、机器人、计算机外设等要求定位精确的机器部件上。狭义的步进电机只是一个执行部件，需要与控制系统、功率驱动器及负载一起组成步进电机驱动系统，如图 3-6 所示。

图 3-6　步进电机驱动系统

【实验内容】

1．改变散射角，验证散射计数率与散射角的关系

（1）观察散射真空室中样品台的旋转状况。

打开散射真空室上盖，观察散射真空室的内部结构，注意观察 α 放射源、金箔靶和 α 粒子探测器的相对位置。改变步进电机控制器的 PUSH＋键的位置，按 START 键，观察样品台的转动状况。改变步进角控制旋钮位置和步进电机控制器的其他按键，了解它们的作用，观察它们对样品台旋转的控制状况。确认散射样品台能双向自由转动 360°，且在转动时放射源准直器不与散射真空室中任何部件碰撞。

散射金箔靶由样品台上一高一矮两个开槽的立柱固定，当样品台沿一个方向旋转到90°附近位置时，较高的立柱会阻挡该方向附近的散射 α 粒子，定义此时的 θ 角方向为 −θ 方向。而当样品台沿另一个方向旋转到90°附近的位置时，较矮的立柱不会阻挡该方向附近的散射 α 粒子，定义此时的 θ 角方向为 +θ 方向。测量散射 α 粒子计数时只在 +θ 方向上进行。

（2）检查电子学系统的工作状态。

按电子学系统结构框图连接好导线，在确认接线无误且探测器偏置电源开关关闭的情况下，接通 NIM 机箱电源。调节主放大器参数为积分时间 $T_i = 0.5 \sim 1\mu s$，微分时间 $T_d = 0.5 \sim 1\mu s$，放大倍数粗调为 $50 \sim 100$ 倍。

打开散射真空室上盖，在样品台上放上空靶架，接通步进电机电源。将样品台旋转到 $\theta = 0°$ 附近的位置，把放射源准直孔大致对准探测器准直孔，此时，由放射源发出的 α 粒子应能直接进入 α 粒子探测器。

盖上散射真空室上盖，拧紧螺栓，并接通真空泵电源，将散射真空室抽真空。接通 α 粒子探测器的偏置电源，缓慢调节偏置电压旋钮使偏置电压加大，直到达到推荐值 $80 \sim 100V$。用示波器观察前置放大器和主放大器的输出是否正常，最后调节主放大器放大倍数至输出脉冲幅度为 $5 \sim 6V$。

（3）确定散射角 $\theta = 0°$ 的物理位置。

在 θ 为 −15° 到 +15° 的范围内，每隔1°测量一次散射 α 粒子计数并作图。可以发现在 0° 方向附近有一个计数峰，把峰值的位置确定为真正的物理0°方向。

当样品台处于0°时，将步进电机控制器上显示的角度清零。此时，控制器上显示的角度就是转动样品台的实际角度。

（4）测量无样品时的本底散射 α 粒子数。

打开散射真空室上盖，在样品台上放置一个空靶架，这个空靶架与实际测量中装有金箔的靶架完全相同，只是未安装金箔靶，盖上散射真空室上盖，并抽成真空，调节探测器偏置电压至推荐值，在不同的角度测量散射 α 粒子的本底计数。

（5）测量有样品时的散射 α 粒子计数。

关闭探测器偏置电源和真空泵电源，对散射真空室缓慢放气。然后打开散射真空室，移去空靶架，换上金箔靶。盖上散射真空室上盖，拧紧螺栓，并抽真空。接通探测器偏置电源，在不同的散射角上测量散射 α 粒子计数。

2. 测量 α 粒子在空气中的射程

（1）按照实验内容 1 中的步骤（1）～（3），检查电子学系统的工作状态，确定散射角 $\theta = 0°$ 的物理位置，并将样品台固定在 $\theta = 0°$ 的位置。当物理0°确定后，在后面的实验过程中不再改变样品台的角度。

（2）打开散射真空室上盖，将 α 放射源屏蔽体与样品台的固定螺栓拧松，在滑槽中使 α 放射源屏蔽体向探测器方向移动，使其距离探测器最近。

（3）轻轻将 α 放射源屏蔽体螺栓固定，并盖上散射真空室上盖，不抽真空，将探测器偏置电压加至推荐值。测量在一定时间内的 α 粒子计数。

（4）再次打开散射真空室上盖，拧松 α 放射源屏蔽体与样品台的固定螺栓，向远离探

测器的方向移动 α 放射源屏蔽体 3～4mm。

（5）重复步骤（3）和（4），逐步改变 α 放射源与探测器之间的距离，测量相同时间内的 α 粒子计数，直到探测系统只测量到本底计数为止。注意，当探测系统探测到的 α 粒子计数开始减小时，需减小每次移动探测器的距离 0.5～1mm。

【注意事项】

为了保障参与实验人员的人身安全和实验装置的安全，以下各条注意事项必须严格遵守。

1. 严禁拆卸 α 放射源与准直器及其密封标志

α 放射源与准直器亦为放射源容器。为了实验人员的人身安全，严禁拆卸 α 放射源与准直器及其密封标志。能量为 5MeV 左右的 α 射线在空气中的射程很短，不能穿透人体的表皮，因此只要不将 α 放射源物质吸入或食入体内，就不会对人体造成危害。完成实验后，应用肥皂将手洗净。

2. 在打开散射真空室盖之前，一定要确认 α 粒子探测器的偏置电源是关闭的

实验装置所采用的金硅面垒探测器是光敏器件，当探测器被光照射时，一定不要接通探测器偏置电源，否则可能损坏探测器。因此，在以下实验内容中，在打开散射真空室上盖之前，一定要确认 α 粒子探测器的偏置电源是关闭的。

3. 调节 α 粒子探测器的偏置电压时动作要缓慢，严禁突然改变探测器偏置电压

α 粒子探测器偏置电压的突变会使前置放大器输入端场效应管的性能变坏甚至失效。因此，在给探测器加偏置电压时，应先确认偏置电压源的电压调节旋钮在电压最小的位置，然后打开偏置电源开关，再加偏置电压；反之，给探测器去偏置电压时，应首先将偏置电压调到最小，再关闭电源开关。加偏置电压时应缓慢升压，降偏置电压时应缓慢降压，升降偏置电压的速度要求小于 20V/s。

4. α 粒子探测器偏置电压不要超过 120V

α 粒子探测器的反向耐压约为 150V，使用探测器时，偏置电压最好不要超过 120V，以免损坏探测器。

【结果分析】

1. 改变散射角，验证散射计数率与散射角的关系

（1）将实验内容 1 步骤（3）和（4）中的计数测量值按同一测量时间归一化，并用步骤（4）中测得的计数减去步骤（3）中的计数，得到由金箔靶散射并去除本底的散射 α 粒子计数。

（2）计算每组数据的误差。以散射角为横坐标，以散射计数率为纵坐标作图。以函数

$$N = \frac{p_1}{\sin^4 \theta / 2}$$

进行曲线拟合,并在同一坐标系上画出拟合曲线,验证散射计数率与散射角的关系。其中,N 为散射计数率,p_1 为拟合参数。

2. 测量 α 粒子在空气中的射程

(1)计算每次测量数据的误差,以放射源与探测器之间的距离为横坐标、以测量到的 α 粒子计数为纵坐标作图。

在本实验装置中,α 放射源表面与放射源屏蔽体表面的距离为 20mm,α 粒子探测器表面与探测器准直器表面的距离为 2.5mm。

(2)能量为 E (MeV)的 α 粒子在空气中的射程 R (cm)可以按照以下经验公式计算:

$$R = 1.78 \times 10^{-4} \frac{1}{\rho} A^{\frac{1}{3}} E^{\frac{3}{2}}$$

式中,A 为介质的原子量,ρ 为介质的密度(g/cm³)。

根据所用放射源中 α 粒子的主要能量计算 α 粒子在空气中的射程,并与实验测量结果比较。

【思考讨论】

1. 如果从 α 放射源 ^{241}Am 中射出的 α 粒子的能量为 4.5MeV,请用卢瑟福散射公式推算出实验所用的光电探测器的接收截面角的公式。

2. 对于高速入射的带电粒子,如果介质原子的电子对其阻碍能力满足 Bethe-Bloch 公式,那么该公式的相对论形式为

$$\frac{\mathrm{d}E}{\mathrm{d}x} = -\frac{4\pi nZ}{mc^2} \frac{z^2}{\beta^2} \left(\frac{e^2}{4\pi}\right)^2 \left\{ \ln\left[\frac{2mc^2\beta^2}{(1-\beta^2)I}\right] - \beta^2 - \frac{\delta}{2} \right\}$$

其中,E 为入射粒子的动能,x 为粒子在介质中的位移,n 为介质原子的粒子数密度,Z 为介质原子的原子序数,m 为电子静止质量,c 为真空中的光速,e 为基本电荷量,ze 为入射粒子的带电量,ε_0 为真空中的电容率,I 为介质原子的平均电离能,入射粒子速度 $v = \beta c$,δ 为密度效应修正参数。请就问题 1 的 α 粒子推算出该粒子在金箔中的极限射程。

【参考文献】

[1] 赵博. 卢瑟福散射实验数据获取系统研制[D]. 合肥:合肥工业大学,2016.

[2] 郭佳乐. α 粒子散射实验[J]. 通信世界,2019, 26(09): 341-342.

[3] 师应龙,丁晓彬,李冀光,等. α 粒子散射实验的理论模拟[J]. 大学物理,2007(05): 40-43.

实验四　激光拉曼效应实验

电子课件

印度物理学家拉曼（Chandrasekhara VenKata Raman）发现当光穿过一种透明的介质时，部分被散射的光改变了波长，此现象被称为拉曼效应。拉曼效应是光子与分子发生非弹性散射的结果。拉曼光谱的数目、频移、强度与分子本身的振动和转动能级有关。因此，通过拉曼光谱可以得到有关物质结构的特征信息。拉曼在光散射方面的开创性工作使他成为 1930 年诺贝尔物理学奖得主。基于拉曼现象的拉曼光谱检测技术具有非接触、无须制样、检测速度快等优点。目前，拉曼光谱检测技术已广泛应用于物理材料、食品检测、行政鉴定、文物考古、化学物质探测、生物医学以及生命科学等研究领域。

Chandrasekhara VenKata
Raman（1888—1970）

【实验目的】

1. 了解拉曼效应实验的背景，培养求实创新的科学精神。
2. 掌握拉曼散射的基本原理，了解激光拉曼光谱仪的基本结构。
3. 测量和分析四氯化碳、乙醇、塑料等的拉曼光谱。
4. 了解拉曼散射光谱的实验技术在现代科学研究中的应用。

【实验原理】

1. 散射和拉曼散射

散射是指入射粒子击中靶物质后，运动方向或能量发生变化的一种现象。可见光的散射是生活中的常见现象，是指光在透过非均匀介质时可从侧向观察到光的一种现象。

在散射过程中，散射光的能量可以不同于入射光的能量。根据能量变化（即散射光相对于入射光波长的变化）的大小，光散射可以分为瑞利散射、布里渊散射和拉曼散射，如表 4-1 所示。

表 4-1　可见光的散射分类

能量改变范围	散射分类名称	散射性质
$< 10^{-5} \sim 0 \text{ cm}^{-1}$	瑞利散射	弹性
$10^{-5} \sim 1 \text{ cm}^{-1}$	布里渊散射	非弹性
$> 1 \text{ cm}^{-1}$	拉曼散射	非弹性

对于瑞利散射，1871 年，英国物理学家瑞利（Rayleigh）在研究分子的散射强度时，提出了著名的瑞利定律，即散射光强反比于入射光波长的 4 次方，也即

$$I_s \propto \frac{I_0}{\lambda^4} \tag{4-1}$$

其中，I_0 为入射光强，I_s 为瑞利散射光强。也就是光的波长相对于粒子越小，其散射能力越强，这也是晴朗的日子中午的天空是蓝色的、警示用信号灯是用红色的原因。

布里渊散射是布里渊（Brillouin）在 1922 年首先发现的。布里渊散射是指光在介质中受到各种元激发的非弹性散射，其频率变化表征了元激发的能量。因此，在布里渊散射中主要研究能量较小的元激发，如声学声子和磁振子等。

拉曼散射是拉曼在 1928 年首先提出的，属于非弹性散射，其散射光的能量与入射光的能量不同。拉曼散射的强度很弱，通常只有入射光强度的 $10^{-9} \sim 10^{-6}$ 倍。

1）拉曼散射经典电磁波理论

在入射光场作用下，介质分子将被极化产生感应电偶极矩。当入射光场不太强时，感应电偶极矩 $\boldsymbol{P}$ 与入射光电场 $\boldsymbol{E}$ 呈线性关系：

$$\boldsymbol{P} = \alpha \boldsymbol{E} \tag{4-2}$$

式中，α 称为极化率张量，通常情况 $\boldsymbol{P}$ 和 $\boldsymbol{E}$ 不在同一个方向，因此 $\boldsymbol{\alpha}$ 是一个 3×3 的矩阵二阶张量：

$$\boldsymbol{\alpha} = \begin{bmatrix} \alpha_{xx} & \alpha_{xy} & \alpha_{xz} \\ \alpha_{yx} & \alpha_{yy} & \alpha_{yz} \\ \alpha_{zx} & \alpha_{zy} & \alpha_{zz} \end{bmatrix} \tag{4-3}$$

$\boldsymbol{\alpha}$ 通常是实对称矩阵，即有 $\alpha_{ij} = \alpha_{ji}$，$\alpha_{ij}$ 的取值由具体介质的性质决定，通常不为零。

分子总是在其平衡位置振动，因此分子极化率亦随之发生变化。当分子振动的幅度不大时，可将极化率的各个分量按简正坐标的泰勒级数展开：

$$a_{ij} = (a_{ij})_0 + \sum_k \left(\frac{\partial a_{ij}}{\partial Q_k} \right)_0 Q_k + \frac{1}{2} \sum_{k,l} \left(\frac{\partial^2 a_{ij}}{\partial Q_k \partial Q_l} \right)_0 Q_k Q_l + \cdots \tag{4-4}$$

式中，第一项为零级项，它对应于分子处于平衡状态时的值，即对应于不发生频移的瑞利散射。第二项是极化率对分子振动频率为 ν_k 的简正坐标的一阶导数，表示在频率为 ν_k 的简正振动中分子电极化率因微扰发生的变化，产生通常的（线性）拉曼散射。可见拉曼散射与同分子的某个振动模式中的电极化率是否发生变化相关联，通常称分子振动时导致电极化率变化的物质为"拉曼活性"。第三项及以上为非线性项，由于远小于一次项，所以可忽略不计。

假定分子做简谐振动，则第 k 个频率为 ν_k 的简正振动表示为

$$Q_k = Q_{k0} \cos(2\pi \nu_k t + \varphi_k) \tag{4-5}$$

频率为 ν_0 的入射光场可表示为

$$E = E_0 \cos 2\pi \nu_0 t \quad （只考虑一个分量，如 x 方向）$$

它对分子产生的感应电偶极矩的大小为

$$P = a_{ij}E = (a_{ij})_0 E_0 \cos 2\pi v_0 t + \frac{1}{2}\left(\frac{\partial a_{ij}}{\partial Q_k}\right)_0 Q_{k0}E_0 \cos[2\pi(v_0 - v_k)t + \varphi_k] +$$

$$\frac{1}{2}\left(\frac{\partial a_{ij}}{\partial Q_k}\right)_0 Q_{k0}E_0 \cos[2\pi(v_0 + v_k)t + \varphi_k] \tag{4-6}$$

$$P = P_0(v_0) + P_k(v_0 - v_k) + P_k(v_0 + v_k) \tag{4-7}$$

式（4-6）表明入射光场对介质分子的极化作用将产生三个感应电偶极矩，频率分别为 $v_0, v_0 - v_k$ 和 $v_0 + v_k$，分别对应于瑞利散射、斯托克斯（Stokes）散射和反斯托克斯（anti-Stokes）散射。式（4-7）可以理解为具有简正振动的散射体的散射光场，可视为入射光波被该散射体调制的结果。因此，散射光波除仍以入射光频率 v_0 辐射外，还产生与散射体振动频率 v_k 有关的差频 $v_0 - v_k$ 及和频 $v_0 + v_k$ 的光。

2）拉曼散射的半经典量子理论

如图 4-1 所示，按量子论的观点，频率为 v_0 的入射单色光可以视为具有能量 hv_0 的光子，当光子与物质分子碰撞时，有两种可能：一种是弹性碰撞，另一种是非弹性碰撞。在弹性碰撞过程中，没有能量交换，光子只改变运动方向，这就是瑞利散射；而在非弹性碰撞过程中，光子不仅改变运动方向，而且有能量交换，这就是拉曼散射。处于基态的分子受到入射光子 hv_0 激发跃迁到一受激虚态 1 上，而受激虚态 1 是不稳定的，很快向低能级跃迁。如果跃迁到基态，把吸收的能量 hv_0 以光子的形式释放出来，这就是弹性碰撞，为瑞利散射。如果跃迁到电子基态中的某振动激发态上，则分子吸收部分能量 hv_k，并释放出能量为 $h(v_0 - v_k)$ 的光子，这是非弹性碰撞，产生斯托克斯线。若分子处于某振动激发态上，受到能量为 hv_0 的光子激发跃迁到另一受激虚态 2 上，如果从受激虚态 2 仍跃迁到激发态，则产生瑞利散射，如果从受激虚态 2 跃迁到基态，则释放出能量为 $h(v_0 + v_k)$ 的光子，产生反斯托克斯线。

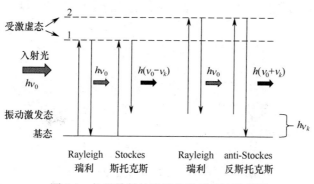

图 4-1 拉曼散射的半经典量子理论示意图

2. CCl₄ 拉曼光谱

四氯化碳是拉曼测量中的经典试样，其分子式为 CCl_4。如图 4-2 所示，该分子是一正四面体结构，碳原子 C 处于正四面体的中央，四个氯原子 Cl 处于四个不相邻的顶角上，当四面体绕其自身的某个轴旋转一定角度时，分子的几何构形不变的操作称为对称操作，其旋转轴称为对称轴，CCl_4 有 13 个对称轴，24 个对称操作。我们知道，N 个原子构成的分子有（$3N-6$）个内部振动自由度，因此，CCl_4 分子有 9 个（$3×5-6$）自由度，或称为 9 种独立的简正振动，根据分子的对称性，这 9 种简正振动可归为下以下四类。

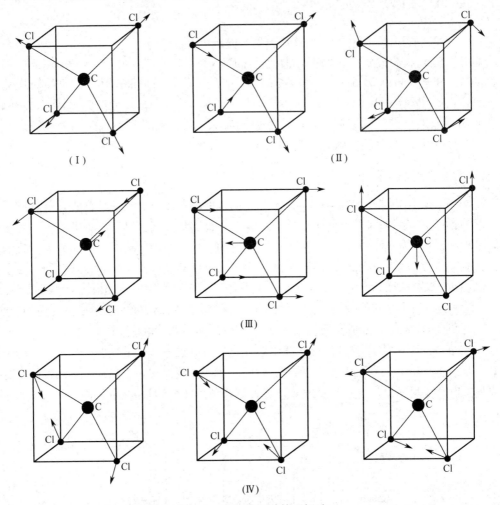

图 4-2　CCl_4 的 9 种简正振动

第 I 类，只有一种振动方式，C 原子不动，四个 Cl 原子沿各自与 C 原子的连线方向做伸缩振动，表示非简并振动；

第 II 类，有两种振动方式，C 原子不动，一种在相邻两对 Cl 原子在与 C 原子的连线方向上做相反振动，另一种在该连线垂直方向上做相反运动，故此类振动是二重简并的；

第 III 类，有三种振动方式，四个 Cl 原子与 C 原子做反向运动，由于是三维空间，故它是三种振动方式的三重简并；

第 IV 类，有三种振动方式，C 原子不动，任意两对 Cl 原子组合，做伸张与压缩运动，由于是四个 Cl 原子，故它是有三种组合方式的三重简并振动。

上面所说的"简并"，是指在同一类振动中，虽然包含不同的振动方式，但具有相同的能量，它们在拉曼光谱中对应同一条谱线，因此，CCl_4 分子的拉曼光谱应有四条基频谱线，如图 4-3 所示。考虑到振动之间可能有相互耦合引起的微扰，有的谱线可分裂成两条，这就是 CCl_4 拉曼谱中最弱线分裂成两条的原因。在图 4-3 中，横坐标为拉曼频移，纵坐标为拉曼光强。拉曼频移 $\Delta\nu$ 是拉曼光谱的惯用单位，即拉曼散射光相对于激发光波长偏移的波数，以 cm^{-1} 为单位，波数就是波长的倒数，其换算关系为

$$\Delta\nu = \left(\frac{1}{\lambda_0} - \frac{1}{\lambda_k}\right) \times 1000000 \tag{4-8}$$

其中，λ_0 为激光器的波长，以 nm 为单位，拉曼频移一般以 cm^{-1} 为单位，请注意单位换算。CCl_4 分子的四类简并振动与拉曼频移的对应关系是：第 I 类对应于 $459cm^{-1}$ 处的谱线，第 II 类对应于 $218cm^{-1}$ 处的谱线，第 III 类对应于 $776\ cm^{-1}$ 处的谱线，第 IV 类对应于 $314cm^{-1}$ 处的谱线。

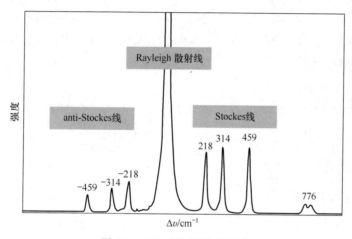

图 4-3　CCl_4 的标准拉曼光谱

拉曼光谱具有如下特征：

（1）拉曼光谱的波数虽然随入射光波数的不同而不同，但对同一样品，同一拉曼光谱的位移与入射光的波长无关，只与样品的振动转动能级有关；

（2）在以波数为变量的拉曼光谱上，斯托克斯线和反斯托克斯线对称地分布在瑞利散射线两侧，这是由于在上述两种情况下分别对应于得到或失去了一个振动量子的能量。

（3）根据玻尔兹曼分布，在常温下，处于基态的分子占绝大多数，所以通常斯托克斯线比反斯托克斯线强很多，一般仅测量斯托克斯线的位移部分。

3．拉曼散射的应用

1）拉曼光谱法

拉曼光谱的强度与入射光的强度和样品分子的浓度成正比，可以利用拉曼光谱来进行定量分析，在与激光入射方向垂直的方向上，能收集到的拉曼散射的光通量 Φ_R 为

$$\Phi_R = 4\pi \cdot \Phi_L \cdot A \cdot N \cdot L \cdot K \cdot \sin^2\left(\frac{\theta}{2}\right) \tag{4-9}$$

式中，Φ_L 为入射光照射到样品上的光通量，A 为拉曼散射系数，等于 $10^{-28}\sim10^{-29}\text{mol/sr}$，$N$ 为单位体积内的分子数，L 为样品的有效体积，K 为考虑折射率和样品内场效应等因素影响的系数，θ 为拉曼光束在聚焦透镜方向上的角度。利用拉曼效应及拉曼散射光与样品分子的上述关系，可对物质分子的结构和浓度进行分析研究，于是建立了拉曼光谱法。

2）塑料的鉴别

塑料制品广泛存在于人们的日常生活中，其中用于食品包装的塑料材料与人民群众的身体健康密切相关。美国工业协会（SPI）在 1988 年发布了一套塑料标识方案，他们将三角形的回收标记附于塑料制品上，并用 1 到 7 和英文缩写来指代塑料所用的树脂种类。现在世界上的许多国家都采用了这套 SPI 的标识方案，我国在 1996 年制定了与之相似的标识标准《塑料包装制品回收标志》（GB/T 16288—1996），2008 年又颁布了新的标准《塑料制品的标志》（GB/T 16288—2008），对 140 种塑料的名称和代号都进行了详细规定，其中常用的塑料制品分为 7 类，如表 4-2 所示。

表 4-2　塑料制品分类

标志	种类	是否使用塑化剂	耐热程度	应用举例
1 PETE	聚对苯二甲酸乙二醇酯	否	80	用完即弃的饮料瓶
2 HDPE	高密度聚乙烯	否	75	奶类饮料瓶、乳酪饮料瓶
3 PVC	聚氯乙烯	是	80	玻璃瓶的金属盖垫片、手套
4 LDPE	低密度聚乙烯	否	70	保鲜纸、食物袋
5 PP	聚丙烯	否	140	可用于微波炉的容器
6 PS	聚苯乙烯	否	95	用完即弃的外卖盒
7 OTHER	所有其他塑料（如PC：聚碳酸酯）	根据情况而定（PC不使用）	PC是 140	根据情况而定（PC可用来制造可再用塑料瓶）

常见塑料材质的拉曼光谱如图 4-4 所示，可见，由特征峰的峰位即可辨别出材料的类型，其中，由于"2 号"HDPE 和"4 号"LDPE 同属于聚乙烯（PE）材料，只是密度不同，它们的拉曼光谱相同，因此只列出其中一种。

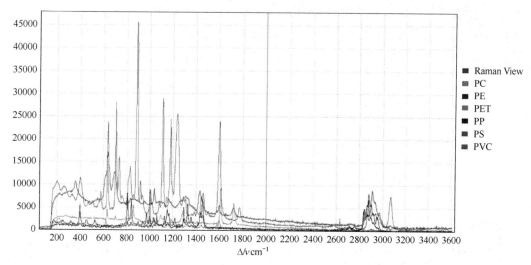

图 4-4　常见塑料制品的拉曼光谱

实验预习：可以上浙江理工大学物理实验中心网站，观看拉曼光谱测量实验的虚拟仿真实验，界面如图 4-5 所示。

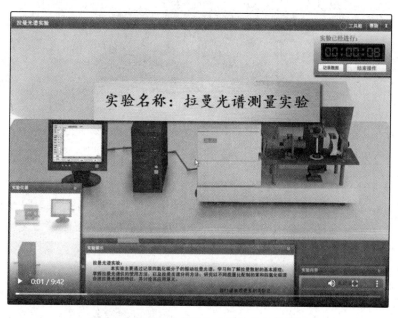

图 4-5　拉曼光谱实验的虚拟仿真实验界面

【实验装置】

1. LRS-3 拉曼光谱仪

LRS-3 拉曼光谱仪主要由激光光源、外光路系统、内分光光路系统、光电检测系统和相应的数据处理系统组成，图 4-6 为 LRS-3 拉曼光谱仪系统结构示意图。激光光源发射的入射激光经过外光路系统的聚焦光路聚焦到样品上，同时外光路系统的拉曼散射光收集光路收集拉曼散射光到内分光光路系统，内分光光路系统对拉曼散射光进行分光，光电检测器获得相应的波长和光强信号，这些信号经过数据处理系统后输出拉曼光谱。

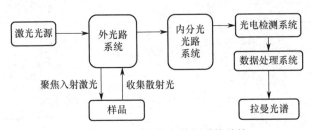

图 4-6　LRS-3 拉曼光谱仪系统结构

图 4-7 为 LRS-3 拉曼光谱仪外光路结构图，其中 3 为聚光镜 1；5 为凹波滤波片安装位置；8 为物镜 1；9 为试管支架；11 为凹面发射镜；16 为波片；17 为聚光镜 2；18 为背入射小反射镜；其余编号为螺钉。

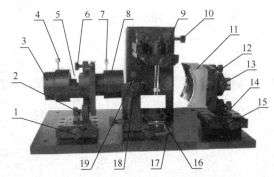

图 4-7　LRS-3 拉曼光谱仪外光路结构图

2．785 拉曼光谱仪

785 拉曼光谱仪结构如图 4-8 所示，其中 1 为光纤光谱仪（波长范围为 750～1100nm，分辨率为 1nm）；2 为 785nm 拉曼探头（光谱范围为 176～3500cm^{-1}），拉曼探头结构如图 4-9 所示；3 为拉曼样品池（12.7mm×12.7mm）；4 为 785nm 多模窄线宽激光器（输出功率为 500mW，光纤接口为 FC/PC）。本实验的操作视频和学生报告可扫描右下侧的二维码获取。

操作视频

图 4-8　785 拉曼光谱仪结构

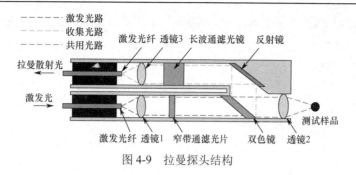

图 4-9 拉曼探头结构

【实验内容】

1. 用 LRS-3 拉曼光谱仪测量 CCl₄ 溶液的拉曼光谱

（1）将 CCl_4 溶液倒入液体池内。

（2）打开激光器电源，进行外光路的调整。

① 检测外光路是否正常：在单色仪入缝处放一张白纸，观察瑞利光的成像是否清晰。

② 聚光部件调整：聚光部件用来汇聚激光，达到提高光功率密度的目的。如图 4-7 所示，调整聚光镜 2（17），使激光束的竖腰垂直通过样品管中心。

③ 集光部件调整：集光部件用来收集发散到各个方向的拉曼散射光。通过调整聚光镜 1（3）和物镜 1（8），使瑞利光成像清晰，并且能够射入单色仪的狭缝，并将狭缝开至 0.1mm 左右。

（3）打开计算机和单色仪的电源，运行程序。

（4）利用域值窗口确定域值。

（5）参数设置：负高压为 8；设定域值 29；在 510～560 nm 范围内以 0.1nm 步长单程扫描；积分时间为 150ms。

（6）测量 CCl_4 溶液的激光拉曼光谱。

① 输入激光的波长。

② 扫描数据，采集信息。

③ 测量数据，读取数据，寻峰。

④ 分析频谱。

（7）关闭应用程序，关闭仪器电源。

2. 用 785 拉曼光谱仪测量 CCl₄ 溶液和乙醇溶液的拉曼光谱

（1）如图 4-8 所示，连接光纤光谱仪、多模窄线宽激光器、拉曼探头和拉曼样品池。

（2）打开激光器背面的电源开关，调节电流调节旋钮，将电流调至 900mA 左右。**注意：激光器打开后切勿将探头对准人或其他易燃物，避免灼烧。**

（3）光源预热 15min 后，调节电流调节旋钮，将电流调至 0，打开 BSV 软件，单击"新建测量" 按钮，弹出"选择测量项目"对话框，选择"拉曼光谱"选项。

（4）弹出"保存暗光谱"（Store background spectrum）对话框（见图 4-10），设置合适的积分时间（4s 左右，如果样品的拉曼光谱较强，可以适当地缩短积分时间，使得拉曼光谱信号不饱和，饱和值大约为 65536），单击"保存"（Save）按钮，单击"下一步"（Next）按钮。

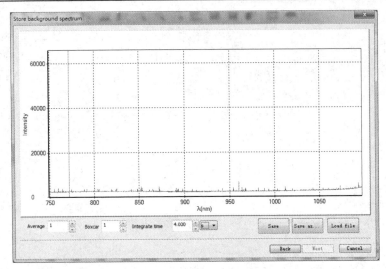

图4-10 BSV软件保存暗光谱和积分时间设置界面

（5）弹出"设置入射激光波长"（Set incident wavelength）对话框，如图 4-11 所示，设置入射激光波长为 785nm，单击"完成"（Finish）按钮。

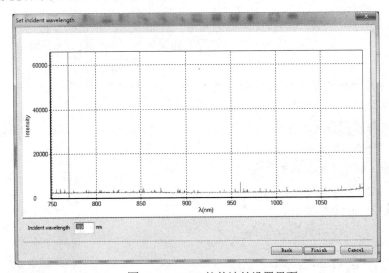

图 4-11 BSV软件波长设置界面

（6）进入拉曼视图界面，勾选界面左侧的"显示扣除背景光后的光谱"（Remove Background Light）复选框，如图 4-12 所示。

（7）调节电流调节旋钮，将电流调至 900mA 左右。以酒精为例，石英比色皿中盛好 3/4 的酒精，放入样品池中，盖上遮光盖。**注意：石英比色皿的通光面朝向探头。**

（8）此时拉曼系统搭建完毕，软件调试完毕。

（9）将 CCl_4 溶液放入样品池。**注意：如果发现拉曼光谱强度过强，超出饱和值，请适当降低缩短时间，并重复实验内容 1 的步骤。测出 CCl_4 溶液的拉曼光谱，并记录特征峰拉曼频移，根据式（4-8）记录特征峰拉曼频移对应的波长。**

（10）在光谱显示模式下，测量特征峰的波长，将数据填入表 4-3，并计算误差。

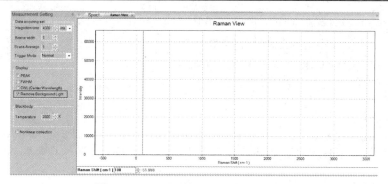

图4-12　BSV软件扣除背景光设置界面

表 4-3　CCl₄ 溶液拉曼光谱特征峰数据记录表

CCl₄溶液拉曼光谱				
序号	特征峰拉曼频移（cm⁻¹）	特征峰波长计算值（nm）	特征峰波长测量值（nm）	误差

（11）重复以上实验步骤，测量乙醇溶液的拉曼光谱，将数据填入表 4-4，并进行数据处理。

表 4-4　乙醇溶液拉曼光谱特征峰数据记录表

乙醇溶液拉曼光谱				
序号	特征峰拉曼频移（cm⁻¹）	特征峰波长计算值（nm）	特征峰波长测量值（nm）	误差

3. 拉曼光谱用于塑料材质鉴别

（1）重复实验内容 2 中的步骤，注意选用支架，如图 4-13 所示，测量出样品的拉曼图谱，并记录主要特征峰拉曼频移。

（2）单击数据"导入" ![]按钮，依次导入标准塑料拉曼光谱库的 6 类数据，与所测量样品的拉曼图谱进行比对，判断该样品是什么塑料制品。

（3）重复以上实验，判断剩余样品是什么塑料制品。

图 4-13　拉曼探头和支架（固体样品测量）

【注意事项】

1. 保证使用环境：无强震动源、无强电磁干扰；不可受阳光直射。

2．光学仪器表面有灰尘时，不允许接触擦拭，可用气球小心吹掉。

3．实验结束时，首先取出样品，关断电源。

4．注意激光器开关电源的先后顺序。

5．激光对人眼有害，请不要直视。

【结果分析】

确定各样品的斯托克斯线和反斯托克斯线的波长和强度，计算拉曼频移。

【思考讨论】

1．如何调节仪器使样品得到最佳照明，进而得到最佳的谱图？说明具体步骤和方法。

2．如何根据未知样品的拉曼光谱确定其化学成分？

3．有额外时间的学生，可以自备一些样品，测量其拉曼光谱，根据其拉曼特征谱线，查阅一些相关资料，研究其物质结构等。

【参考文献】

[1] 郭亦玲，沈慧君. 诺贝尔物理学奖 1901—2010[M]. 北京：清华大学出版社，2015.

[2] 王魁香，韩炜，杜晓波. 新编近代物理实验[M]. 北京：科学出版社，2007.

[3] 吴先球，熊予莹. 近代物理实验教程[M]. 2 版. 北京：科学出版社，2016.

[4] 郑建洲. 近代物理实验[M]. 北京：科学出版社，2017.

[5] 沈大娲，郑菲，吴娜，等. 拉曼光谱在文物考古领域的应用态势分析[J]. 光谱学与光谱分析，2018，38(09): 2657-2664.

[6] 马建锋，杨淑敏，田根林，等. 拉曼光谱在天然纤维素结构研究中的应用进展[J]. 光谱学与光谱分析，2016，36(06): 1734-1739.

[7] 秦岭，李龄，陈甲信. 拉曼光谱技术在肿瘤与 DNA 损伤研究中的应用进展[J]. 广西医学，2005，27(02): 210-212.

[8] 张巍巍，牛巍. 拉曼光谱技术的应用现状[J]. 化学工程师，2016，30(02): 56-58, 64.

[9] 姜杰，李明，张静，等. 拉曼光谱技术在爆炸物检测中的应用[J]. 光散射学报，2013，25(04): 367-374.

[10] 王红球，张丽，王璐，等. 拉曼光谱在安检领域中的应用[J]. 光散射学报，2012，24(04): 367-370.

[11] 王欢，王永志，赵瑜，等. 拉曼光谱中荧光抑制技术的研究新进展综述[J]. 光谱学与光谱分析，2017，37(07): 2050-2056.

[12] 卢树华，王照明，田方. 表面增强拉曼光谱技术在毒品检测中的应用[J]. 激光与光电子学进展，2018，55(03): 51-59.

[13] 张树霖. 拉曼光谱学与低维纳米半导体[M]. 北京：科学出版社，2008.

[14] 张树霖. 拉曼光谱学及其在纳米结构中的应用（上册）——拉曼光谱学基础[M]. 许应瑛，译. 北京：北京大学出版社，2017.

实验五　黑体辐射实验

电子课件

　　1900 年 4 月 27 日，英国著名物理学家威廉·汤姆孙（开尔文爵士，Lord Kelvin，1824—1907）在赞美 19 世纪物理学成就时指出"在物理学晴朗天空的远处，还有两朵小小的、令人不安的乌云"，其中的一朵乌云就是"黑体辐射理论出现的紫外灾难"。正是这朵乌云，不久后掀起了物理学上深刻的革命，导致了量子论的诞生。1900 年，普朗克因提出能量子假说而获得 1918 年诺贝尔物理学奖。若一物体对什么光都吸收而无反射，我们就称这种物体为"绝对黑体"，简称黑体。事实上不存在"绝对黑体"，不过有些物体可以近似地作为"黑体"来处理。

　　从某种意义上说，由于我们生活在一个辐射能的环境中，我们被天然的电磁能源所包围，于是就产生了测量和控制辐射能的需求。随着科学技术的发展，辐射度量的测量对于航空、航天、核能、材料、能源卫生及冶金等高科技领域的发展越来越重要。黑体辐射源作为标准辐射源，广泛用作红外设备的绝对标准，即可作为一种标准来校正其他辐射源或红外整机。另外，可以利用黑体的基本辐射定律找到实体的辐射规律，计算其辐射量。

普朗克与爱因斯坦等（1931 年）

【实验目的】

1．验证普朗克辐射定律。
2．验证斯特藩—玻尔兹曼定律。
3．验证维恩位移定律。
4．研究黑体和一般发光体辐射强度的关系。
5．学会测量一般发光光源的辐射能量曲线。

【实验原理】

1．黑体辐射

　　任何物体，只要其温度在热力学零度以上，就向周围发射辐射，这称为温度辐射。黑体是一种完全的温度辐射体，即任何非黑体所发射的辐射通量都小于同温度下的黑体发射的辐射通量，并且非黑体的辐射能力不仅与温度有关，而且与表面材料的性质有关。而黑体的辐射能力仅与温度有关。黑体的辐射亮度在各个方向都相同，即黑体是一个完全的余弦辐射体。辐射能力小于黑体，但辐射的光谱分布与黑体相同的温度辐射体称为灰体。

2．黑体辐射定律

1）黑体辐射的光谱分布——普朗克辐射定律

此定律用光谱辐射度表示，形式为

$$E_{\lambda T} = \frac{C_1}{\lambda^5 (e^{\frac{C_2}{\lambda T}} - 1)} \quad (\text{W/m}^3) \tag{5-1}$$

式中，第一辐射常数 $C_1 = 3.74 \times 10^{-16}\,\text{W} \cdot \text{m}^2$，第二辐射常数 $C_2 = 1.4398 \times 10^{-2}\,\text{m} \cdot \text{K}$。

黑体频谱亮度为

$$L_{\lambda T} = \frac{E_{\lambda T}}{\pi} \tag{5-2}$$

图 5-1 给出了 $L_{\lambda T}$ 随波长变化的曲线。

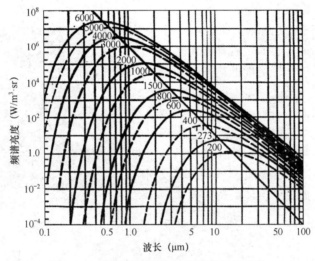

图 5-1　黑体的频谱亮度随波长变化的曲线

图 5-1 中每条曲线上都标出了黑体的热力学温度。与诸曲线的最大值相交的对角直线表示维恩位移定律。

2）黑体的积分辐射——斯特藩—玻尔兹曼定律

此定律用辐射度表示为

$$E_T = \int_0^\infty E_{\lambda T}\,\text{d}\lambda = \delta T^4 \quad (\text{W/m}^2) \tag{5-3}$$

式中，T 为黑体的热力学温度，δ 为斯特藩—玻尔兹曼常数，

$$\delta = \frac{2\pi^5 k^4}{15 h^3 c^2} = 5.670 \times 10^{-8} \quad (\text{W/m}^2 \cdot \text{K}^4) \tag{5-4}$$

其中，k 为玻尔兹曼常数，h 为普朗克常数，c 为光速。

由于黑体辐射是各向同性的，所以其辐射亮度与辐射度有如下关系：

$$L = \frac{E_T}{\pi} \tag{5-5}$$

于是，斯特藩—玻尔兹曼定律也可以用辐射亮度表示为

$$L = \frac{\delta}{\pi}T^4 \tag{5-6}$$

3）维恩位移定律

频谱亮度的最大值对应的波长 λ_{max} 与它的热力学温度 T 成反比，即

$$\lambda_{max} = \frac{A}{T} \tag{5-7}$$

式中，A 为维恩位移常数，数值等于 $2.896 \times 10^{-3}\,\mathrm{m \cdot K}$。随温度的升高，绝对黑体频谱亮度的最大值的波长向短波方向移动。

【实验装置】

1. 装置的基本组成

WGH-10 型黑体实验装置由光栅单色仪、接收单元、扫描系统、电子放大器、A/D 采集单元、电压可调的稳压溴钨灯光源及计算机组成。

2. 主机结构

主机部分包括单色器、狭缝（入缝和出缝）、接收单元、光学系统及溴钨灯等，如图 5-2 所示。

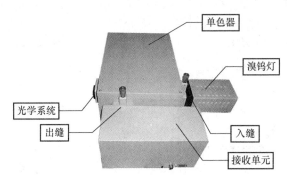

图 5-2　WGH-10 型黑体实验装置主机结构

1）狭缝

狭缝为直狭缝，宽度范围在 0～2.5mm 内连续可调，顺时针旋转调节系统时狭缝宽度加大，反之减小，每旋转一周调节系统，狭缝宽度变化 0.5mm。为延长使用寿命，调节时注意最大不超过 2.5mm，平日不使用时，狭缝最好开到 0.1～0.5mm。

为去除光栅光谱仪中的高级次光谱，在使用过程中，操作者可根据需要把备用的滤光片插入入缝插板。

2）光学系统

实验采用 C-T 型光学系统，如图 5-3 所示。

M1 为反射镜，M2 为准光镜，M3 为物镜，M4 为反射镜，M5 为深椭球镜，M6 为转

镜，G 为平面衍射光栅，S1 为入缝，S2、S3 为出缝，T 为调制器。光源发出的光束进入入缝 S1，S1 位于反射式准光镜 M2 的焦面上，通过 S1 射入的光束经 M2 反射成平行光束投到平面光栅 G 上，衍射后的平行光束经物镜 M3 成像在 S2 上。经 M4、M5 汇聚，聚在光电接收器 D 上。M2、M3 的焦距为 302.5mm。光栅 G：每毫米刻线 300 条，闪耀波长为 1400nm。滤光片工作区间：第一片为 800～1000nm，第二片为 1000～1600nm，第三片为 1600～2500nm。

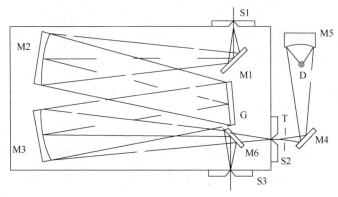

图 5-3　C-T 型光学系统

3）机械传动系统

采用如图 5-4（a）所示"正弦机构"进行波长扫描，丝杠由步进电机通过同步带驱动，螺母沿丝杠轴线方向移动，正弦杆由弹簧拉靠在滑块上，正弦杆与光栅台连接，并绕光栅台中心回转，如图 5-4（b）所示，从而带动光栅转动，使不同波长的单色光依次通过出缝完成"扫描"。

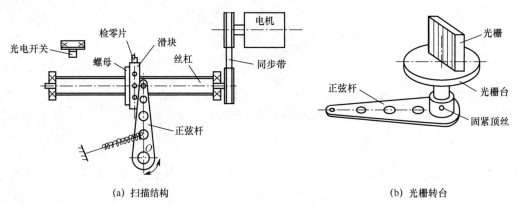

（a）扫描结构　　　　　　　　　　　　　　（b）光栅转台

图 5-4　扫描结构图及光栅转台图

4）溴钨灯

标准黑体应是黑体实验的主要装置，但购置一个标准黑体的价格太高，所以本实验装置采用稳压溴钨灯作为光源，溴钨灯的灯丝是用钨丝制成的，钨是难熔金属，其熔点为 3665K。

溴钨灯是一种选择性的辐射体，它产生的光谱是连续的，它的总辐射本领 R_T 可由下式求出：

$$R_T = \varepsilon_T \sigma T^4$$

式中，ε_T 是温度为 T 时的总辐射系数，是给定温度溴钨灯的辐射强度与绝对黑体的辐射强度之比，因此有

$$\varepsilon_T = \frac{R_T}{E_T} \quad 或 \quad \varepsilon_T = (1 - e^{-BT})$$

式中，B 为常数，值为 1.47×10^{-4}。

溴钨灯的辐射光谱分布 $R_{\lambda T}$ 为

$$R_{\lambda T} = \frac{C_1 \varepsilon_{\lambda T}}{\lambda^5 (e^{\frac{C_2}{\lambda T}} - 1)}$$

关于黑体和溴钨灯辐射强度的关系，生产厂商给出了一套标准的工作电流与色温对应关系的资料，如表 5-1 所示。

表 5-1　溴钨灯工作电流—色温对应表

电流（A）	色温（K）	电流（A）	色温（K）
1.40	2250	2.00	2600
1.50	2330	2.10	2680
1.60	2400	2.20	2770
1.70	2450	2.30	2860
1.80	2500	2.50	2940
1.90	2550		

5）接收器

本实验装置的工作区间为 800～2500nm，所以选用硫化铅（PbS）作为光信号接收器，从单色仪出缝射出的单色光信号经调制器调制成 50Hz 的频率信号后被 PbS 接收，选用的 PbS 采用晶体管外壳结构。该系列探测器将 PbS 元件封装在晶体管壳内，充以干燥的氮气或其他惰性气体，并采用熔融或焊接工艺，以保证全密封。该器件可在高温、潮湿条件下工作，性能稳定可靠。

【实验内容】

1. 建立传递函数曲线

任何型号的光谱仪在记录辐射光源的能量时，都受光谱仪的各种光学元件、接收器件在不同波长处的响应系数的影响，习惯称该响应系数为传递函数。为消除其影响，我们为用户提供一个标准的溴钨灯光源，其能量曲线是经过标定的。另外，在软件内存储了一条该标准光源在 2940K 时的能量线。当用户需要建立传递函数时，请按下列顺序操作：

（1）将标准光源电流调整为表 5-1 中色温为 2940K 时电流所在的位置。

（2）预热 20min 后，在系统上记录该条件下的全波段图谱，该光谱曲线包含了传递函数的影响。

（3）单击"验证黑体辐射定律"菜单，选择"计算传递函数"命令，将该光谱分布函数与已知的光源能量分布函数相除，即得到传递函数曲线，并自动保存。

（4）用户在进行测量时，只要勾选图 5-5 中右上方的"传递函数"复选框即可。此后测得的未知光源辐射能量线的结果均已消除了仪器传递函数的影响。

2．修正为黑体

任意发光体的光谱辐射本领与黑体辐射都有系数关系，软件内提供了钨的发射系数，并能通过勾选图 5-5 右上方的"修正为黑体"复选框使测量得到的溴钨灯的辐射能量曲线自动修正为同温度下的黑体的曲线。

3．验证黑体辐射定律

将溴钨灯光源按说明书要求安装好，勾选图 5-5 中的"传递函数"及"修正为黑体"复选框，而后扫描并记录溴钨灯曲线。可设定不同的色温多次测试，并选择不同的寄存器（最多选择 5 个寄存器）分别将测试结果存入待用。有了以上测试数据，操作者可单击"验证黑体辐射定律"菜单，菜单图如图 5-6 所示。

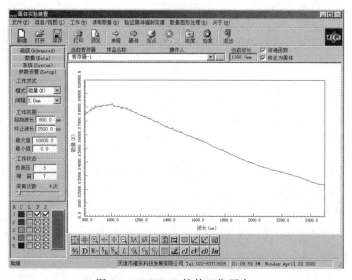

图 5-5　WGH-10 软件工作平台　　　　图 5-6　验证黑体辐射定律菜单图

操作者可以根据软件提示，验证黑体辐射定律。

【注意事项】

1．实验测得的数据是相对值，其绝对大小没有意义。

2．仪器开机前，需要把光源的电流调节到最小，关机前也应该把电流调至最小。由于溴钨灯比较娇贵，使用时务必慢慢改变电流，一定不能让最大电流超过 2.5A。

3．黑体辐射实验装置开机稳定后再运行程序，否则程序将报告硬件未准备好。

4．根据实验情况调整入缝和出缝的宽度，调整狭缝时要注意调整范围，不可过大或者过小，以免造成对狭缝的损坏。

5. 狭缝宽度（保证测量的峰值不超过量程）调好后，勿改变狭缝大小，否则会改变相关参数，需要重新设定。USB 线已经插好，勿动。

6. 结束前，首先应用检索功能将当前波长检索到 800nm，使机械系统受力最小，然后关闭应用程序，最后关闭黑体实验装置和溴钨灯。

【结果分析】

1. 分析普朗克辐射定律实验数据。
2. 分析斯特藩—玻尔兹曼定律实验数据。
3. 分析维恩位移定律实验数据。

【思考讨论】

1. 实验为何能用溴钨灯进行黑体辐射测量并进行黑体辐射定律验证？
2. 处理实验数据时为何要对数据进行归一化处理？
3. 实验中使用的光谱分布辐射度与辐射能量密度有何关系？
4. 什么叫黑体？在辐射换热中为什么要引入这一概念？
5. 温度均匀的空腔壁面上的小孔具有黑体辐射的特性，空腔内部的辐射是否也是黑体辐射？
6. 黑体的辐射能按空间方向是怎样分布的？定向辐射强度与空间方向无关是否意味着黑体的辐射能在半球空间各方向上是均匀分布的？
7. 什么叫光谱吸收比？在不同光源的照射下，物体常呈现不同的颜色，如何解释？
8. 灰体是指光谱发射率不随波长变化的物体。什么样的物体可被视为灰体？普通物体只有在长波辐射条件下才可视为灰体吗？
9. 外墙表面和内墙表面采用同样的材料，计算其表面辐射换热量时，内、外表面采用的辐射吸收率是相同的吗？为什么？采用白色材料和采用深色材料的内、外表面辐射吸收率有什么不同？

【参考文献】

[1] 郭奕玲，沈慧君. 诺贝尔物理学奖一百年[M]. 上海：上海科学普及出版社出版，2002.

[2] 郭奕玲. 20 世纪物理学的伟大缩影——诺贝尔物理学奖百年[J]. 百科知识，2000, 11: 7-9.

[3] 凌东波，曹卓良. 普朗克 1901 年关于黑体辐射问题的文章解读[J]. 巢湖学院学报，2007, 4: 47-49.

实验六　密立根油滴实验

电子课件

一个电子所带的电荷量是现代物理学重要的基本常数之一。美国杰出实验物理学家密立根（Robert Andrew Millikan）自 1906 年起就致力于细小油滴带电量的测量，他用了 11 年时间，经过多次重大改进，终于以上千颗油滴的确凿实验数据得出基本电荷的电量为 $e = (1.5924 \pm 0.0017) \times 10^{-19}$ C，直接证实了电荷的量子性，即任何电量都是基本电荷的整数倍，这个基本电荷就是电子所带的电荷，并在此基础上验证了爱因斯坦的光电效应方程，得到了普朗克常数的精确数值。密立根因在基本电荷和光电效应方面的研究荣获 1923 年诺贝尔物理学奖。

密立根油滴实验在近代物理学发展中占有非常重要的地位，该实验清楚地证明了电荷的颗粒性，确定了最小单位电荷的量值。开设这个实验，不仅是为了使学生掌握一种实验方法，或者验证前人已经验证过的定律，更重要的是通过实验使学生独立思考，掌握一种发现物理规律的方法。

Robert Andrew Millikan

（1868—1953）

【实验目的】

1．正确理解密立根油滴实验的设计思想、实验方法和实验技巧。
2．测定基本电荷值 e 的大小。

【实验原理】

密立根油滴实验主要测定油滴的带电量，测定油滴带电量一般有两种方法：①平衡测量法。该方法使带电油滴在电场中受到的电场力的作用正好与油滴的重力相抵消，从而达到平衡，据此可以测定该油滴的带电量。②动态测量法。该方法测出带电油滴在电场中因电场力作用而上升的速度 v_E 和油滴因重力作用而下落的速度 v_g，据此确定该油滴的带电量。

本实验采用平衡测量法来测定油滴的带电量。

如图 6-1 所示，两块水平放置的平行带电板之间，有一质量为 m、带电量为 q 的油滴，同时受到重力 mg 和静电力 qE 的作用，当两力达到平衡时有

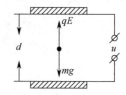

图 6-1　密立根油滴实验原理图

$$mg = qE = q\frac{u}{d} \tag{6-1}$$

若 d 已知，调节两极板电压 u，同时设法测出油滴的质量 m，则油滴的带电量 q 就可以求出。由于油滴质量 m 很小，用常规的方法难以测定，需用特殊方法来测定。

根据斯托克斯定律，油滴仅在重力作用下运动时，受到空气黏滞阻力 f 的作用，当油滴运动速度达到某一数值时，阻力与重力平衡，此时有

$$f = 6\pi a \eta v_g = mg \tag{6-2}$$

式中，η 是空气的黏滞系数；a 是油滴半径，数量级为 $10^{-6}\,\mathrm{m}$。由于油表面的张力，油滴呈小球状。

油滴质量为

$$m = \frac{4}{3}\pi a^3 \rho \tag{6-3}$$

式中，ρ 为油滴密度，考虑到油滴的线度与室温下气体分子的平均自由程（$10^{-8}\,\mathrm{m}$）的影响，斯托克斯定律应修正为

$$f = \frac{6\pi a \eta v_g}{1 + \dfrac{b}{pa}} \tag{6-4}$$

式中，b 为修正系数，$b = 0.00823\,\mathrm{N/m}$；$p$ 为大气压强。据此可得油滴质量为

$$m = \frac{4}{3}\pi \left[\frac{9\eta v_g}{2\rho g\left(1 + \dfrac{b}{pa}\right)} \right]^{\frac{3}{2}} \rho \tag{6-5}$$

式中，油滴匀速下降的速度 $v_g = \dfrac{l}{t}$，l 为平行板未加电压时油滴下降的长度，t 为下降时间。整理以上诸式，最后可求得油滴的电量为

$$q = \frac{18\pi}{\sqrt{2\rho g}} \left[\frac{\eta l}{t\left(1 + \dfrac{b}{pa}\right)} \right]^{\frac{3}{2}} \frac{d}{u} \tag{6-6}$$

根据式（6-1），改变油滴所带的电量 q 时，要使油滴达到平衡，只需改变电压 u 即可。由实验可以发现，使油滴达到平衡的电压是某些特定的数值 u_n，它们满足方程：

$$q_n = mg\frac{d}{u_n} = ne \tag{6-7}$$

式中，$n = \pm 1, \pm 2, \cdots$，e 是一个最小电荷——基本电荷量，这就证明了电荷是不连续的，具有量子性，e 就是电子电荷的值。

【实验装置】

本实验采用 OM99CCD 微机密立根油滴仪，油滴仪主要由油滴盒、电路箱（包括电压换向开关、电压调节按钮等）、显微镜和监视器等组成。如图 6-2 所示，在油滴盒外套有防风罩，罩上放置一个可取下的油雾杯，杯底中心有一个落油孔及一块挡片，此挡片是

用来开关落油孔的。上电极板中心有一个直径为 0.4mm 的油雾落入孔。在胶木圆环上开有显微镜观察孔和照明孔。电极板上方有一个可以左右拨动的压簧，若要取出上极板，将压簧拨向一边即可。照明灯安装在照明座中间的位置，照明座上方有一个安全开关，取下油雾杯时，平行电极就自动断电。电路箱体内装有高压产生、测量显示等电路。由测量显示电路产生的电子分划板刻度与 CCD 摄像头的行扫描严格同步，相当于刻度线做在 CCD 器件上。

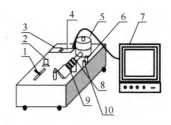

图 6-2　OM99CCD 微机密立根油滴仪结构

1—电压换向开关；2—电压调节旋钮；3—数字电压表；4—数字计时器；5—油滴盒；6—计时按钮；7—监视器；8—显微镜；9—CCD 摄像头；10—计时复位按钮

本仪器备有两种标准分划板 A、B。分划板 A 是 8×3 结构的，垂直线视场为 2mm，分 8 格，每格为 0.25mm。分划板 B 在 x、y 方向各为 15 格。采用随机配备的标准显微镜时，每格为 0.08mm；要使观察效果明显，可换上高倍显微镜，每格为 0.04mm。此时测油滴的运动轨迹可以满格。要切换分划板 B，只需按住"计时/停"按钮 5s 以上即可。OM99CCD 微机密立根油滴仪面板结构如图 6-3 所示。

图 6-3　OM99CCD 微机密立根油滴仪面板结构

K1、K2 为控制平行极板电压的三挡开关，K1 控制极板上电压的极性，K2 控制极板上电压的大小。当 K2 处于中间"平衡"位置时，可用电位器调节平衡电压。当 K2 处于"提升"位置时，可自动在平衡电压基础上增加 200～300V 的提升电压。当 K2 处于"0V"位置时，极板电压为 0。本仪器 K2 的"平衡""0V"挡与计时器的"计时/停"联动。在 K2 由"平衡"拨向"0V"时，在油滴匀速下落的同时开始计时，油滴下落到预定距离时，迅速将 K2 由"0V"拨向"平衡"，在油滴停止下落的同时停止计时。此时屏幕右上角显示的是油滴实际的运动距离及对应的时间。油滴运动时会受到空气阻力作用，开始是变速运动，然后是匀速运动。变速运动时间较短，小于 0.01s，与计量器精度相当，故可以认为油滴的运动是匀速运动。当突然加上平衡电压时，油滴就会立即停止运动。

油滴仪的计时器采用"计时/停"方式，按一下开关，其在清零的同时立即开始计数，再按一下开关，其停止计数，并记录、保存数据。

【实验内容】

1. 仪器的调试与使用

将监视器阻抗选择开关拨至 75Ω 处，各电缆线连接上，插座插紧，保证接触良好。调节仪器底座上的三个调平手轮，直至水泡调平。调整显微镜的焦距，只需将显微镜前端和底座前端对齐，待喷油后稍稍向前微调即可。注意调整范围不要过大，一般取前后调焦 1mm 内的油滴为好。

实验时接通油滴仪和监视器电源开关，约 5s 后仪器自动进入测量状态，屏幕上显示出标准分划刻度线及电压（V）、时间（s）值。若想直接进入测量状态，按一下"计时/停"按钮即可。若开机后屏幕上字幕混乱，则可切断电源，稍待片刻重新开机即可。

面板上的 K1 用来选择平行板电极的极性，置于"+"或"-"均可，不用经常变动。实验中主要使用 K2、K3 和 W。监视器的图像质量可以通过面板上的四个调节旋钮来调节。

实验时喷雾器的油不可装得太满，否则会堵塞电极的落油孔，或者使其喷出很多油而非油雾。喷油时喷雾器的喷头不要深入喷油孔，防止油滴堵塞油孔。做完实验要及时揩擦掉极板及油雾室内的积油。

2. 测量练习

正式测量前必须先进行测量练习，这是能否顺利做好实验的重要环节。测量练习主要是练习选择合适的油滴，练习测量油滴运动时间和控制油滴运动。

首先要选择合适的油滴，油滴质量大，所带电荷多，十分明亮，但匀速下降时间很短，会给数据测量带来困难。油滴过小，观察困难，布朗运动明显，也会引起较大的测量误差。一般宜选择目视直径为 0.5～1mm 的油滴。喷油后，K2 置于"平衡"位置，调 W 使极板平衡电压为 200～300V，注意寻找运动缓慢且较为清晰明亮的油滴。

用 K2 将选中的油滴移至某条刻度线上，仔细调节平衡电压，反复操作调试，直至油滴不再移动时，才能确定平衡。

测量油滴上升或下降所需的时间时，油滴到达刻度线的位置要统一，眼睛要平视，反复演练，使测出的各项时间的离散性最小。

3. 正式测量

本实验采用平衡测量法来测量油滴所带的电量，实验过程中要测量的物理量有两个：平衡电压 u；未加电场（电压）时油滴匀速下降 l 所需的时间 t。

（1）平衡电压 u 的测量：将选择好的油滴置于分划板上某条横线附近，仔细调节平衡电压的大小，使油滴达到平衡，此时的电压即为要测量的平衡电压。

（2）运动时间 t 的测量：为减少误差，选定油滴下降的距离 l 时，应使其下降位置在平行板的中间部分，取 $l = 1.5$mm 较适宜，即上、下各空一格。用 K2 控制，将已调平衡的油滴移到"起跑线"上，按 K3 计时器停止计时，再将 K2 拨向"0V"位置，油滴开始匀速下降，计时器同时开始计时。待油滴到"终点"时迅速将 K2 拨向"平衡"位置，油滴立即停止运动，计时器也停止计时。对选中的某颗油滴进行 5～10 次测量，每次测量都要重新调整平衡电压。若油滴逐渐变得模糊，只需微调显微镜即可使其清晰。用同样的方法选择 5～10 颗油滴进行测量，最后求出电子电荷量的平均值 $\bar{e}$。

【注意事项】

1. 喷油后，若视场中没有发现油滴，可能有以下几个原因：传感线接触不良；油滴孔被堵。处理方法：检查线路；打开有机玻璃油雾室，利用脱脂棉擦拭小孔，或利用细丝（直径小于 0.4mm）捅一捅小孔。

2. 调整仪器时，如果要打开有机玻璃油雾室，应先将工作电压选择开关放在"下落"位置。

3. 喷油时，切忌频繁喷油，要充分利用资源。

4. 测量时，要随时调整工作电压，若发现工作电压有明显改变，应放弃测量，重新选择油滴。

【结果分析】

采用平衡测量法的电荷公式为

$$q = \frac{18\pi}{\sqrt{2\rho g}} \left[\frac{\eta l}{t\left(1 + \dfrac{b}{pa}\right)} \right]^{\frac{3}{2}} \frac{d}{u}$$

式中，$a = \sqrt{\dfrac{9\eta l}{2\rho gt}}$，若其他各量的取值如下。

油滴密度：$\rho = 981 \text{kg} \cdot \text{m}^3$。

重力加速度：$g = 9.80 \text{m} \cdot \text{s}^{-2}$。

空气黏滞系数：$\eta = 1.83 \times 10^{-5} \text{Pa} \cdot \text{s}$。

油滴匀速下降距离：$l = 1.50 \times 10^{-3} \text{m}$。

大气压强：$p = 1.01 \times 10^5 \text{Pa}$。

两平行板距离：$d = 5.00 \times 10^{-3} \text{m}$。

电量为

$$q = \frac{1.43 \times 10^{-14}}{\left[t(1 + 0.02\sqrt{t}) \right]^{3/2}} \frac{1}{u}$$

通常为了证明电荷的不连续性和所有电荷都是基本电荷 e 的整数倍，并求得 e 值，只需要对实验测得的各个电荷值用差值法求出它的最大公约数，此最大公约数就是基本电荷 e 值，但本实验求最大公约数比较困难，可用"倒过来验证"的办法进行数据处理。具体做法是，先用实验测得的每个电荷值 q 除以标准基本电荷值 $e = 1.602 \times 10^{-19} \text{C}$，得到某个接近于整数的数值，这个整数就是油滴所带的基本电荷的倍数 n，然后用实验测得的电荷值 q 除以相应的 n，得到电子的电荷值 e。

本实验可选择 5 颗油滴，每颗油滴测量三次，记录实验所测数据。本实验的数据可由计算机处理，数据处理软件 ΦMWIN Ver1.4 与油滴仪配套提供。只要将实验数据输入软件，经处理生成实验报告，然后打印输出实验结果即可。ΦMWIN Ver1.4 软件的使用方法另见使用说明。

【思考讨论】

1. 如何判断油滴盒内两平行极板是否水平？如果不水平，对实验有何影响？
2. 如何选择最合适的油滴匀速下降距离 l？
3. 如何选择合适的待测油滴？
4. 对油滴进行跟踪测量时，当油滴逐渐变得模糊时，应如何处理？
5. 本实验的数据处理有没有更好的方法？谈谈你的想法。

实验七　弗兰克—赫兹实验

　　1913 年，丹麦物理学家玻尔（N. Bohr）提出了一个氢原子模型，并指出原子存在能级。根据玻尔的原子理论，原子光谱中的每根谱线表示原子从某一个较高能态向另一个较低能态跃迁时的辐射。

　　1914 年，德国物理学家弗兰克（James Franck）和赫兹（Gustav Hertz）对莱纳德（Philipp Lenard）用来测量电离电位的实验装置进行了改进，他们同样采取慢电子（几个到几十个电子伏特）与单元素气体原子碰撞的办法，但着重观察碰撞后电子发生什么变化（莱纳德则观察碰撞后离子流的情况）。通过实验测量，电子和原子碰撞时会交换某一定值的能量，且可以使原子从低能级激发到高能级，直接证明了原子发生跃变时吸收和发射的能量是分立的、不连续的。弗兰克—赫兹实验为能级的存在提供了直接的证据，有力地支持了玻尔的原子理论。由于他们的工作对原子物理学的发展起到了重要作用，两人共同获得 1925 年诺贝尔物理学奖。

James Franck　　　　　Gustav Hertz
（1882—1964）　　　　（1887—1975）

【实验目的】

1．了解实验背景，培养发现问题、分析问题的能力，养成良好的科学人文素养。
2．观测电子与氩原子碰撞时能量转移的量子化现象，加深对原子能级概念的理解。
3．测量氩原子的第一激发电位，计算普朗克常数。

【实验原理】

1．玻尔原子理论

　　原子只能较长时间地停留在一些稳定状态（简称定态）上。原子处于这些状态时，不发射或吸收能量。各定态有一定的能量，其数值是彼此分隔的。原子的能量不论通过什么方式发生改变，都只能从一个定态跃迁到另一个定态。原子从一个定态跃迁到另一个定态而发射或吸收辐射时，辐射频率是一定的。如果用 E_m 和 E_n 分别代表有关两定态的能量，则辐射的频率 v 决定于如下关系：

$$h\upsilon = E_m - E_n \tag{7-1}$$

式中，h 为普朗克常数，$h = 6.63 \times 10^{-34} \text{J·s}$。

为了使原子从低能级向高能级跃迁，可以通过令具有一定能量的电子与原子相碰撞，进行能量交换的办法来实现。

设初速度为零的电子在电位差为 U_0 的加速电场作用下，获得能量 eU_0。当具有这种能量的电子与稀薄气体的原子（如气压约为 1000Pa 的氩原子）发生碰撞时，就会发生能量交换。如以 E_1 代表氩原子的基态能量、E_2 代表氩原子的第一激发态能量，那么当氩原子吸收从电子传递来的能量恰好为

$$eU_0 = E_2 - E_1 \tag{7-2}$$

时，氩原子就会从基态跃迁到第一激发态，而相应的电位差称为氩的第一激发电位。测定出这个电位差 U_0，就可以根据式（7-2）求出氩原子的基态和第一激发态之间的能量差，其他元素气体原子的第一激发电位亦可依此法求得。

2. 第一激发电位的测量

如图 7-1 所示，在充氩的弗兰克—赫兹管中，电子由热阴极发出，阴极 K 和第一栅极 G1 之间的加速电压主要用于消除阴极电子散射的影响，阴极 K 和第二栅极 G2 之间的加速电压 U_{G2K} 使电子加速，在板极 A 和第二栅极 G2 之间加有反向拒斥电压 U_{G2A}。弗兰克—赫兹管内的空间电位分布如图 7-2 所示。当电子通过 G2K 空间进入 G2A 空间时，如果电子有较大的能量（$\geqslant eU_{G2A}$），就能冲过反向拒斥电场而到达板极，形成板极电流 I_A，并由微电流计 (μA) 检出。如果电子在 G2K 空间与氩原子碰撞，把自己一部分能量传给氩原子而使后者激发，电子本身所剩余的能量就很小，以致通过第二栅极 G2 后不足以克服拒斥电场而被折回到第二栅极 G2，这时通过微电流计 (μA) 的电流将显著减小。

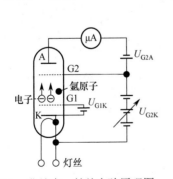

图 7-1　弗兰克—赫兹实验原理图

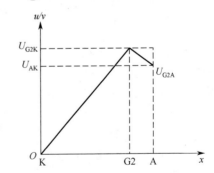

图 7-2　弗兰克—赫兹管内的空间电位分布图

实验时，使 U_{G2K} 逐渐增加并仔细观察微电流计 (μA) 的电流指示，若原子能级确实存在，而且基态和第一激发态之间有确定的能量差，就能观察到如图 7-3 所示的 I_A-U_{G2K} 曲线。

图 7-3 所示的曲线反映了氩原子在 G2K 空间中与电子进行能量交换的情况。当 G2K 空间电压逐渐增加时，电子在 G2K 空间被加速而获得越来越大的能量。在起始阶段，由于电压较低，电子的能量较少，即使在运动过程中它与氩原子相碰撞也只有微小的能

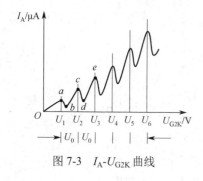

图 7-3　I_A-U_{G2K} 曲线

量交换（为弹性碰撞）。穿过第二栅极 G2 的电子所形成的板极电流 I_A 将随第二栅极电压 U_{G2K} 的增加而增大（图 7-3 中的 Oa 段）。

当 G2K 空间的电压达到氩原子的第一激发电位 U_0 时，电子在第二栅极 G2 附近与氩原子相碰撞，将自己从加速电场中获得的全部能量交给后者，并且使后者从基态激发到第一激发态。而电子本身由于把全部能量给了氩原子，即使穿过了第二栅极也不能克服反向拒斥电场而被折回第二栅极（被筛选掉）。所以板极电流将显著减小（图 7-3 中的 ab 段）。随着第二栅极电压的不断增加，电子的能量也随之增加，在与氩原子相碰撞后还留下足够的能量，可以克服反向拒斥电场而到达板极 A，这时电流又开始上升（图 7-3 中的 bc 段）。直到 G2K 间电压达到二倍氩原子的第一激发电位时，电子在 G2K 空间又会因二次碰撞而失去能量，造成第二次板极电流的下降（图 7-3 中的 cd 段）。同理，凡 KG2 空间电压满足

$$U_{G2K} = nU_0 \quad (n = 1, 2, 3, \cdots) \tag{7-3}$$

板极电流 I_A 都会相应下跌，形成规则起伏变化的 I_A-U_{G2K} 曲线。而各次板极电流 I_A 达到峰值时相对应的加速电压差为 $U_{n+1} - U_n$，即两相邻峰值之间的加速电压差值就是氩原子的第一激发电位值 U_0。

本实验测出了氩原子的第一激发电位。如果弗兰克—赫兹管中充以其他元素，则用该方法均可以得到它们的第一激发电位（如表 7-1 所示）。

表 7-1　几种元素的第一激发电位

元素	钠（Na）	钾（K）	锂（Li）	镁（Mg）	汞（Hg）	氦（He）	氩（Ar）	氖（Ne）
U_0/V	2.12	1.63	1.84	3.2	4.9	21.2	11.5	18.6
λ/nm	589.8 589.6	766.4 769.9	670.78	475.1	250.0	584.3	108.1	640.2

原子处于激发态时是不稳定的。在实验中被慢电子轰击到第一激发态的原子要跃迁回基态，进行这种反跃迁时，就应该有 eU_0 的能量发射出来。反跃迁时，原子是以放出光量子的形式向外辐射能量的，这种光辐射的波长与激发电位的关系为

$$eU_0 = h\nu = hc / \lambda \tag{7-4}$$

式中，c 为光速，h 为普朗克常数。所以，如果已知原子发光光谱，测出第一激发电位，根据式（7-4），即可算出普朗克常数。

3. 拓展学习及应用

弗兰克—赫兹实验中粒子对撞的方法至今仍是探索原子结构的重要手段之一。比如 1974 年发现的 J/ψ 粒子就是利用正负电子对撞发现的；还有 2012 年 7 月在欧洲核子中心发现的希格斯粒子，简称"上帝粒子"，是在大型强子对撞机（LHC）上发现的。实验中用的"拒斥电压"筛去小能量电子的方法，已成为广泛应用的实验技术。

【实验装置】

弗兰克—赫兹实验仪（BEX-8502A）、弗兰克—赫兹管盒、PASCO 无线电压传感器等。

1. 弗兰克—赫兹实验仪面板介绍

弗兰克—赫兹实验仪面板图如图 7-4 所示。扫描图 7-4 旁边的二维码可以观看操作视频。

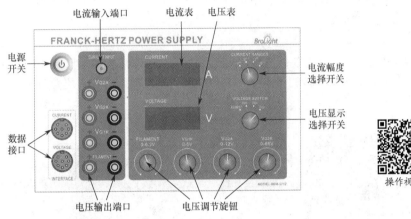

图 7-4 弗兰克—赫兹实验仪面板图

- 电压表：显示输出端口电压。
- 电流表：显示输入端口电流。
- 电流输入端口：输入电流信号。
- 电源开关：开启或者关闭设备电源。
- 电压调节旋钮：调节输出电压的大小。
- 电压输出端口：输出工作电压。
- 电压显示选择开关：选择显示不同的电压大小。
- 电流幅度选择开关：设置放大电流的幅度大小（$10^{-8}\sim10^{-11}$ A）。
- 数据接口：连接数据处理设备（PASCO 850/550 通用接口或者 PASCO 无线电压传感器）。

> 注意：
> - 在连接任何导线之前，请确认所有电源开关都处于关闭状态，所有的电压调节旋钮都逆时针旋到底。
> - 弗兰克—赫兹管工作电源有高压，在工作状态下禁止用身体的任何部位去触摸。

2. 弗兰克—赫兹实验接线图

弗兰克—赫兹实验接线图如图 7-5 所示。

- 弗兰克—赫兹实验仪 FILAMENT 输出 "+" 端连接到 BEM-5702 弗兰克—赫兹管盒 FILAMENT 红色端，FILAMENT 输出 "－" 端连接到 BEM-5702 弗兰克—赫兹管盒黑色端。

- 弗兰克—赫兹实验仪 V_{G1K} 输出"+"端（红色端）连接到 BEM-5702 弗兰克—赫兹管盒 G1 端，V_{G1K} 输出"−"端（黑色端）连接到 BEM-5702 弗兰克—赫兹管盒 K 端。
- 弗兰克—赫兹实验仪 V_{G2K} 输出"+"端（红色端）连接到 BEM-5702 弗兰克—赫兹管盒 G2 端，V_{G2K} 输出"−"端（黑色端）连接到 BEM-5702 弗兰克—赫兹管盒 K 端。
- 弗兰克—赫兹实验仪 V_{G2A} 输出"+"端（红色端）连接到 BEM-5702 弗兰克—赫兹管盒 G2 端，V_{G2A} 输出"−"端（黑色端）连接到 BEM-5702 弗兰克—赫兹管盒 A 端。
- 用 BNC 同轴电缆线（Q9 线）连接弗兰克—赫兹实验仪的"CURRENT INPUT"端口和 BEM-5702 弗兰克—赫兹管盒"μA"BNC 座。旋转导线两端的金属头使其连接可靠。

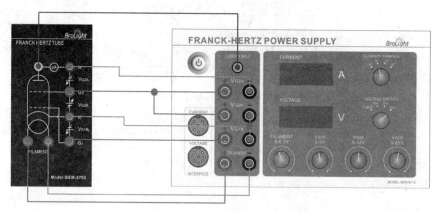

图 7-5　弗兰克—赫兹实验接线图

【实验内容】

实验 1：手动测量普朗克常数

1. 实验准备

（1）按弗兰克—赫兹实验接线图要求连接导线。

（2）将所有电压调节旋钮逆时针旋到底，然后打开电源开关。

（3）设置电流幅度选择开关，选择 10^{-10} A 挡。

（4）设置电压显示选择开关为 FILAMENT 挡，调节电压旋钮"FILAMENT 0—6.3V"，可以参考弗兰克—赫兹管机箱上的出厂参数来设置灯丝电压 V_F 的实验参数。

（5）设置电压显示选择开关为 V_{G1K} 挡，调节电压旋钮"V_{G1K} 0—5V"，可以参考弗兰克—赫兹管机箱上的出厂参数来设置 V_{G1K} 的实验参数。

（6）设置电压显示选择开关为 V_{G2A} 挡，调节电压旋钮"V_{G2A} 0—12V"，可以参考弗兰克—赫兹管机箱上的出厂参数来设置 V_{G2A} 的实验参数。

（7）设置电压显示选择开关为 V_{G2K} 挡，调节电压旋钮"V_{G2K} 0—85V"，使得 V_{G2K} 为 0V。

（8）设备预热 15min。

> **注意：**
> - 如果需要改变 V_{G1K}、V_{G2A}、V_F 等实验参数，请先调节 V_{G2K} 电压为 0V。
> - 实验完成后，请把各个实验参数的电压调节到 0V，以增加氩管的使用寿命。

2．实验步骤

（1）缓慢均匀地增加电压 V_{G2K}，从 0V 到 85V，按步长 1V 或者 0.5V 增加。将电压 V_{G2K} 和电流 I 记录在表 7-1 中（若电流表显示数值太小，可以适当增加灯丝电压 V_F 或者改变量程挡位到 10^{-11}A）。切记：为保证实验数据的唯一性，V_{G2K} 必须从小到大单向调节，而且在电压加载后，应该立即记录当时的电流数据，不可在过程中反复；记录完成最后一组数据后，立即将 V_{G2K} 快速归零。

（2）读出电流 I 的峰值和对应的 V_{G2K} 并记录在表 7-2 中。

表 7-1　电压 V_{G2K} 和电流 I 关系表

V_{G2K}/V	1.0	2.0	3.0	4.0	…	…	…	85.0
I/($\times 10^{-10}$A)								

表 7-2　电流 I 的峰值和对应的 V_{G2K} 电压关系表

峰值		V_1	V_2	V_3	V_4	V_5	V_6
	V_{G2K}/V						
	I/($\times 10^{-10}$A)						

实验 2：PASCO 无线电压传感器测量和分析弗兰克—赫兹实验

本实验需配 PASCO 无线电压传感器 PS-3221 和 PASCO Capstone 数据采集软件。

1．实验准备

硬件设置

（1）按图 7-6 连接导线。用 8 针转红黑线连接弗兰克—赫兹实验仪的 CURRENT 数据接口和无线电压传感器 A 的电压输入端口（红黑插座端口）。用 8 针转红黑线连接弗兰克—赫兹实验仪的 VOLTAGE 数据接口和无线电压传感器 B 的电压输入端口（红黑插座端口）。

（2）所有电压调节旋钮逆时针旋到底，然后打开电源开关。

（3）设置电流幅度选择开关，选择 10^{-10}A 挡。

（4）设置电压显示选择开关为 FILAMENT 挡，调节电压旋钮"FILAMENT 0—6.3V"，灯丝电压 V_F 可以参考弗兰克-赫兹管机箱上的出厂参数来设置。

（5）设置电压显示选择开关为 V_{G1K} 挡，调节电压旋钮"V_{G1K} 0—5V"，可以参考弗兰克—赫兹管机箱上的出厂参数来设置 V_{G1K} 的实验参数。

（6）设置电压显示选择开关为 V_{G2A} 挡，调节电压旋钮"V_{G2A} 0—12V"，可以参考弗兰克—赫兹管机箱上的出厂参数来设置 V_{G2A} 的实验参数。

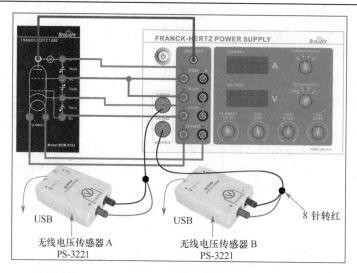

图 7-6　PASCO 无线电压传感器测量实验接线图

（7）设置电压显示选择开关为 V$_{G2K}$ 挡，调节电压旋钮 "V$_{G2K}$ 0—85V"，使得 $V_{G2K} = 0V$。

（8）设备预热 15min。

计算机操作软件设置

（1）启动 PASCO Capstone 软件。

（2）单击"硬件设置"按钮，此时在硬件设置窗口中没有任何硬件信息，如图 7-7 所示。

图 7-7　PASCO 无线电压传感器硬件设置窗口 1

（3）用 USB 数据线连接无线电压传感器 A（即连接到弗兰克—赫兹实验仪 "CURRENT" 接口的电压传感器）到计算机 USB 端口。

（4）用 USB 数据线连接无线电压传感器 B（就是连接到弗兰克—赫兹实验仪 "VOLTAGE" 接口的电压传感器）到计算机 USB 端口，此时硬件设置窗口如图 7-8 所示。

图 7-8　PASCO 无线电压传感器硬件设置窗口 2

（5）设置 2 个电压传感器的属性。单击图 7-8 中 2 个无线电压传感器的"属性设置"按钮 ⚙，弹出如图 7-9 所示的对话框，"电压范围设置"选择"±15 伏 V"，然后单击"立即将传感器归零"和"消除传感器零位偏移"按钮来消除传感器的零位漂移，最后单击"确定"按钮保存设置。设置完成后，单击"硬件设置"按钮隐藏该窗口。注意：两个无线电压传感器都需要做上述设置。

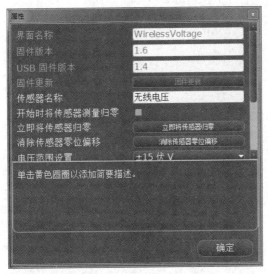

图 7-9　PASCO 无线电压传感器属性设置界面

（6）单击"表格和图表"图标，创建如图 7-10 所示的实验数据和实验曲线图。

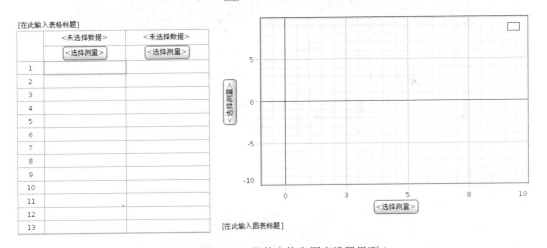

图 7-10　PASCO 软件表格和图表设置界面 1

（7）因为电流数值非常小（10^{-10}A 级），所以为了放大电流的数值，在软件上做一个计算的设置：单击"计算器"工具，编辑：I = [电压，通道 A：（伏 V）] * 1000（当电流量程设置为×10^{-10} A 时），单位设置为"*10^-10A"；编辑：VG2K = [电压，通道 B：（伏 V）]*100，单位设置为"V"。再单击"计算器"工具，隐藏该对话框，如图 7-11 所示。

（8）单击表格中的"<选择测量>"按钮，第 1 列选择"I（*10^-10A）"，第 2 列选择"VG2K（V）"。单击图表中纵坐标的"<选择测量>"按钮，选择"I（*10^-10A）"；单击横坐标的"<选择测量>"按钮，选择"VG2K（V）"，如图 7-12 所示。

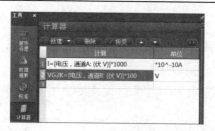

图 7-11　PASCO 软件表格和图表设置界面 2

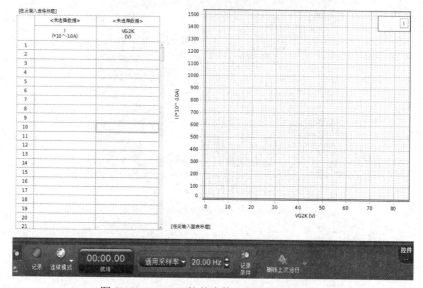

图 7-12　PASCO 软件表格和图表设置界面 3

（9）设置 2 路数据的采样率为 10Hz，如图 7-13 所示。

图 7-13　PASCO 软件采样率设置界面

（10）单击采样率旁边的"记录条件"按钮，设置停止条件如图 7-14 所示，单击"确定"按钮保存设置。

图 7-14　PASCO 软件采样停止条件设置界面

手机操作软件设置

（1）手机安装 Sparkvue 软件。

（2）打开手机蓝牙，打开 Sparkvue 软件，单击蓝牙标志，搜索无线电压传感器，可用设备栏会显示无线电压传感器序列号，单击"连接"按钮（注意：每个无线传感器都有对应的序列号）。两个无线电压传感器连接成功后单击"完成"按钮。数据图表设置参阅计算机操作软件。

2．自动测量/记录数据

（1）再次检查各个电源的电压参数，确保正确（参考机箱上面的出厂参数）。

（2）灯丝大约预热 15min 后，单击软件左下角"记录"按钮 ，软件开始采集数据。

（3）缓慢均匀地增加 V_{G2K} 电压，从 0V 到 85V 为止（大约 1min 完成）。此过程可以看到一系列的电压—电流数据和电压—电流曲线出现。

注意：若电流表显示超出量程，应立刻停止实验，并把 V_{G2K} 电压调到 0V，减小灯丝电压（每次约 0.1V），再继续实验。若电流表显示数值太小，可以适当改变量程挡位到 10^{-11}A 或增加灯丝电压（每次约 0.1V）。

（4）单击图表左上角的图标 ，可以将所有数据显示在图表中；读出电流 I 的峰值和对应的 V_{G2K} 值记录在表 7-2 中。实验数据采集界面如图 7-15 所示。

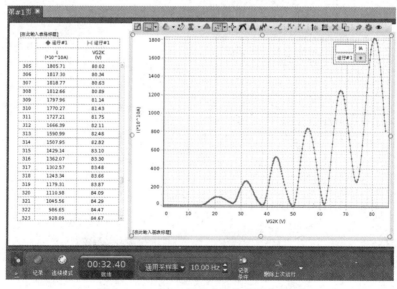

图 7-15　PASCO 软件实验数据采集界面

【结果分析】

1．画出 V_{G2K}-I 特性曲线图。

2．找出电流峰值对应的电压 V_1，V_2，V_3，V_4，V_5，V_6。

3．获得氩原子第一激发电位。

4．根据式（7-4），计算普朗克常数 h，其中 λ=108.1nm，e=1.602×10^{-19}C，c=3.0×10^8m/s。

【思考讨论】

1．弗兰克—赫兹实验中，I-V_{G2K} 曲线峰值附近有一个圆滑的过渡，其电流不是突然降到谷值的，为什么？

2．弗兰克—赫兹实验的 I-V_{G2K} 曲线，波谷对应的电流为何未降至零？

3．为什么要在弗兰克—赫兹管的板极和第二栅极间加一定大小的反向电压？

4．适当降低弗兰克—赫兹管的各个电压，对实验结果是否会有影响？

【参考文献】

[1] 杨福家. 原子物理学[M]. 4 版. 北京：高等教育出版社，2010.

[2] 隋成华. 大学物理实验[M]. 上海：上海科学普及出版社，2012.

[3] 杨振宁. 基本粒子发现简史[M]. 上海：上海科学技术出版社，1963.

实验八　验证快速电子的动量与动能的相对论关系实验

电子课件

Albert Einstein（1879—1955）

爱因斯坦（Albert Einstein）于 1905 年提出了狭义相对论，对于快速运动的电子，我们可以设计测量其动量与动能大小的实验。实验结果表明，狭义相对论的动量和能量的关系式正确地描述了快速运动电子动量与能量的关系，若用牛顿运动定律来描述，明显不符合实验结果。用已知能量的放射性粒子确定能量定标曲线以后，就可以测定快速电子的动能，这是一种实际的测量粒子动能的方法。

本实验的基本思想是以快速电子作为实验对象，验证其动能与动量的关系，同时了解平面半圆聚焦磁谱仪的工作原理。

【实验目的】

1．掌握用已知能量的放射性粒子确定某实验条件下的能量定标曲线的方法。
2．掌握快速电子动能的测量及数据处理方法。
3．验证快速电子的动量与动能之间的关系符合相对论效应。

【实验原理】

1．相对论动能与动量关系

经典力学总结了低速物理的运动规律，它反映了牛顿的绝对时空观：认为时间和空间是两个独立的观念，彼此之间没有联系，同一物体在不同惯性参照系中观察到的运动学量（如坐标、速度）通过伽利略变换而互相联系。这就是力学相对性原理：一切力学规律在伽利略变换下是不变的。

19 世纪末至 20 世纪初，人们试图将伽利略变换和力学相对性原理推广到电磁学和光学时遇到了困难，实验证明，对高速运动的物体伽利略变换是不正确的，实验还证明，在所有惯性参照系中光在真空中的传播速度为同一常数。在此基础上，爱因斯坦于 1905 年提出了狭义相对论，并据此导出从一个惯性系到另一个惯性系的变换方程，即"洛伦兹变换"。

在洛伦兹变换下，静止质量为 m_0，速度为 v 的物体，狭义相对论定义的动量 p 为

$$p = \frac{m_0}{\sqrt{1-\beta^2}} v = mv \qquad (8-1)$$

式中，$m = m_0/\sqrt{1-\beta^2}$ 为以速度 v 运动的物体的动质量，$\beta = \dfrac{v}{c}$。相对论能量 E 为

$$E = mc^2 \tag{8-2}$$

即著名的质能关系。mc^2 是运动物体的总能量，当物体静止时，$v=0$，物体的能量为 $E_0 = m_0 c^2$，称为静止能量；两者之差为物体的动能 E_k，即

$$E_k = mc^2 - m_0 c^2 = m_0 c^2 \left(\frac{1}{\sqrt{1-\beta^2}} - 1 \right) \tag{8-3}$$

当 $\beta \ll 1$ 时，式（8-3）可展开为

$$E_k = m_0 c^2 \left(1 + \frac{1}{2} \frac{v^2}{c^2} + \cdots \right) - m_0 c^2 \approx \frac{1}{2} m_0 v^2 = \frac{1}{2} \frac{p^2}{m_0} \tag{8-4}$$

即得经典力学中的动量—能量关系。

由式（8-1）和式（8-2）可得相对论动量—能量关系为

$$E^2 - c^2 p^2 = E_0^2 \tag{8-5}$$

而动能与动量的关系为

$$E_k = E - E_0 = \sqrt{c^2 p^2 + m_0^2 c^4} - m_0 c^2 \tag{8-6}$$

这就是我们要验证的狭义相对论的动量与动能的关系，如图 8-1 所示，图中 pc 用 MeV 作单位，电子的 $m_0 c^2 = 0.511$ MeV。

对非相对论情形，为计算方便，将式（8-4）写为

$$E_k = \frac{1}{2} \frac{p^2 c^2}{m_0 c^2} = \frac{p^2 c^2}{2 \times 0.511 \text{MeV}}$$

2．实验方法

β源射出的高速 β 粒子经准直后垂直射入一均匀磁场中（v 方向垂直与 $\boldsymbol{B}$ 方向），粒子因受到与运动方向垂直的洛伦兹力的作用而做圆周运动，如图 8-2 所示。如果不考虑其在空气中的能量损失（一般情况下为小量），则粒子具有恒定的动量数值，而仅仅是方向不断变化。粒子做圆周运动的方程为

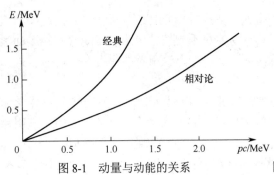

图 8-1 动量与动能的关系

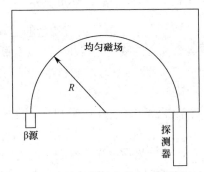

图 8-2 β 粒子在均匀磁场中做匀速圆周运动

$$m \frac{v^2}{R} = -e v \times B \tag{8-7}$$

e 为电子电量，v 为粒子速度，B 为磁场强度。根据相对论动量定义 $p = mv$ 得

$$p = eBR \tag{8-8}$$

式中，R 为 β 粒子轨道的半径，是 β 源与探测器间距的一半（如图 8-2 所示）。

在磁场外距 β 源 X 处放置一个 β 能量探测器来接收从该处出射的 β 粒子，则这些粒子的能量（动能）可由探测器直接测出，而粒子的动量值为

$$p = eBR = eB\Delta X / 2$$

由于 β 源 $^{90}\text{Sr} - {}^{90}\text{Y}$（0～2.27MeV）射出的 β 粒子具有连续的能量分布（0～2.27 MeV），因此探测器在不同位置（不同 ΔX）就可测得一系列不同的动能与对应的动量值。这样就可以用实验方法确定测量范围内动能与动量的对应关系，进而验证相对论给出的这一关系的理论公式的正确性。

3. 真空状态下 p 与 ΔX 关系的合理表述

由于工艺水平的限制，磁场的非均匀性（尤其是边缘部分）无法避免，直接用 $p = eBR = eB\Delta X / 2$ 来求动量将产生一定的系统误差，因此需要采取更为合理的方式来表述 p 与 ΔX 的关系。

设粒子的真实轨迹为 aob，位移 $\mathrm{d}s$ 与 Y 轴的夹角为 θ，如图 8-3 所示，则 $\mathrm{d}s$ 在 X 轴上的投影为 $\sin\theta \cdot \mathrm{d}s$，显然有

$$\Delta X = \int_0^{\theta_1} \sin\theta \cdot \mathrm{d}s \approx \int_0^{\pi} \sin\theta \cdot \mathrm{d}s \quad （因为 \theta_1 \approx \pi） \tag{8-9}$$

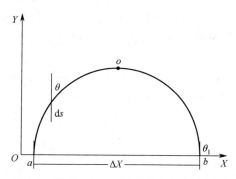

图 8-3 推导 p 与 ΔX 关系的合理表述用图

又因为 $\mathrm{d}s = R\mathrm{d}\theta$ 以及 $R = p/eB$，（其中 R、B 分别为 $\mathrm{d}s$ 处的曲率半径和磁场强度），则有

$$\Delta X = \int_0^{\pi} \sin\theta \cdot \frac{p}{eB} \cdot \mathrm{d}\theta = \frac{p}{e}\int_0^{\pi} \frac{\sin\theta}{B} \cdot \mathrm{d}\theta \quad （因为真空中 p 为定值） \tag{8-10}$$

所以有

$$p = \frac{e\Delta X}{\int_0^{\pi} \dfrac{\sin\theta}{B} \cdot \mathrm{d}\theta} = \frac{1}{2}\bar{B}e\Delta X \left(\frac{1}{\bar{B}} = \frac{1}{2}\int_0^{\pi} \frac{\sin\theta}{B} \cdot \mathrm{d}\theta \right) \tag{8-11}$$

把 $\dfrac{1}{\bar{B}}$ 改写成

$$\frac{1}{\bar{B}} = \int_0^{\pi} \frac{\sin\theta}{B} \cdot \mathrm{d}\theta \bigg/ \int_0^{\pi} \sin\theta \cdot \mathrm{d}\theta$$

则物理含义更为明显，即 $\dfrac{1}{\bar{B}}$ 为粒子在整个路径上的磁场强度的倒数以各自所处位置的位

移与 Y 轴夹角的正弦为权重的加权平均值。显然 $\overline{B}$ 相当于均匀磁场下公式 $p = eBR = eB\Delta X / 2$ 中的磁场强度 B；只要求出 $\overline{B}$，就能更为确切地表述 p 与 ΔX 的关系，进而准确地确定粒子的动量值。

实际计算操作中还需要把求积分进一步简化为求级数和，即可把画在磁场分布图上直径为 ΔX 的半圆弧做 N 等分（间距取 10mm 左右为宜），依次读出第 i 段位移所在处的磁场强度 B_i，再注意到

$$\theta_i = \frac{\pi}{N}(i-1), \quad \Delta\theta_i = \frac{\pi}{N}$$

最后求和可以得到

$$\frac{1}{\overline{B}} \approx \frac{1}{2}\int_0^\pi \frac{\sin\theta'}{B'}\cdot\mathrm{d}\theta' \approx \frac{1}{2}\frac{\pi}{N}\sum_{i=1}^N \sin[\frac{\pi}{N}(i-1)]/B_i$$

所以

$$p = \frac{Ne\Delta X}{\pi\sum_{i=1}^N \sin[\frac{\pi}{N}(i-1)]/B_i} \tag{8-12}$$

4．磁偏转的应用

在磁偏转中，由于磁场始终与粒子的运动方向垂直，所以粒子动能的大小保持不变。可以利用磁偏转将不同动能的粒子分开，这是高能物理探测常用的方法。2010 年 7 月，美国在国际空间站安装阿尔法磁谱仪，具体观测太空中高能辐射下的电子、正电子、质子、反质子与核子。这些探测结果有可能解答关于宇宙大爆炸的一些重要疑问，例如为何宇宙大爆炸产出如此少的反物质？何等物质构成了宇宙中看不见的质量？

【实验装置】

实验装置主要由以下部分组成：①真空、非真空半圆聚焦 β 磁谱仪；②β 放射源 $^{90}\mathrm{Sr} - ^{90}\mathrm{Y}$（强度 $\approx 1\,\mathrm{mCi}$），定标用 γ 放射源 $^{137}\mathrm{Cs}$ 和 $^{60}\mathrm{Co}$（强度 $\approx 2\,\mu\mathrm{Ci}$）；③200 μm Al 窗 NaI（Tl）闪烁探头；④数据处理计算软件；⑤高压电源、放大器、多道脉冲幅度分析器。

【实验内容】

1．检查仪器线路连接是否正确，然后开启高压电源，开始工作。

2．打开 $^{60}\mathrm{Co}$ γ 定标源的盖子，移动闪烁探测器使其狭缝对准 $^{60}\mathrm{Co}$ 源的出射孔并开始计数测量。

3．调整加到闪烁探测器上的高压和放大数值，使测得的 $^{60}\mathrm{Co}$ 的 1.33 MeV 峰位道数在一个比较合理的位置（建议：在多道脉冲分析器总道数的 50%～70%位置，这样既可以保证测量高能 β 粒子（1.8～1.9 MeV）时不超出量程范围，又可以充分利用多道分析器的有效探测范围）。

4．选择好高压和放大数值后，稳定 10～20min。

5．正式开始对 NaI（T1）闪烁探测器进行能量定标，首先测量 $^{60}\mathrm{Co}$ 的 γ 能谱，等

1.33 MeV 光电峰的峰顶记数达到 1000 后（尽量减少统计涨落带来的误差），对能谱进行数据分析，记录下 1.17MeV 和 1.33MeV 两个光电峰在多道能谱分析器上对应的道数 CH_3、CH_4。

6. 移开探测器，关上 ^{60}Co γ 定标源的盖子，然后打开 ^{137}Cs γ 定标源的盖子并移动闪烁探测器使其狭缝对准 ^{137}Cs 源的出射孔并开始记数测量，等 0.661 MeV 光电峰的峰顶记数达到 1000 后对能谱进行数据分析，记录下 0.184MeV 反散射峰和 0.661 MeV 光电峰在多道能谱分析器上对应的道数 CH_1、CH_2。

7. 关上 ^{137}Cs γ 定标源，打开机械泵抽真空（机械泵正常运转 2～3min 即可停止工作）。

8. 盖上有机玻璃罩，打开 β 源的盖子开始测量快速电子的动量和动能，探测器与 β 源的距离 ΔX 最近要大于 9cm、最远要小于 24cm，保证获得动能范围为 0.4～1.8MeV 的电子。

9. 选定探测器位置后开始逐个测量单能电子能峰，记下峰位道数 CH 和相应的位置坐标 X。

10. 全部数据测量完毕后关闭 β 源及仪器电源，进行数据处理和计算。

【注意事项】

1. 闪烁探测器上的高压电源、前置电源、信号线绝对不可以接错。
2. 装置的有机玻璃防护罩打开之前应先关闭 β 源。
3. 应防止 β 源强烈震动，以免损坏它的密封薄膜。
4. 移动真空盒时应格外小心，以防损坏密封薄膜。

【结果分析】

1. β 粒子动能的测量

β 粒子与物质相互作用是一个很复杂的问题，如何对其损失的能量进行必要的修正十分重要。

1）β 粒子在 Al 膜中的能量损失修正

在计算 β 粒子动能时还需要对粒子穿过 Al 膜（220 μm：200 μm 为 NaI（T1）晶体的铝膜密封层厚度，20 μm 为反射层的铝膜厚度）时的动能予以修正，计算方法如下。

设 β 粒子在 Al 膜中穿越 Δx 的动能损失为 ΔE，则

$$\Delta E = \frac{dE}{dx\rho} \rho \Delta x \tag{8-13}$$

其中，$\frac{dE}{dx\rho}$（<0）是 Al 对 β 粒子的能量吸收系数，ρ 是 Al 的密度，$\frac{dE}{dx\rho}$ 是关于 E 的函数，不同 E 情况下 $\frac{dE}{dx\rho}$ 的取值可以通过计算得到。设 $\frac{dE}{dx} = K(E)$，则 $\Delta E = K(E)\Delta x$；取 $\Delta x \to 0$，则 β 粒子穿整个 Al 膜的能量损失为

$$E_2 - E_1 = \int_x^{x+d} K(E)\mathrm{d}x \ , \ \ 即\ E_1 = E_2 - \int_x^{x+d} K(E)\mathrm{d}x \tag{8-14}$$

其中，d 为薄膜的厚度，E_2 为出射动能，E_1 为入射动能。由于实验探测到的是经 Al 膜衰减后的动能，所以经式（8-10）可计算出修正后的动能（入射动能）。表 8-1 列出了根据本计算程序求出的入射动能 E_1 和出射动能 E_2 之间的对应关系。

表 8-1　入射动能 E_1 和出射动能 E_2 之间的对应关系

E_1(MeV)	E_2(MeV)	E_1(MeV)	E_2(MeV)	E_1(MeV)	E_2(MeV)
0.317	0.200	0.887	0.800	1.489	1.400
0.360	0.250	0.937	0.850	1.536	1.450
0.404	0.300	0.988	0.900	1.583	1.500
0.451	0.350	1.039	0.950	1.638	1.550
0.479	0.400	1.090	1.000	1.685	1.600
0.545	0.450	1.137	1.050	1.740	1.650
0.595	0.500	1.184	1.100	1.787	1.700
0.640	0.550	1.239	1.150	1.834	1.750
0.690	0.600	1.286	1.200	1.889	1.800
0.740	0.650	1.333	1.250	1.936	1.850
0.790	0.700	1.338	1.300	1.991	1.900
0.840	0.750	1.435	1.350	2.038	1.950

2）β 粒子在有机塑料薄膜中的能量损失修正

此外，实验表明封装散射真空室的有机塑料薄膜对 β 粒子存在一定的能量吸收，尤其对小于 0.4 MeV 的 β 粒子能量吸收近 0.02 MeV。由于塑料薄膜的厚度及物质组分难以测量，可采用实验的方法进行修正。

实验测量了不同能量下入射动能 E_k 和出射动能 E_0（单位均为 MeV）的关系，采用分段插值的方法进行计算。具体数据见表 8-2。

表 8-2　入射动能 E_k 和出射动能 E_0 之间的对应关系

E_k(MeV)	0.382	0.581	0.777	0.973	1.137	1.367	1.567	1.752
E_0(MeV)	0.365	0.571	0.770	0.966	1.166	1.360	1.557	1.747

2．数据处理的方法和步骤（实例分析，供实验者参考）

对探测器进行能量定标（操作步骤见实验内容 5、6）的数据如表 8-3 所示。

表 8-3　对探测器进行能量定标的数据

能量（MeV）	0.184	0.662	1.170	1.330
道数（CH）	48	152	262	296

实验测得探测器位于 21cm 时的单能电子能峰道数为 204，求该点所得 β 粒子的动能、动量及误差。已知 β 源位置坐标为 6 cm，该点的等效磁场强度为 620Gs。

1）根据能量定标数据求定标曲线

已知

$$E_1 = 0.184\,\text{MeV}，\quad \text{CH}_1=48；\quad E_2 = 0.662\,\text{MeV}，\quad \text{CH}_2=152$$
$$E_3 = 1.170\,\text{MeV}，\quad \text{CH}_3=262；\quad E_4 = 1.330\,\text{MeV}，\quad \text{CH}_4=296$$

根据最小二乘原理用线性拟合的方法求出能量 E 和道数 CH 之间的关系为

$$E = a + b \times \text{CH}$$

其中　　$a = \dfrac{1}{\Delta}[\sum_i \text{CH}_i^2 \cdot \sum_i E_i - \sum_i \text{CH}_i \cdot \sum_i (\text{CH}_i \cdot E_i)]$

$$b = \dfrac{1}{\Delta}[n\sum_i (\text{CH}_i \cdot E_i) - \sum_i \text{CH}_i \cdot \sum_i E_i]$$

$$\Delta = n\sum_i \text{CH}_i^2 - (\sum_i \text{CH}_i)^2$$

将数据代入上述公式计算可得 $E = -0.038613 + 0.0046 \times \text{CH}$。

2）求 β 粒子动能

对于 $X=21\text{cm}$ 处的 β 粒子：

（1）将其道数 204 代入求得的定标曲线，得动能 $E_2 = 0.8998$ MeV，注意：此为 β 粒子穿过总计 $220\,\mu\text{m}$ 厚铝膜后的出射动能，需要进行能量修正。

（2）在前面所给出的穿过铝膜前、后的入射动能 E_1 和出射动能 E_2 之间的对应关系数据表中取 $E_2 = 0.8998$ MeV 前、后两点做线性插值，求出对应于出射动能 $E_2 = 0.8998$MeV 的入射动能 $E_1 = 0.9486$MeV。

（3）上一步求得的 E_1 为 β 粒子穿过封装散射真空室的有机塑料薄膜后的出射动能 E_0，需要再次进行能量修正求出之前的入射动能 E_k，同上面一样，取 $E_0 = 0.9486$ MeV 前、后两点做线性插值，求出对应于出射动能 $E_0 = 0.9486$ MeV 的入射动能 $E_k = 0.9556$ MeV；这才是最后求得的 β 粒子动能。

3）根据 β 粒子动能由动能和动量的相对论关系求出动量 pc（为与动能量纲统一，故把动量 p 乘以光速，这样两者单位均为 MeV）的理论值

由 $E_k = E - E_0 = \sqrt{c^2 p^2 + m_0^2 c^4} - m_0 c^2$ 得出

$$pc = \sqrt{(E_k + m_0 c^2)^2 - m_0^2 c^4}$$

将 $E_k = 0.9556$ MeV 代入，得 $pcT = 1.374$ MeV，为动量 pc 的理论值。

4）由 $p = eBR$ 求 pc 的实验值

β 源位置坐标为 6cm，所以 $X=21\text{cm}$ 处所得的 β 粒子的曲率半径为 $R=(21-6)\text{cm}/2=7.5\text{cm}$；电子电量 $e = 1.60219 \times 10^{-19}\text{C}$，磁场强度 $B = 620\text{Gs} = 0.062\text{T}$，光速 $c = 2.99 \times 10^8\,\text{m}/\text{s}$。所以

$$pc = eBRc = 1.60219 \times 10^{-19} \times 0.062 \times 0.075 \times 2.99 \times 10^8\,\text{J}$$

因为 $1\text{eV} = 1.60219 \times 10^{19}\text{J}$，所以

$$pc = BRc(\text{eV}) = 0.062 \times 0.075 \times 2.99 \times 10^8 \text{eV} = 1390350\text{eV} \approx 1.39\text{MeV}$$

5）求该实验点的相对误差 Dpc

$$Dpc = \frac{|pc - pcT|}{pcT} = \frac{|1.39 - 1.3747|}{1.3747} \times 100\% = 1.1\%$$

【思考讨论】

1．观察狭缝的定位方式，试从半圆聚焦 β 磁谱仪的成像原理来论证其合理性。

2．本实验在寻求 p 与 ΔX 关系时使用了一定的近似，能否用其他方法更为确切地得出 p 与 ΔX 的关系？

3．用 γ 放射源进行能量定标时，为什么不需要对射线穿过 220μm 厚的铝膜进行"能量损失的修正"？

4．为什么用 γ 放射源进行能量定标的闪烁探测器可直接用来测量 β 粒子的能量？

【参考文献】

[1] 饶益花，唐益群，刘应传，等. 快速电子动量与动能的相对论关系虚拟仿真实验的教学应用[J]. 物理实验，2020，40(10)：47-50.

[2] 张菲，张玉军，孙凯霞. 用 β 粒子验证动量与动能相对论关系实验数据处理的程序化[J]. 佳木斯大学学报（自然科学版），2012，30(06)：886-888.

[3] 高立模. 近代物理实验[M]. 天津：南开大学出版社，2006.

实验九　氢（氘）原子光谱实验

电子课件

光谱是光的频率成分和强度分布的关系图，光谱分析是研究原子结构的一种重要方法。1885 年，瑞士数学教师巴耳末（Johann Jakob Balmer）总结了人们对氢光谱的测量结果，发现了氢光谱的规律，提出了著名的巴耳末公式。1889 年，瑞典物理学家里德伯（J.R.Rydberg）提出了一个普通方程，氢的所有谱线都可以用这个方程表示。1913 年，丹麦物理学家玻尔（N.H.D.Bohr）运用自己创立的原子模型和普朗克的量子学说推导出里德伯常量的精确值。1932 年，美国化学家尤里（H.C.Urey）根据里德伯常数随原子核质量不同而变化的规律，对重氢莱曼线系进行摄谱分析，发现氢的同位素——氘的存在，并获 1934 年诺贝尔化学奖。兰姆（Wi.E.Lamb）因发现氢光谱的精细结构而获 1955 年诺贝尔物理学奖。原子结构模型理论与原子光谱的本质联系为光谱学的发展奠定了基础。近年来，原子发射光谱法、原子吸收光谱法和原子荧光光谱法等原子光谱分析在冶金、地质、燃料、环境、食品安全、生命科学等领域得到了广泛的应用。

Johann Jakob Balmer
（1825—1898）

【实验目的】

1．熟悉光栅光谱仪的结构原理。
2．理解原子能级跃迁规律、能级差和跃迁几率，掌握计算光谱里德伯常数的方法。
3．使用光栅光谱仪测量氢（氘）原子光谱巴耳末线系的波长，求里德伯常数。

【实验原理】

1．氢（氘）原子光谱

氢（氘）原子光谱是最简单、最典型的原子光谱。瑞士数学家巴耳末根据实验结果给出氢原子光谱在可见光区域的经验公式为

$$\lambda_H = B \frac{n^2}{n^2 - 4} \tag{9-1}$$

式中，λ_H 为氢原子谱线在真空中的波长，$B = 364.56\text{nm}$，$n = 3, 4, 5, \cdots, k$。

若用波数 $\tilde{\upsilon} = 1/\lambda$ 表示谱线，则式（9-1）可改写为

$$\tilde{\upsilon} = \frac{1}{B}\left(\frac{n^2 - 4}{n^2}\right) = \frac{4}{B}\left(\frac{1}{2^2} - \frac{1}{n^2}\right) = R_H\left(\frac{1}{2^2} - \frac{1}{n^2}\right) \tag{9-2}$$

1889 年，里德伯提出了一个普通的方程：

$$\tilde{\upsilon} = R_H\left(\frac{1}{m^2} - \frac{1}{n^2}\right) \tag{9-3}$$

氢的所有谱线都可以用这个方程表示，里德伯方程也是一个经验公式。式中 R_H 称为里德伯常数，$m=1,2,3,\cdots,k$；对于每个 n，有 $n-m=1,2,3,\cdots,k$，此 n 和 m 的组合构成一个谱线系。例如：当 $m=1$，$n=2,3,4,5,\cdots$ 时，此谱线系处于紫外区，1914 年由莱曼（T. Lyman）发现，称为莱曼系；当 $m=2$，$n=3,4,5,6,\cdots$ 时，此谱线系处于可见区，称为巴耳末系；当 $m=3$，$n=4,5,6,7,\cdots$ 时，此谱线系在近红外区，1908 年由帕邢（F.Paschen）发现，称为帕邢系；当 $m=4$，$n=5,6,7,8,\cdots$ 时，此谱线系在红外区，1922 年由布拉开（F.Brackett）发现，称为布拉开系。

根据玻尔理论，可得出氢和类氢原子的里德伯常数为

$$R_z = \frac{2\pi e^4 z^4}{(4\pi\varepsilon_0)^2 h^3 c} \cdot \frac{m}{1+\frac{m}{M}} = \frac{R_\infty}{1+\frac{m}{M}} \tag{9-4}$$

其中，M 为原子核质量，m 为电子质量，e 为电子电荷，c 为光速，h 为普朗克常数，ε_0 为真空介电常数，z 为原子序数。当 $M \to \infty$ 时，可得里德伯常数为

$$R_\infty = \frac{2\pi^2 m e^4 z^4}{(4\pi\varepsilon_0)^2 h^3 c} \tag{9-5}$$

里德伯常数 R_∞ 是重要的基本物理常数之一，对它的精密测量在科学上有重要意义，它的公认值为 $R_\infty = 10973731.568549\mathrm{m}^{-1}$。

对于没有测定的某些元素的里德伯常数为

$$R_z = \frac{R_\infty}{1+m/M} \tag{9-6}$$

应用到氢和氘中为

$$R_H = \frac{R_\infty}{1+m/M_H} \tag{9-7}$$

$$R_D = \frac{R_\infty}{1+m/M_D} \tag{9-8}$$

可见，氢和氘的里德伯常数是有差别的，其结果就是氘的谱线相对于氢的谱线会有微小的位移，叫同位素位移。λ_H 和 λ_D 是能够直接精确测量的量，测出它们，也就可以计算出 R_H、R_D 和里德伯常量 R_∞。

同时还可计算出 M_D 和 M_H 的比（质量比）为

$$\frac{M_D}{M_H} = \frac{m}{M_H} \cdot \frac{\lambda_H}{\lambda_D - \lambda_H + \lambda_D m / M_H} \tag{9-9}$$

式中，$m/M_H = 1/1836.1527$ 是已知值。

注意，式中各波长是指真空中的波长。同一光波，在不同介质中波长是不同的。我们的测量往往是在空气中进行的，所以应将空气中的波长转换成真空中的波长。但在实际测量当中，受所用的实验仪器的精度限制，这种变化可以忽略不计。

2．光栅光谱仪的原理

光谱是用光谱仪测量的。光谱仪的种类繁多，但其基本结构和原理几乎一样，大致由三部分组成：光源、分光器（棱镜或光栅）、记录仪。光栅光谱仪是利用光栅衍射的方法

获得单色光的仪器。在一定范围内，光栅产生的是均排光谱，比棱镜光谱的线性要好得多，因此光栅光谱仪具有比棱镜单色仪更高的分辨率和色散率。光栅光谱仪由光栅单色仪、接收单元、扫描系统、电子放大器、A/D 采集单元、计算机组成。单色仪的光学原理如图 9-1 所示。光源 S1 发出的光束进入狭缝，S1 位于反射式准直镜 M1 焦面上，通过 S1 射入的光束经 M1 反射成平行光束投到闪耀光栅 G 上，衍射后的平行光束经 M2 成像在 S2（光电倍增管接收）或 S3（CCD 接收）上。

在光栅光谱仪中常使用反射式闪耀光栅，闪耀光栅原理如图 9-2 所示。其中 n 为光栅面法线方向，n' 为刻槽面法线方向，φ 为光线的入射角，θ_0、θ_0' 为光线的衍射角，θ_b 为光线的闪耀角（角度的符号规定顺时针为正）。

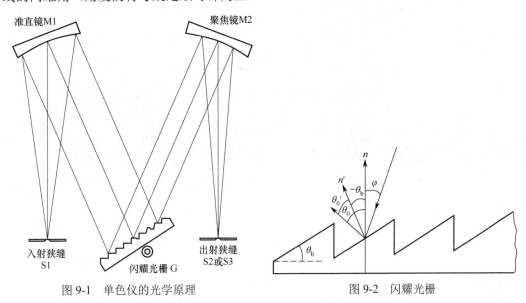

图 9-1　单色仪的光学原理　　　　　图 9-2　闪耀光栅

闪耀光栅是以磨光的金属板或镀上金属膜的玻璃板为坯子，用劈形钻石尖刀在其上面刻画出一系列锯齿状的槽面形成的光栅。其槽面和光栅平面之间的有一倾角称为闪耀角。通过调整倾角和选择适当的入射条件，可以将单缝衍射因子的中央主极大调整到多缝干涉因子的较高级位置上去，即我们所需要的级次上去。因为多缝干涉因子的高级项（零级无色散）是有色散的，而单缝衍射因子的中央主极大集中了光的大部分能量，所以这样做可以大大提高光栅的衍射效率，从而提高了测量的信噪比。

当入射光与光栅面的法线 n 的方向的夹角为 φ 时（见图 9-2），光栅的闪耀角为 θ_b，取一级衍射项时，对于入射角为 φ，衍射角为 θ 时，光栅方程式为

$$d(\sin\varphi + \sin\theta) = \lambda \qquad (9\text{-}10)$$

其中，d 是相邻刻槽间的距离，称为光栅常数。当光程差满足光栅方程时，光强有一极大值，根据 φ、θ 可以确定衍射光的波长 λ，这就是光栅测量光谱的原理。当光栅在步进电机的带动下旋转时，可以让不同波长的光进入出缝，从而测出该光波的波长和强度值。光栅光谱仪有一个正弦机构进行非线性校正，把波长与光栅转角的非线性关系变成波长与螺杆位移的线性关系，实现测量的线性化。

实验预习可以上浙江理工大学物理实验中心网站，学习光栅单色仪虚拟仿真实验，界

面如图 9-3 所示。

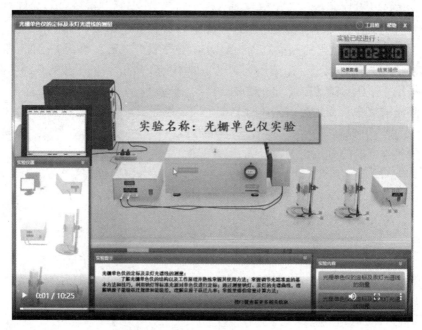

图 9-3　光栅单色仪虚拟仿真实验界面

【实验装置】

WGD-8A 型光栅光谱仪，计算机及应用软件，汞灯、氢（氘）灯等。

【实验内容】

1. 准备

（1）将转换开关（机箱后板）置"光电倍增管"挡（本实验用光电倍增管接收），接通电箱电源。根据光源等实际情况，调节 S1、S2、S3 狭缝。顺时针旋转调节系统狭缝增大；反之减小。旋转一周调节系统狭缝宽度变化 0.5mm。为保护狭缝，狭缝最大不超过 2.0mm，也不要使狭缝刀口相接触。调节时动作要轻。

（2）打开光栅光谱实验装置电源开关。确认当前在狭缝 S2 处，打开计算机，单击 WGD-8A 倍增管系统，系统进行初始化。

2. 波长定标

（1）取下氢（氘）灯，把汞灯置于狭缝 1 前，使光均匀照亮狭缝。

（2）用鼠标单击"新建"按钮，再单击"单程"按钮进行扫描，工作区内显示汞灯谱线图。

（3）下拉菜单选择"读取数据"—"寻峰"—"自动寻峰"，在对话框中选择好寄存器，进行寻峰，读出波长，与汞灯已知谱线波长 404.66nm、435.83nm、546.07nm、576.89nm、579.07nm 进行比较。

（4）下拉菜单选择"读取数据"—"波长修正"，单击"波长修正"按钮，弹出"波长线性校正"对话框，在对话框中输入需校准的波长（测量波长减去理论值），当提示框自动消失时，波长被校准。

3. 氢（氘）原子光谱的测量

（1）将光源换成氢（氘）灯，测量氢（氘）光谱的谱线。注意：换灯前，先关闭原来的光源，选择待测光源，再开启光源。

（2）进行单程扫描，获得氢（氘）光谱的谱线，通过"寻峰"求出巴耳末线系前3～4条谱线的波长。扫描完毕，保存文件。

【注意事项】

1. 为了保证测量仪器的安全，在测量中不要任意切换光电倍增管和 CCD；入缝的调节范围在 2nm 内，若入缝已经关闭就不要再逆时针旋动调节系统，以免损坏狭缝。

2. 光电倍增管不宜受强光照射（会引起雪崩效应），因此测量时不要使入射光太强。

3. 在单程扫描过程中发现峰值超过最大值，可单击"停止"。然后寻找最高峰对应的波长，进行定波长扫描。同时调节狭缝，将峰值调到合适位置。然后将波长范围设置成 200～660nm，再单程扫描。

4. 由于氢、氘灯的电压很高（4000V 左右），在使用过程中不要轻易触摸。

【结果分析】

1. 用汞灯对光栅光谱仪进行定标，保存定标前后的谱图。

2. 测量氢（氘）光谱的谱线，通过"寻峰"求出巴耳末线系前3～4条谱线的波长。保存谱图，根据式（9-2）计算各谱线的里德伯常数 R_H 或 R_D。

3. 根据式（9-7）、式（9-8）计算普适里德伯常数 R_∞，并与推荐值比较，求相对误差。

4. 根据式（9-10）计算 M_D / M_H 的比。

【思考讨论】

1. 说明光电倍增管的工作原理，解释为什么随着副高压的绝对值增大，采集的灵敏度会显著提高。

2. 说明氢（氘）灯和汞灯光谱的区别。

3. 说明光栅光谱仪的工作原理。

【参考文献】

[1] 杨福家. 原子物理学[M]. 4 版. 北京：高等教育出版社，2010.

[2] 邱海鸥，包娅琪，孔贝贝. 原子光谱分析的研究进展及应用现状[J]. 分析试验室，2018，37(01)：108-124.

[3] 杨述武，赵立竹，沈国土. 普通物理实验 3 光学部分[M]. 3 版. 北京：高等教育出版社，2007.

实验十　光谱分析实验

电子课件

　　每种原子都有自己特定的能级结构，在跃迁过程中都会吸收或者发射特定的谱线。由于不同物质的原子、离子和分子的能级分布是有特征的，因此吸收光子和发射光子的能量也是有特征的。以光的波长或波数为横坐标，以物质对不同波长光的吸收或发射的强度为纵坐标所描绘的图像，称为吸收光谱或发射光谱。通过测量这些特征谱线就能确定物质的化学组成和相对含量，这种物质的鉴别方法称为光谱分析法。

　　光谱分析法有多种分类，用物质粒子对光的吸收现象建立起的分析方法称为吸收光谱法，如紫外可见吸收光谱法、红外吸收光谱法和原子吸收光谱法等。利用发射光谱建立起的分析方法称为发射光谱法，如原子发射光谱法和荧光发射光谱法等。可利用物质在不同光谱分析法下的特征光谱对其进行定性分析，根据光谱强度进行定量分析。

　　某种元素在物质中的含量达 10^{-10}g 时，就可以从光谱中发现它的特征谱线，把它检查出来，因此光谱分析在科学技术中有广泛的应用。在历史上，光谱分析还帮助人们发现了许多新元素。例如，铷和铯就是从光谱中看到了以前所不知道的特征谱线而被发现的。光谱分析对于研究天体的化学组成也很有用。19 世纪初，在研究太阳光谱时，人们发现它的连续光谱中有许多暗线。最初不知道这些暗线是怎样形成的，后来人们了解了吸收光谱的成因，才知道这是太阳内部发出的强光经过温度比较低的太阳大气层时产生的吸收光谱。仔细分析这些暗线，把它跟各种原子的特征谱线对照，人们就知道了太阳大气层中含有氢、氦、氮、碳、氧、铁、镁、硅、钙、钠等几十种元素。如今，在检查半导体材料硅和锗是不是达到了高纯度的要求时，就要用到光谱分析。

　　光谱仪是光谱分析中的重要仪器。光谱仪的设计和制造有着悠久的历史，从牛顿用三棱镜从太阳光中分出各个单色光以来，光谱仪的设计和制造技术不断发展。20 世纪 90 年代，微电子技术和小型化技术的革命给这门历史悠久的技术带来了新的活力。光谱仪使用了新型传感器以及小型化的技术，减小了光谱仪的尺寸和体积，提高了测量速度，增强了仪器的稳定性。同时，由于采用了光纤导光，简化了光路搭建的难度，这些改进让光谱仪基本适应了临床医学检验、工业监控以及航空航天遥感等领域光谱分析的现场应用。

　　本实验装置采用制冷型卤钨光源作为参考光源，微型光谱仪作为探测器。当在光源上加装透过率模块后，可以测量液体的吸光度并计算溶液浓度，或测量透光物质的透过率，如滤光片；当在光源上加装反射率模块后，可以测量物质表面的反射光谱，从而计算该物质的颜色参数。故本实验的内容有观察光源发射光谱，固体透过率测量，吸光度和浓度测量、反射颜色测量等。

Isaac Newton（1643—1727）

【实验目的】

1. 熟悉光源发射光谱原理和分类，测量各类光源的发射光谱分布。
2. 熟悉透过率测量原理，测试滤光片的透过率、中心/峰值波长、带宽等参数。
3. 熟悉吸光度测量原理，掌握利用光谱分析法测量未知浓度溶液的浓度。
4. 熟悉色度学有关原理，掌握实际样品颜色测量方法和操作。

【实验原理】

1. 光源发射光谱原理和分类

物体发光直接产生的光谱称为发射光谱，是处于高能级的原子或分子在向较低能级跃迁时产生辐射，将多余的能量发射出去而形成的。发射光谱可以分为三种：线状光谱、带状光谱和连续光谱。线状光谱主要产生于原子，是由狭窄谱线组成的光谱。单原子气体或金属蒸气所发的光波均为线状光谱，故线状光谱又称原子光谱。带状光谱主要产生于分子，由一些密集的某个波长范围内的光组成。连续光谱则主要产生于白炽的固体或放电的气体，由连续分布的所有波长的光组成。光谱仪是可以将接收到的复色光分解为光谱并进行记录的精密光学仪器。它可以实现对光谱的快速连续测量，从而方便地得到所需波段的光谱。

2. 透过率测量

光是一种电磁波，当光波遇到不同界面时会受到影响而引起反射和透射现象。不同的光学材料因其分子结构的差异，对不同波长的光的吸收、反射程度也不同，因此光学材料具有光谱特性，也就具有光谱透过率。在测量和计算透明物体或溶液的光谱和颜色特性时，也常要用到光谱透过率这一物理量。

透过率也叫透光率，是指从光学系统出射的辐射光通量与投射到光学系统的辐射光通量之比，反映了整个光学系统辐射光通量损耗的参考标准。在入射光通量自被照面或介质入射面至另外一面离开的过程中，投射并透过物体的辐射能 I 与投射到物体上的总辐射能 I_0 之比，称为该物体的透过率（transmittance）。

$$T = \frac{I}{I_0} \tag{10-1}$$

因此，光谱透过率测试系统的主要目标就是测量出 I 和 I_0。借助分光系统中光栅的分光作用筛选出不同波长的单色光，经接收系统由光电转换器转化为光强信号显示出来，通过未放光学材料前的初始光通量和放置光学材料后的透过光通量间的相对关系，可以描绘出光学材料的透过率曲线，反映材料的透过率情况。

对完美平整样品和粗糙样品的透射光谱的测量方式是不同的。对于完美的平整样品，采用 0°角入射、180°角接收即可；对于粗糙样品，则需要采用 0°角入射、积分球接收的形式。另外，固态样品和液态样品透过率的测量也不同。固态样品，如薄膜、滤光片等，通常采用光谱透过率测量支架测量，而液体则使用标准比色皿承载，在比色皿光谱测量支架中测量。

3. 吸光度和浓度测量

1）吸光度（A）测量

当一束光通过一个吸光物质（通常为溶液）时，溶质吸收了光能，光的强度减弱。吸光度（A）就是用来衡量光被吸收程度的一个物理量，是指光线通过溶液或某一物质前的入射光通量与该光线通过溶液或物质后的透射光通量比值的以 10 为底的对数，即

$$A=-\lg T=-\lg(I_0/I_1) \tag{10-2}$$

其中，I_0 为入射光通量，I_1 为透射光通量，影响它的因素有溶剂、浓度、温度等。

2）浓度测量

浓度测量是吸光度测量的延伸应用，溶液的吸光度与浓度的直接关系被称为朗伯—比尔（Lambert-Beer）定律。吸光度与入射光的波长以及被光通过的物质有关，只要光的波长被固定下来，同一种物质，吸光度就不变。

Lambert-Beer 定律：

$$A=-\lg T=\varepsilon bc \tag{10-3}$$

式中，A 是吸光度；T 为透光率；b 为液层厚度（光程长度），通常以 cm 为单位；c 为溶液的摩尔浓度，单位为 $mol \cdot L^{-1}$；ε 为摩尔吸光系数，单位为 $L \cdot mol \cdot cm^{-1}$。

本实验以测试高锰酸钾溶液为例，高锰酸钾溶液在 525nm 和 547nm 下有最大吸光度，利用此性质绘制高锰酸钾溶液的吸光度曲线，并测定高锰酸钾溶液的浓度。使用 A&P 光谱仪可以通过测试几组已知摩尔浓度的溶液样品，计算出溶液吸光度与浓度关系的匹配曲线，从而测量未知浓度的溶液样品。

4. 反射颜色测量

颜色可以分为黑灰白和彩色两个系列，黑灰白以外的所有颜色均为彩色系列。彩色可以用三个参数来表示：明度（亮度或纯度）、色调（主波长或补色主波长）和色纯度（饱和度）。明度表示颜色的明亮程度，颜色越亮，明度值越大。色调反映颜色的类别，如红色、绿色、蓝色等。彩色物体的色调决定于在光照明下反射光的光谱成分。例如，某物体在日光下呈现绿色是因为它反射的光中绿色成分占优势，而其他成分被吸收掉了。对于透射光，其色调则由透射光的波长分布或光谱所决定。色纯度是指彩色光所呈现颜色的纯洁程度。对于同一色度的彩色光，其色纯度越高，颜色就越深，或越纯；反之颜色就越淡，纯度越低。色调和色纯度合称色度，它既说明彩色光的颜色类别，又说明颜色的深浅程度。

根据色度学原理，所有颜色均可由红、绿、蓝三种颜色匹配而成，这三种颜色称为三基色。为了定量地表示颜色，常用的方法是采用"三刺激值"，即红、绿、蓝三基色的量，分别用 X、Y、Z 表示。在理论上，为了定量地表示颜色，可采用平面直角色度坐标。

$$x = \frac{X}{X+Y+Z}, \quad y = \frac{Y}{X+Y+Z}, \quad z = \frac{Z}{X+Y+Z} \tag{10-4}$$

x、y、z 分别是红、绿、蓝三种颜色的比例系数，$x+y+z=1$。用（C）代表一种颜色，（R）、（G）、（B）表示红、绿、蓝三基色，则 $(C)=x(R)+y(G)+z(B)$，如一蓝绿色可以表示为

$$(C) = 0.06(R) + 0.31(G) + 0.63(B)$$

所有的光谱色在色度坐标上为一马蹄形曲线,该图称为CIE 1931色度图。在图中以红(B)、绿(G)、蓝(B)三基色坐标点为顶点,围成的三角形内的所有颜色可以由三基色按一定的量匹配而成。

国际照委会制定的CIE 1931色度图如图10-1所示。色度图中的弧形曲线上的各点是光谱上的各种颜色,即光谱轨迹是光谱各种颜色的色度坐标。红色波段在图的右下部,绿色波段在左上角,蓝紫色波段在图的左下部。图下方的直线部分,即连接400nm和700nm的直线,是光谱上所没有的、由紫到红的系列。靠近图中心的C是白色,相当于中午阳光的光色,其色度坐标为$X = 0.3101$,$Y = 0.3162$。

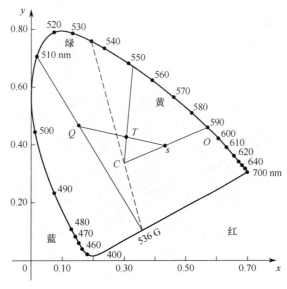

图10-1　CIE1931色度图

设色度图上有一点(颜色)S,由C通过S画一直线至光谱轨迹O点(590nm),S颜色的主波长为590nm,此处光谱的颜色即为S的色调(橙色)。某一颜色离开C点至光谱轨迹的距离表明它的色纯度,即饱和度。颜色越靠近C越不纯,越靠近光谱轨迹越纯。S点位于从C到590nm光谱轨迹的45%处,所以它的色纯度为45%[色纯度(%)=(CS/CO)×100%]。从光谱轨迹的任一点通过C画一直线抵达对侧光谱轨迹的一点,这条直线两端的颜色互为补色(虚线)。从紫红色段的任一点通过C点画一直线抵达对侧光谱轨迹的一点,这个非光谱色就用该光谱颜色的补色来表示。表示方法是在非光谱色的补色的波长后面加一G字,如536G,这一紫红色是536nm绿色的补色。

颜色测量的根本任务是测定色刺激函数$\psi(\lambda)$;对于光源的测量,实际上是要测定光源的相对光谱功率分布$P(\lambda)$;对于物体色的测量,则是测定物体的光谱光度特性,如反射物体的光谱辐亮度因数$\beta(\lambda)$和光谱反射比$\rho(\lambda)$等。在测得了色刺激函数之后,就可以根据角度学的三个基本方程求出被测颜色的CIE三刺激值。

按照国际照明委员会的规定,反射颜色样品的光谱反射率因素,是相对于完全漫反射体(在整个可见光谱范围内的反射比均为1)来测量的。然而,现实中并不存在理想的完全漫反射体实物标准,所以必须用已知绝对光谱反射比的硫酸钡、聚四氟乙烯等工作标准白板来校准设备,才能在仪器上直接测量样品的绝对光谱反射比。因此,首先必须准确测量硫酸钡、聚四氟乙烯等工作标准白板的绝对光谱反射比,建立准确可靠的测色工作标准,并进行科学有效的量值传递。

【实验装置】

光谱仪（波长范围为 350～1050nm），制冷型卤钨灯光源，石英光纤，反射率模块，透过率模块，标准白板，透过率测试样品组，塑料比色皿，反射率测试样品组。

【实验内容】

1. 观察光源发射光谱

（1）用 USB 数据线连接光谱仪和计算机，将光纤拧在光谱仪上，如图 10-2 所示。

操作视频

图 10-2　光谱仪实物照片

（2）打开 BSV 软件，进入光谱视图界面，如图 10-3 所示。如果此时界面左下角显示没有光谱仪，请检查 USB 线是否连接正确。

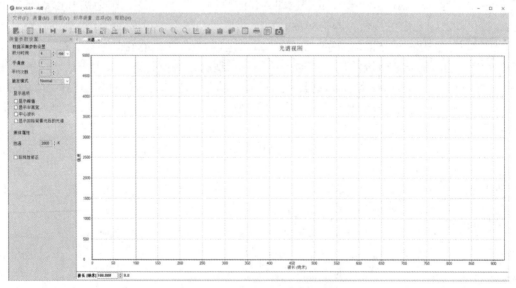

图 10-3　光谱视图界面

（3）将光纤对准太阳光、钨灯、LED、汞灯等光源，观察收集到的光谱曲线，可以在软件界面左侧显示选项中勾选"峰值波长""半高宽""中心波长"等参数，如图 10-4 所示，查看不同光源的光谱信息，可以通过单击 📷 按钮截图保存或 💾 按钮导出数据。

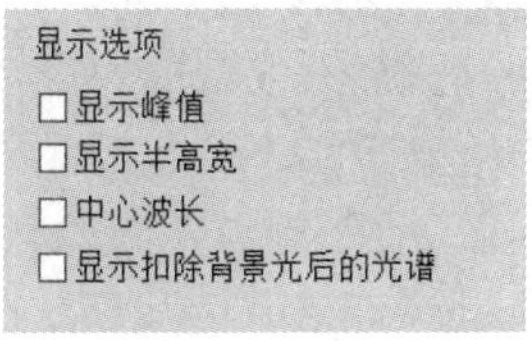

```
显示选项
□ 显示峰值
□ 显示半高宽
□ 中心波长
□ 显示扣除背景光后的光谱
```

图 10-4　显示选项

2．固体透过率测量

（1）将光源上的锁紧螺钉拧下，用透过率模块替换 SMA 接口，固定在光源主体上，如图 10-5 所示。

图 10-5　透过率模块固定在光源实物图

（2）用光纤连接光谱仪和透过率模块，如图 10-6 所示，用 USB 数据线连接光谱仪和计算机，光源接上适配器，装置连接完成。

图 10-6　光纤连接光谱仪和透过率模块实验装置图

（3）打开光源开关预热 30min，待光源输出稳定后开始实验。

（4）打开 BSV 软件，单击新建测量按钮 ，弹出"选择测量项目"对话框，选择"透过率测量"，如图 10-7 所示。

（5）进入透过率测量测试向导，弹出"保存参考光谱"对话框（图 10-8），调整积分时间、平滑度、平均次数，单击"保存"按钮保存参考光谱数据，或者单击"从文件导入"按钮，导入参考光谱模板文件，然后单击"下一步"按钮。（单击"另存为"按钮，可以保存当前的参考光谱到参考光谱模板文件。）

积分时间、平滑度、平均次数的设置和定义如下。

① 有两种设置方式：直接通过 上下按钮设置数值；或直接在输入框中输入合适的值后按回车键。

② 积分时间越大，显示波形越大，一般调整积分时间使最高波峰峰值在饱和强度值的 80% 为宜，如图 10-8 所示。

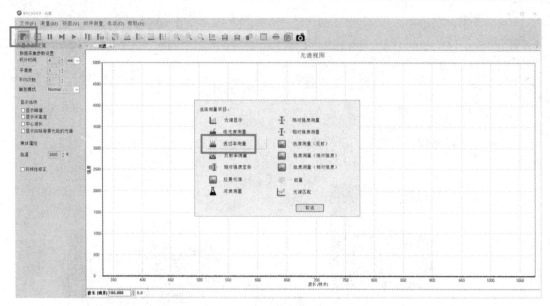

图 10-7　BSV 软件透过率测量界面

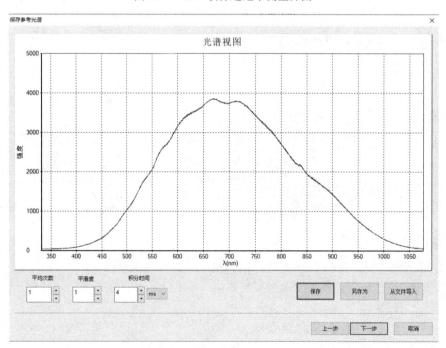

图 10-8　保存参考光谱界面

　　③ 调大平滑度，可以使波形显示比较平滑，但可能会丢失一些波形细节信息。

　　④ 当存在较大噪声或者波形变化较大时，可以设置合适的取样平均次数，降低噪声和获得稳定的数据。

　　（6）关闭或遮挡光源，使光源光线无法进入光谱仪，然后单击"保存"按钮保存背景光谱，如图 10-9 所示。（单击"另存为"按钮，可以将当前的光谱保存为暗光谱模板，单击"从文件导入"可以导入暗光谱模板作为暗光谱。）

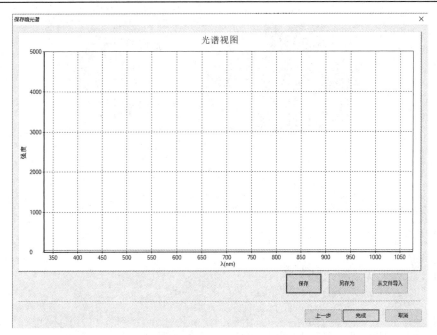

图 10-9　保存背景光谱界面

（7）单击"完成"按钮，结束测试向导，进入透过率测量界面，如图 10-10 所示。

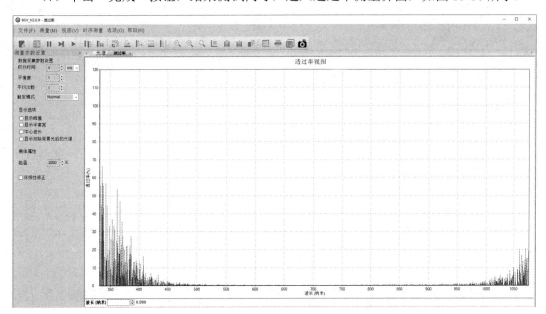

图 10-10　透过率测量界面

（8）如图 10-11 所示，将 546nm 滤光片放入透过率模块中，即可得到透过率视图（图 10-12）。在软件界面左侧显示选项中勾选"显示峰值""显示半高宽""中心波长"等复选框，可实时显示对应值。比如勾选"显示峰值"复选框，可实时显示对应最大透过率的波长峰值。替换不同的滤光片即可得到不同的透过率视图。同样，可以通过单击 📷 按钮截图保存或 💾 按钮导出数据。

图 10-11 滤光片放入透过率模块装置图

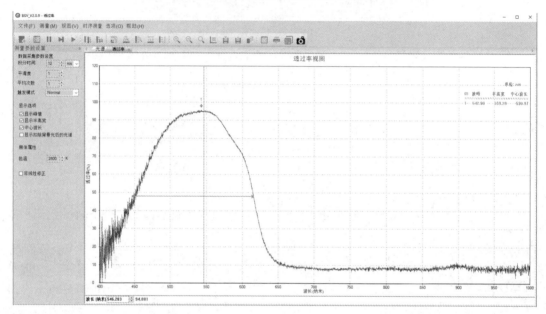

图 10-12 透过率视图

3．吸光度和浓度测量

1）溶液配制

仪器和试剂：

0.001g 精度秤，烧杯 1 个，搅拌棒 1 根，1000ml 容量瓶 1 个，100ml 容量瓶 5 个，1ml、5ml 和 10ml 移液管各 1 个，光谱仪 1 台，石英光纤 2 根，钨灯光源 1 台，比色皿透射支架 1 套，比色皿 5 个，$KMnO_4$ 固体。

溶液配制：

（1）称取 1.58g 高锰酸钾固体，置于烧杯中用蒸馏水搅拌溶解，用 1000ml 容量瓶定容至刻度，混匀，该溶液浓度为 $0.01\,mol\cdot L^{-1}$。

（2）取 4 个洁净、干燥的 100ml 容量瓶，用移液管分别移取上述溶液 1.0ml、3.0ml、5.0ml、9.0ml，分别放入 4 个容量瓶中，加水稀释至刻度，充分摇匀，得到各浓度 $KMnO_4$ 溶液，并在容量瓶上做好编号标识，如浓度为 $1\times10^{-5}\,mol\cdot L^{-1}$（编号 1#）、$3\times10^{-5}\,mol\cdot L^{-1}$（编号 2#）、$5\times10^{-5}\,mol\cdot L^{-1}$（编号 3#）、$9\times10^{-5}\,mol\cdot L^{-1}$（编号 4#）。

（3）准备好未知浓度溶液。

（4）准备好蒸馏水作为参照样品。

2）吸光度测量

（1）设备连接同透过率测量实验，如图 10-13 所示。

图 10-13　吸光度测量实验设备连接图

（2）比色皿中盛好 3/4 蒸馏水（不要溢出），放入透过率模块中。

（3）打开 BSV 软件，单击"新建测量" 按钮，弹出"选择测量项目"对话框，选择"吸光度测量"选项。

（4）进入吸光度测量向导，操作步骤同透过率测量向导的操作，完成后进入吸光度测量界面，如图 10-14 所示。（光源如果未经过预热，开始此实验前需预热 30min。）

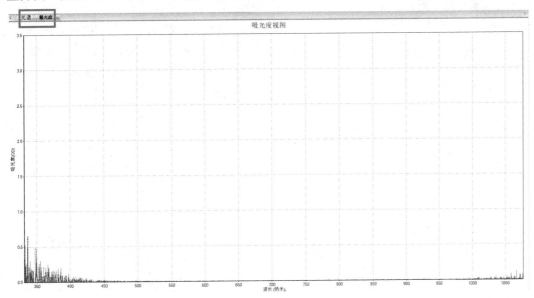

图 10-14　吸光度测量界面

（5）用比色皿盛好 $KMnO_4$ 溶液，放入透过率模块中测量，注意放置位置和参照样品位置一致，得到如图 10-15 所示的吸光度图，可见曲线峰对应的中间波长约为 525nm。为使光谱曲线图显示更清晰，选取测试所需的波长段，单击"坐标设置" 按钮设置合适的 X/Y 轴范围，见图 10-16。

（6）单击"导出数据" 按钮，将数据导出，直接更换溶液即可得到新溶液数据。

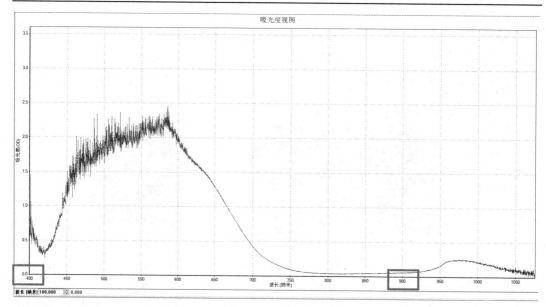

图 10-15　吸光度图

图 10-16　*X/Y* 轴波长范围设置界面

3）浓度测量

浓度测量建立在吸光度测量的基础上，在开始测量浓度前，需要先创建一个吸光度测量项目。

（1）单击"新建测量" 按钮，弹出"选择测量项目"对话框，选择"浓度测量"选项，开始浓度测量。

（2）选择"从已知浓度的测试方案中导入补偿数据"选项，如图 10-17 所示，单击"下一步"按钮。

图 10-17　从已知浓度的测试方案中导入补偿数据界面

（3）在范围选择中选择"单波长"选项，如图 10-18 所示，将数值设置为 525nm，单击"下一步"按钮。（吸光度测量中实验测得 $KMnO_4$ 溶液吸收峰的中间波长为 525nm，此处单波长选用 525nm。）

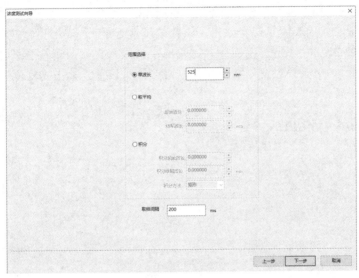

图 10-18　波长选择界面

（4）将 $1×10^{-5}$ mol·L^{-1} 浓度的 $KMnO_4$ 溶液倒入比色皿中，放入支架上测量，输入对应化合物名称和浓度单位，在浓度输入框中输入浓度值 0.00001，单击"使用当前吸光度"按钮，软件会自动读取吸光度值，单击"添加取样"按钮，添加入"补偿数据"框中。

（5）依次测量 $3×10^{-5}$ mol·L^{-1}、$5×10^{-5}$ mol·L^{-1}、$9×10^{-5}$ mol·L^{-1} 浓度的 $KMnO_4$ 溶液的吸光度，选择回归方式和是否零截距，回归曲线中会对应显示出曲线图，单击"完成"按钮，如图 10-19 所示，进入浓度测量界面。注意：为保证数据准确性，每次更换溶液前，先清洗比色皿并甩干。

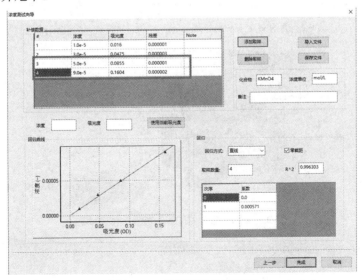

图 10-19　软件数据处理界面

在补偿数据表格中，选择一行数据，单击"删除采样"按钮则删除一行数据。

单击"保存文件"按钮则保存补偿数据表格中的数据到文件中。

单击"导入文件"按钮可以将之前保存的数据文件导入补偿数据表格中。

回归方式有两种："直线"和"曲线"，若勾选"零截距"复选框，则拟合后的曲线会经过原点。"R^2"用于表示拟合效果，该数值越接近于1，表明拟合效果越好。

（6）将未知浓度的$KMnO_4$溶液倒入比色皿中，放入支架上测量，即可得到浓度值，如图 10-20 所示。（单击"设置"按钮，可以修改测量设置。单击"复位"按钮可以清除界面上显示的数据。）

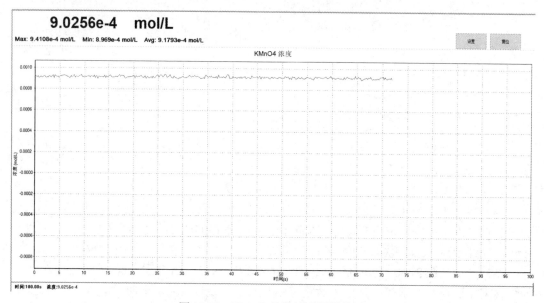

图 10-20　$KMnO_4$溶液浓度测量结果

4．反射颜色测量

（1）用反射率模块替换 SMA 接口，固定在光源主体上，如图 10-21 所示。

图 10-21　反射率模块固定在光源主体上实物图

（2）用光纤连接光谱仪和反射率模块，如图 10-22 所示，用 USB 数据线连接光谱仪和计算机，光源接上适配器，装置连接完成。

（3）若光源未经过预热，则打开光源开关预热 30min，待光源输出稳定后开始实验。

（4）将白板固定在反射率模块上，螺纹旋转到底，见图10-23。注意：使用白板时应注意尽量不要接触表面，以免污染（可穿戴一次性干净手套取用，用完后应及时盖上盖子，不要暴露在空气中以免受粉尘污染）。表面有灰尘时，不要用手或纸巾等擦拭，可用气枪将灰尘吹去。

图 10-22　光纤连接光谱仪和反射率模块实物图　　　　图 10-23　白板固定在反射率模块上实物图

（5）打开 BSV 软件，单击"新建测量" ![按钮] 按钮，弹出"选择测量项目"对话框，选择"色度测量（反射）"选项。

（6）进入"选择白板反射率文件"界面，如图10-24所示。单击"选择"按钮，导入后缀为".txt"的白板反射率文件，单击"下一步"按钮。（如果不采用标准白板，可以勾选"不使用白板"复选框。）

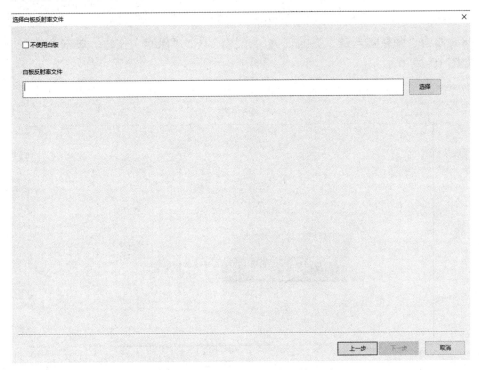

图 10-24　选择白板反射率文件界面

（7）弹出"保存参考光谱"界面，调整积分时间、平滑度、平均次数（详细操作及定义见透过率测量），输入光源色温值，单击"保存"按钮保存参考光谱数据，或者单击"从文件导入"按钮，导入参考光谱模板文件，然后单击"下一步"按钮，如图10-25所示。

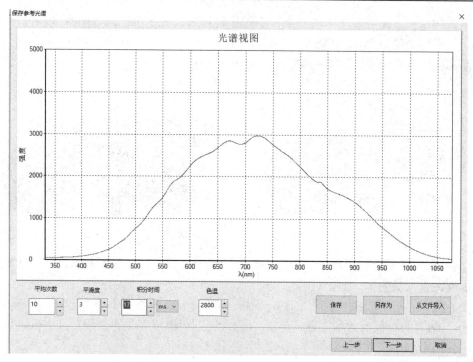

图 10-25　保存参考光谱界面

（8）弹出"保存暗光谱"界面，关闭光源，单击"保存"按钮，单击"下一步"按钮，如图 10-26 所示。

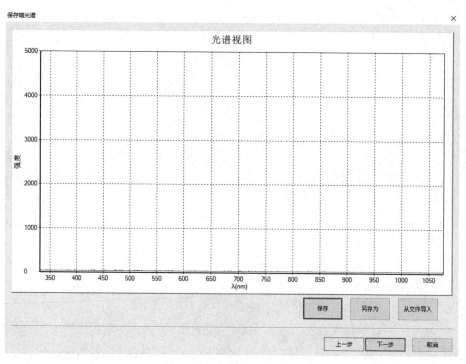

图 10-26　保存暗光谱界面

（9）弹出"色度测量选项"界面，勾选测试所需复选框，设置视场和光源（本实验设定为默认值即可），单击"完成"按钮，如图10-27所示。

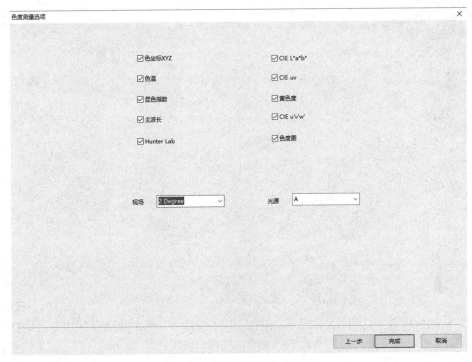

图10-27　色度测量选项界面

（10）进入颜色测量视图界面，打开光源，如图10-28所示。为使光谱曲线图显示更清晰，选取测试所需的波长段，用户可单击"坐标设置" 按钮设置合适的 X/Y 轴范围（见图10-16），设置完成界面见图10-29。

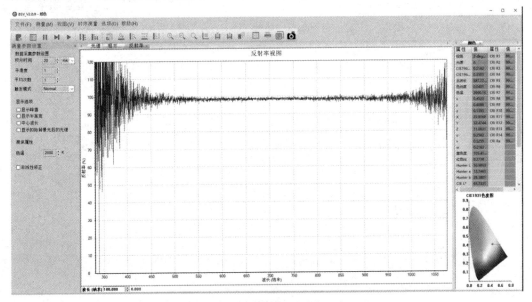

图10-28　颜色测量视图界面

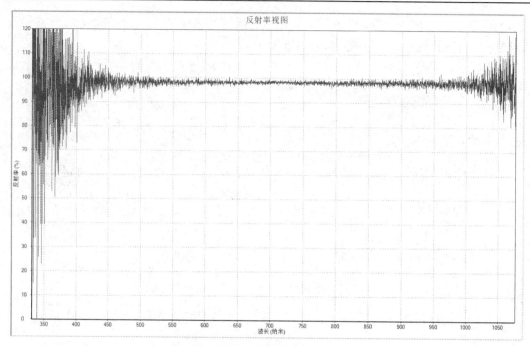

图 10-29 颜色测量坐标设置完成界面

（11）将白板取下，将红色样品固定在反射率模块上，得到如图 10-30 所示的反射率视图。替换不同颜色的样品即可得到不同的反射率视图。同样，我们可以通过单击 📷 按钮截图保存或单击 🔳 按钮导出数据。

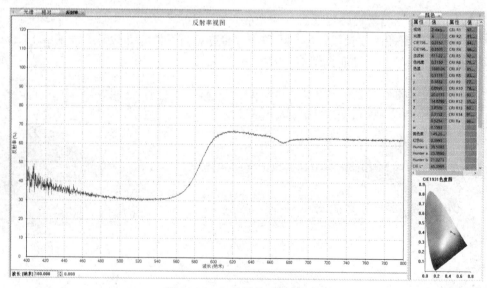

图 10-30 红色样品反射率视图

【注意事项】

1. 光源预热 30min，待光源输出稳定后开始实验。

2. 使用白板时注意尽量不要接触表面，以免污染（用完后应及时盖上盖子，不要暴露在空气中以免受粉尘污染）。表面有灰尘时，不要用手或纸巾等擦拭，可用气枪将灰尘吹去。

3．测量液体浓度时，溶液倒入比色皿时不要倒得太满（约 3/4），以免溢出。为保证数据准确性，每次更换溶液前，先清洗比色皿并甩干。比色皿透光面不要被玷污，不能有指印，禁止用粗糙的纸张擦拭。比色皿使用完毕后，应清洗干净。

【结果分析】

1．观察各类光源的出射光谱分布，记录"峰值波长""半高宽""中心波长"等信息，分析不同光源的光谱曲线分布特点及其原因。

2．测量各种滤光片的透过率、中心/峰值波长、带宽等参数，并计算其不确定度。

3．测量未知浓度溶液的浓度，并计算其不确定度。

4．测量不同颜色样品主波长、色纯度等参数及色坐标，分别进行讨论。

【思考讨论】

1．分析影响叶绿素吸光度的因素。

2．简述光谱分析技术的研究进展及应用现状。

【参考文献】

[1] 李小云，李超荣. 光的材料与器件综合实验[M]. 北京：科学出版社，2018.

[2] 李鑫星，郭渭，白雪冰，等. 光谱技术在水产品品质检测中的应用研究进展[J]. 光谱学与光谱分析，2021，41(5)：1343-1349.

实验十一　X 射线及其应用实验

电子课件

X 射线是德国科学家伦琴（Wilhelm Conrad Röentgen）研究阴极射线管时，于 1895 年发现的电磁波辐射，但波长比可见光短得多，其波长为 10nm 到 10^{-2}nm 之间。与可见光一样，X 射线也具有波粒二象性。X 射线几乎能穿透所有的物质，但不同元素对 X 射线的吸收能力不同。1912 年劳厄（Laue）的"物理学最美的实验"一箭双雕实验，同时揭示了 X 射线具有波动性和晶体具有周期性结构，晶体可以作为光栅对 X 射线产生衍射。布拉格（Bragg）父子发明了 X 射线衍射仪，提出了著名的布拉格公式，为 X 射线晶体学奠定了坚实的基础。利用这些性能，X 射线在医学诊断、安保检查等方面应用非常广泛，为造福人类发挥了非常重要的作用。

凝聚态物质可以分为有序和无序结构，也就是晶体（比如金刚石）和非晶体结构（比如玻璃）。组成非晶体的原子或分子在长程上不具备有序性，X 射线衍射图谱上没有特征峰。而晶体则具有对称性和周期性，X 射线衍射图谱上具有明显的特征峰。介于两者之间的还有一种被称为准晶的凝聚态物质，其在 X 射线衍射图谱上也具有明显的特征峰，但是本身不具备周期性。晶体的新的定义与 X 射线衍射密切相关——凡是能给出明锐衍射斑点的物质即为晶体，否则为非晶体。

Wilhelm Conrad Röentgen
（1845—1923）

组成物质的原子或分子在空间的有序分布，即晶体结构，对性能具有重要的决定作用，因此研究晶体的结构具有非常重要的意义。原子或分子的规则排列形成三维有序的结构，可以把这种结构看成是纯数学抽取的点阵+基元（阵点所代表的具体物质，即原子或分子，可以是单个原子，也可是多个原子）。而晶体的空间点阵就可以视为三维光栅，对合适波长的电磁波产生衍射效应。X 射线入射晶体，散射波的叠加产生衍射现象，布拉格关系可使这一复杂的衍射问题简化为直观的布拉格反射。

【实验目的】

1. 学习了解 X 射线衍射仪的结构、工作原理和使用方法。
2. 掌握晶体中 X 射线衍射理论及物相定性分析的方法。
3. 测量 Si、SiO_2、NaCl、Cu、CdI_2 等材料的粉末衍射图谱，并对衍射峰进行分析。
4. 了解实验室 X 射线产生的原理，掌握 X 射线安全使用知识。

【实验原理】

1. X 射线衍射仪的结构原理

X 射线衍射仪是记录样品对 X 射线散射强度随角度变化的数据和图谱的装置，主要由

X射线发生器（X射线管）、测角仪、X射线探测器、计算机控制处理系统等组成。一般衍射仪的结构如图 11-1 所示，其中 G 为测角仪圆，S 为 X 射线源，P 是试样，H 是试样台，F 为接收狭缝，E 是支架，C 为计数管，K 为刻度尺。

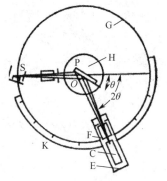

图 11-1　X 射线衍射仪构造示意图

1）X 射线管

X 射线管产生 X 射线的原理：利用高速电子和物质原子的碰撞来实现，即用很强的电场加速电子，使获得高速的电子撞击阳极金属靶，电子突然受阻后把部分动能转化为电磁波辐射，从而产生 X 射线。入射的高速电子激发阳极靶的内层电子，在低能级形成空位，由高能级的电子填入同时发射电磁辐射。由于这种辐射的波长由能级的大小决定，因此其波长具有一定值，这样的辐射叫标识 X 射线，做粉末衍射时一般用这种电磁辐射，具有固定的波长。根据这个原理制作的 X 射线源是 X 射线管。

X 射线管主要分密闭式和可拆卸式两种。广泛使用的是密闭式，由阴极灯丝、阳极、聚焦罩等组成，功率大部分在 1~3kW。可拆卸式 X 射线管又称旋转阳极靶，其功率比密闭式大许多倍，一般为 6~60 kW。常用的 X 射线靶材有 W、Ag、Mo、Ni、Co、Fe、Cr、Cu 等，靶材不同获得的特征 X 射线的波长不同。选择阳极靶的基本要求：尽可能避免靶材产生的特征 X 射线激发样品的荧光辐射，以降低衍射花样的背底，使图样清晰。

2）测角仪

测角仪是粉末 X 射线衍射仪的核心部件，图 11-2 为布鲁克公司测角仪，其主要由索拉光阑、发散狭缝、接收狭缝、防散射狭缝、样品座等组成。

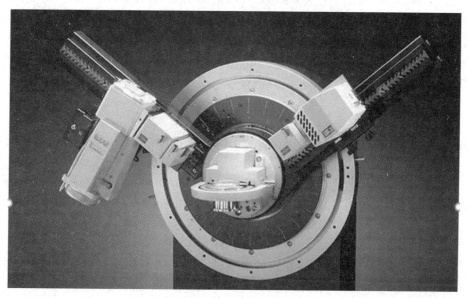

图 11-2　布鲁克公司测角仪

测角仪最核心的作用是可以提供多维运动，包括样品的 X、Y、Z 方向的平移运动。样品在三个方向的转动，即绕测角仪中心轴的转动，通常称为 θ 转动；绕样品法线的转动，通常称为 ϕ 转动；绕 X 射线直射方向轴的转动，通常称为 ψ 转动或倾动。除此之外，还有探测器的转动等。各家公司测角仪的设计不一样，早期的衍射仪，一般采用固定光源位置，样品垂直安放的方式，现在较多的衍射仪采用光源与探测器一样可以转动，而样品水平安放的方式。样品表面与入射 X 射线形成的角度称为入射角 θ，入射线与探测方向的夹角为接收角 2θ。不管哪种类型的衍射仪，粉末衍射一般都采用 θ-2θ 的模式，从样品表面看，光源和探测器是对称的。对于一些特殊样品，比如薄膜样品，运动方式则会有所不同。

3）X 射线探测记录装置

X 射线衍射仪中常用的探测器是闪烁计数器（SC），它利用 X 射线在某些固体物质（磷光体）中产生波长在可见光范围内的荧光计数（这种荧光可转换为能够测量的电流）。由于输出的电流和计数器吸收的 X 光子能量成正比，因此其可以用来测量衍射线的强度。

4）计算机控制、处理装置

一般 X 射线衍射仪的主要操作都由计算机控制自动完成，扫描操作完成后，衍射原始数据自动存入计算机硬盘中供数据分析处理。数据分析处理包括平滑点的选择、背底扣除、自动寻峰、d 值计算、衍射峰强度计算等。

2．晶体 X 射线衍射原理

每一种结晶物质都有各自独特的化学组成和晶体结构。没有任何两种物质，它们的晶胞大小、质点种类及其在晶胞中的排列方式是完全一致的。因此，当 X 射线被晶体衍射时，每一种结晶物质都有自己独特的衍射花样，它们的特征可以用各个衍射晶面间距 d 和衍射线的相对强度 I/I1 来表征。其中晶面间距 d 与晶胞的形状和大小有关，相对强度则与质点的种类及其在晶胞中的位置有关。所以任何一种结晶物质的衍射数据 d 和 I/I1 是其晶体结构的必然反映，因此可以根据它们来鉴别结晶物质的物相。

1）布拉格方程

光波经过狭缝将产生衍射现象，为此，狭缝的大小必须与光波的波长同数量级或更小。对 X 射线，由于它的波长在 0.2nm 的数量级上，要造出相应大小的狭缝以观察 X 射线的衍射，就相当困难。劳厄首先建议用晶体这个天然的光栅来研究 X 射线的衍射，因为晶格正好与 X 射线的波长同数量级。图 11-3 显示的是 NaCl 晶体中氯离子与钠离子的排列结构。

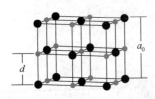

图 11-3　NaCl 晶体中氯离子与
钠离子的排列结构

现在讨论 X 射线照射在这样晶格上所产生的结果。由图 11-4（a）可知，当入射 X 射线与晶面相交 θ 角时，假定晶面就是镜面（布拉格面，入射角与出射角相等），那么容易看出，图中两条射线的光程差是 $\overline{AC}+\overline{DC}$，即 $2d\sin\theta$。当它为波长的整数倍时（假定入射光为单色的，只有一种波长），在 θ 方向射出的 X 射线即得到衍射加强。

$$2d\sin\theta = n\lambda \qquad\qquad n = 1,2,3,\cdots \qquad\qquad (11\text{-}1)$$

式（11-1）就是 X 射线在晶体中的衍射公式，称为布拉格公式。在上述假定下，d 是晶格之间的距离，也是相邻两布拉格面之间的距离。λ 是入射 X 射线的波长，θ 是入射角（注意，此入射角是入射 X 射线与布拉格面之间的夹角）和反射角。n 是一个整数，为衍射级次。

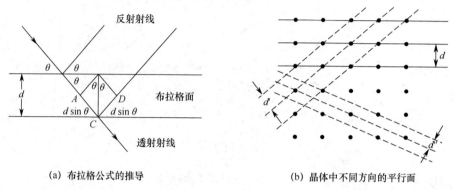

(a) 布拉格公式的推导　　　　　　　　　　(b) 晶体中不同方向的平行面

图 11-4　晶体的布拉格衍射

　　根据布拉格公式，即可利用已知的晶体（d 已知）通过测 θ 角来求得 X 射线的波长，也可以利用已知 X 射线（λ 已知）来测量求得晶体的晶面间距 d。

　　图 11-4（a）表示的是一组晶面，但事实上，晶格中的原子可以构成很多组方向不同的平行面，而它的 d 是不同的，而且从图 11-4（b）中可以清楚地看出，在不同的平行面上，原子面密度也不一样，故测得的反射线的强度就有差异。

　　关于布拉格方程还须做几点说明：

　　（1）由于 $\sin\theta \leqslant 1$，只有 $2d \geqslant \lambda$ 时才可能发生衍射。换言之，在 $d < \lambda/2$ 的晶面组上不可能产生衍射线。

　　（2）对 n 级衍射，布拉格方程可写成：

$$2(d/n)\sin\theta = \lambda$$

即第 n 级衍射形式也可以视为某一晶面组的一级衍射，该晶面组与原来的晶面（h，k，l）平行，而间距为 d/n。按晶面指数的规定，这些晶面应该是(nh,nk,nl)，它们不一定是物理上的原子面。利用这种表示方法，可将布拉格方程简化成：

$$2d\sin\theta = \lambda \qquad\qquad (11\text{-}2)$$

　　2）晶体的消光规律

　　满足布拉格方程并不一定能产生衍射，因此满足布拉格方程只是产生衍射的必要条件，但不充分。由于晶体的结构可能会产生缺失衍射的现象，称作消光，不同晶体结构其消光规律不同，可以根据消光规律来初步确定晶体的结构类型。消光分为点阵消光和结构消光。点阵消光的规律如表 11-1 所示，与衍射指数相关。结构消光相对较为复杂，是在点阵消光的基础上有更多的消光，一般出现在金刚石结构和密堆六方结构中。

表 11-1 几种单胞类型的点阵消光规律

点阵类型	出现反射	消失反射
简单单胞	全部	无
体心单胞	$h+k+l$ 为偶数	$h+k+l$ 为奇数
面心单胞	h，k，l 全为奇数或全为偶数	h，k，l 奇偶混杂
底心单胞	$h+k$ 为偶数	$h+k$ 为奇数

【实验装置】

DX-2700B 型 X 射线衍射仪（生产厂家为丹东浩元仪器有限公司），外形如图 11-5 所示。最大额定功率由 X 射线管决定，测角仪精度≤0.001°，测角仪重复性≤0.0005°，扫描方式为连续、步进；最小步进角度为 0.001°，最大线性计数率为 500000cps。

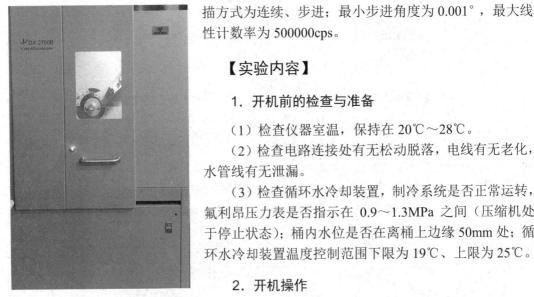

图 11-5 DX-2700B 型 X 射线衍射仪

【实验内容】

1. 开机前的检查与准备

（1）检查仪器室温，保持在 20℃～28℃。

（2）检查电路连接处有无松动脱落，电线有无老化，水管线有无泄漏。

（3）检查循环水冷却装置，制冷系统是否正常运转，氟利昂压力表是否指示在 0.9～1.3MPa 之间（压缩机处于停止状态）；桶内水位是否在离桶上边缘 50mm 处；循环水冷却装置温度控制范围下限为 19℃、上限为 25℃。

2. 开机操作

（1）打开配电箱中"衍射仪主机电源""循环水冷却装置"电源开关。

（2）将循环水冷却装置的面板开关转至"RUN"位置，启动水循环装置，水压表正常指示位置在 0.25～0.35MPa 之间。

（3）打开显示器→打印机→计算机电源，计算机开始初始化。

（4）按 X 射线衍射仪面板上的"ON"按钮，按钮上蓝色指示灯点亮，仪器内部照明灯开启。

（5）单击计算机桌面上的 快捷图标，启动 X 射线衍射仪控制软件。

（6）选择单击衍射仪控制软件上的"测量""掠射""OMG"按钮，填写控制参数，单击"开始"按钮进行相应测量。分别测试标准样品 Si、SiO_2、NaCl 等的衍射图谱，以及实验室制备的 Cu 箔、再结晶 CdI_2 等样品的衍射图谱。选择合适的实验条件，如管电压（推荐 40kV）、管电流（推荐 20～30mA）、扫描角度范围（大部分材料可选择 30°～80°）、扫描步长（一般 0.1°）、计数时间（可选 0.5s）等。

（7）样品测量完成后，现成的衍射数据文件存储在"设置"按钮下设定的文件夹中。

（8）单击桌面上的 ▉ 快捷图标，启动衍射数据处理软件，读入衍射数据文件，进行相应数据处理，考察实际样品图谱与标准衍射图谱的差异。

（9）注意：每次样品测量完成后，衍射仪控制软件都会将 X 射线管的管电压与管电流设置成 10kV/5mA，以提高 X 射线管使用寿命，且会在无操作 10min 后自动关闭管电压与管电流。

3．关机操作

（1）退出 X 射线衍射仪控制软件时，单击"是"按钮后，软件控制管电压与管电流降到 0。

（2）按仪器面板上的"OFF"按钮后，切断衍射仪主机供电电源，仪器内部照明灯熄灭。

（3）关闭计算机→显示器→打印机。

（4）5min 后将循环水冷却装置的面板开关转至"STOP"位置，切断循环水冷却装置供电电源。

【注意事项】

1．X 射线对人体有害，实验分析用的 X 射线与医疗诊断用的 X 射线波长不同，危害更大，操作时严禁 X 射线直接照射人体任何部位。注意所测试样品的毒性及个人卫生。操作者操作前必须经过一定的理论和操作培训，达到"四懂"（懂设备基本工作原理、懂设备基本结构、懂设备主要性能、懂设备用途）的要求。

2．样品测量前一定要把衍射仪主机射线防护门可靠关闭（否则光闸将无法打开，且会出现错误报警。由于仪器有射线防护联锁装置，衍射仪主机未通电或是样品测量过程中，主机射线防护门是无法打开的），实验测量过程中严禁打开铅玻璃滑门。

3．关机时，必须在光管足够冷却后，才可先关衍射仪主机电源，再关闭循环水冷却装置电源。

4．X 射线产生过程中需要高电压，仪器使用过程中注意用电安全和射线防护，不要去碰非操作范围的任何设备，碰到紧急情况应立即按面板上"OFF"按钮。

5．要定期用标准样品检查衍射仪测量结果的准确性，硅标样（111 面）2θ 角度超过 $28.44°\pm0.02°$ 范围时，要及时修正衍射仪测角仪的零点参数。若衍射仪较长时间没有使用（150h 以上），再次使用仪器时要对 X 射线管进行老化训练，具体操作见 X 射线衍射仪使用手册。

6．经常清理样品架中的粉尘，特别是插样片的底部缝隙，保证测量结果准确性。

【结果分析】

1．真实记录实验条件和实验结果。

2．对实验曲线进行分析，确定衍射峰的位置，计算衍射峰对应的晶面间距和所测材料的晶格常数。分析实际样品图谱与标准衍射图谱的差异，并初步分析引起差异的原因。

3．比较不同样品所出现衍射峰的规律，找出消光规律。

【思考讨论】

1．X 射线在晶体上产生衍射的条件是什么？

2．满足布拉格方程 $2d\sin\theta = n\lambda$ 就一定能观察到晶面组的反射吗？对于 Cu 晶体，能出现反射的晶面的晶面指数应满足什么条件？

3．为了提高测量准确度，在计算 d 值时，是选用大 θ 角的衍射线好还是选用小 θ 角的衍射线好？

4．对于一定波长的 X 射线，是否晶面间距 d 为任何值的晶面都可产生衍射？

【参考文献】

李小云，李超荣.光电材料综合实验[M]. 北京：科学出版社，2018.

实验十二　核磁共振实验

电子课件

1946 年斯坦福大学的布洛赫（Felix.Bloch）和哈佛大学的珀塞尔（Edward Mills.Purcell）分别通过液体水和石蜡发现了核磁共振现象，并由此获得 1952 年的诺贝尔奖，开创了磁共振研究领域，此后 12 位科学家在此领域获得诺贝尔奖。

当前，核磁共振技术作为一种边缘学科，涉及物理、电子、计算机、磁学、化学、医学等多个领域。根据应用领域，大致可以将核磁共振技术分为三大类：①医学领域，主要应用于核磁共振成像；②化学领域，主要应用于化学分析；③工业应用，利用分析仪器检测物质含量等。近年来，应用于工业领域的核磁共振分析仪器发展非常迅速，如用核磁共振方法检测种子含油量、含水量，进行核磁共振测井及水资源勘探等。

Felix Bloch（1905—1983）　　　　Edward Mills Purcell（1912—1997）

【实验目的】

1. 掌握核磁共振的原理和稳态核磁共振实验技术。
2. 观察氢核和氟核的核磁共振现象，测量氢核和氟核的 g 因子。
3. 学会采用核磁共振精确测量磁场的方法。

【实验原理】

1. 原子核的自旋和磁矩

原子核存在自旋现象，而且原子核自旋角动量不是连续变化的，只能取式（12-1）中的分立值：

$$P = \sqrt{I(I+1)}\hbar \tag{12-1}$$

式中，I 称为自旋量子数，只能取整数值(0,1,2,3,$\cdots$)或半整数值(1/2,3/2,5/2,$\cdots$)；$\hbar = h/2\pi$，h 为普朗克常数。对不同的核素，I 分别有不同的确定数值，如氢核(^{1}H)和氟核(^{19}F)的自旋量子数 I 都等于 1/2。原子核的自旋角动量在空间某一方向，例如 z 方向的分量也不能连续变化，只能取式（12-2）中的分立数值：

$$P_z = m\hbar \tag{12-2}$$

式中，m 称为磁量子数，只能取 I，$I-1$，…，$-I+1$，$-I$ 等（$2I+1$）个数值。

原子核带正电，原子核自旋激发磁场，使得原子核具有与之相联系的核自旋磁矩，其大小为

$$\mu = g\frac{e}{2M}P \tag{12-3}$$

其中，e 为质子的电荷，M 为质子的质量，g 是一个由原子核结构决定的因子，对不同种类的原子核，g 的数值不同，g 称为原子核的 g 因子，值得注意的是，它可以是正数，也可能是负数。因此，核磁矩的方向可能与核自旋动量方向相同，也可能相反。

由于核自旋角动量在任意给定 z 方向只能取（$2I+1$）个分立的数值，因此核磁矩在 z 方向也只能取（$2I+1$）个分立的数值，其大小为

$$\mu_z = g\frac{e}{2M}P_z = gm\frac{e\hbar}{2M} \tag{12-4}$$

原子核的磁矩通常用 $\mu_{\mathrm{n}} = \dfrac{e\hbar}{2M}$ 作为单位，μ_{n} 称为核磁子，是个常量，其值为 $5.05\times10^{-27}\,\mathrm{J/T}$。采用 μ_{n} 作为核磁矩的单位后，核磁矩 μ_z 可记作：

$$\mu_z = gm\mu_{\mathrm{n}} \tag{12-5}$$

也可表示为

$$\mu_z = g\sqrt{I(I+1)}\mu_{\mathrm{n}}$$

除了用 g 因子表征核的磁性质外，通常引入另一个可以由实验测量的物理量 γ，γ 定义原子核的磁矩与自旋角动量之比，称为旋磁比。

$$\gamma = \frac{\mu}{P} = \frac{ge}{2M} \tag{12-6}$$

利用 γ，磁矩可写成 $\mu=\gamma P$，相应地有 $\mu_z=\gamma P_z$。

2．磁性核在外加磁场中的行为

不是所有的原子核都有磁性，原子核的总核自旋角动量不为零（$I\neq0$），称为磁性核，总核自旋角动量为零的原子核称为非磁性核。

当无外加磁场时，每个原子核的能量相同，所有原子处在同一能级。当施加一个外磁场 B 后，情况发生变化。为了方便起见，通常把 B 的方向规定为 z 方向，由于外磁场 B 与磁矩的相互作用能为

$$E = -\mu B = -\mu_z B = -\gamma P_z B = \gamma m\hbar B \tag{12-7}$$

因此，磁量子（m）取值不同的核磁矩的能量也就不同，从而原来简并的同一能级分裂为（$2I+1$）个子能级。对于质子而言，$I=1/2$，因此 m 只能取 $m=1/2$ 和 $m=-1/2$ 两个数值，施加磁场前后的能级变化如图 12-1 所示。

原子核间进行能级跃迁的能量为

$$\Delta E = E_{-\frac{1}{2}} - E_{\frac{1}{2}} = \gamma\hbar B \tag{12-8}$$

无外加磁场时，磁性核的能量相等；当施加外磁场 B 以后，原子核的磁角动量取向统一，在不同能级上的分布服从玻尔兹曼分布，有与磁场平行（低能量）和反平行（高能

量）两种，出现能量差。显然，处在下能级的粒子数要比上能级的多，其数目由 ΔE 大小、系统的温度和系统总粒子数决定。

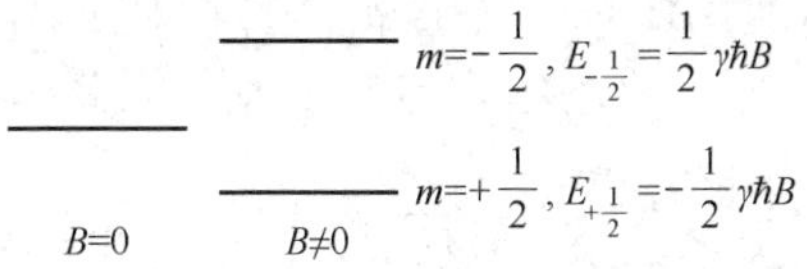

图 12-1　施加磁场前后的能级图

3. 核磁共振现象

静磁场中，磁性核存在不同能级。若在与 B 垂直的方向上再施加一个高频电磁场，通常为射频场，当射频场的频率满足式（12-9）时，会引起原子核在上下能级之间跃迁。

$$\Delta E = h\upsilon = \gamma \hbar B \tag{12-9}$$

但由于一开始处在下能级的核比在上能级的核要多，因此净效果是上跃迁的比下跃迁的多，从而使系统的总能量增加，这相当于系统从射频场中吸收了能量。把 $h\upsilon = \Delta E$ 时引起的上述跃迁称为共振跃迁，即核磁共振。如果用圆频率 $\omega = 2\pi\upsilon$ 表示，共振条件可写成：

$$\omega = \gamma B \tag{12-10}$$

用 υ 表示，即表示为

$$\upsilon = \frac{\gamma}{2\pi} B \tag{12-11}$$

如果频率的单位用 Hz，磁场的单位用 T（特斯拉），对裸露的质子而言，经过大量实验得到：$\gamma/2\pi = 42.577469\text{MHz/T}$；但是对于原子或分子中处于不同基团的质子，由于不同质子所处的化学环境不同，受到周围电子屏蔽的情况不同，$\gamma/2\pi$ 的数值将略有差别，这种差别称为化学位移，对于球形容器中 25℃ 水样品的质子，$\gamma/2\pi = 42.576375\text{MHz/T}$。

通过测量质子在磁场 B 中的共振频率 υ_N，可实现对磁场的校准，即

$$B = \frac{\upsilon_N}{\gamma/2\pi} \tag{12-12}$$

反之，若 B 已经校准，通过测量未知原子核的共振频率 υ_N，便可求出待测原子核 γ 值或 g 因子。

$$g = \frac{\upsilon_N / B}{\mu_n / h} \tag{12-13}$$

其中，$\mu_n/h = 7.6225914\text{MHz/T}$。

4. 核磁共振信号的观察

通常有两种方法可以观察到共振现象：一种是固定磁场 B 的大小，连续改变射场的频率 υ，这种方法称为扫频方法；另一种方法，也就是本实验采用的方法，即固定射场的频率 υ，连续改变磁场 B 的大小，这种方法称为扫场方法。当磁场的变化不是太快，而是缓慢通过与频率对应的磁场时，用一定的方法可以检测到系统对射场的吸收信号，如图 12-2（a）所示，该曲线称为一手曲线，这种曲线具有洛伦兹型曲线的特征。但是，如

果扫场变化太快，得到的将是如图 12-2（b）所示的带有尾波的衰减振荡曲线。扫场变化的快慢是相对具体样品而言的，例如，本实验采用的扫场磁场，对于聚四氟乙烯样品而言，其吸收信号将如图 12-2（a）所示；而对液态的水样品而言却是变化太快的磁场，其吸收信号将如图 12-2（b）所示。而且磁场越均匀，尾波中振荡的次数越多。

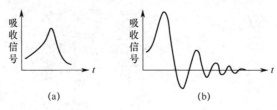

图 12-2　聚四氟乙烯样品及液态的水样品吸收信号图

实验方法

1）电磁场

核磁共振实验对电磁场的要求是有极强的磁场、足够大的均匀区和均匀性好。本实验所用的电磁场采用的是两组励磁线圈加纯铁心组成的电磁铁，其中心磁场 B_0 大小可调，可以获得较多的实验数据，在磁场中心 30mm 范围内，均匀性优于 10^{-5}。

2）扫场线圈

用来产生一个幅度大小在零点几高斯到十几高斯的可调交变磁场，用于观察共振信号，扫场线圈的电流由可调变压器的扫场输出端提供，扫场的幅度可通过变阻器调节。

3）探测器、射频场的产生与共振信号的探测

本实验提供的探测器，由 RF 射频线圈和边限振荡器组成。探测器的探头与探测样品分离，样品可以在探头内插拔，便于更换样品，用户也可以自制测试样品，具有很大的拓展性。实验中一个样品为水（掺有硫酸铜），另一个为固态的聚四氟乙烯。

边限振荡器是处于振荡与不振荡边缘状态的 *LC* 振荡器［也翻译为边缘振荡器（marginal oscillator）］，样品放在振荡线圈中，振荡线圈和样品一起放在磁铁中。当振荡器的振荡频率近似等于共振频率时，振荡线圈内射频磁场能量被样品吸收使得振荡器停振，振荡器的振荡输出幅度大幅度下降，从而检测到核磁共振信号。振荡器未经检波的高频信号经由频率输出端直接输出到数字频率计，从而可直接读出射频场的频率。

4）扫场线圈与共振信号

由共振条件可知，只有 $\omega/\gamma=B$ 才会发生共振。如果磁场是电磁铁的磁场 B_0 和一个 50Hz 的交变磁场叠加的结果，总磁场为

$$B = B_0 + B' \cos \omega' t \tag{12-14}$$

其中，B' 是交变磁场的幅度，ω' 是市电的圆频率，总磁场在（$B_0 - B'$）～（$B_0 + B'$）的范围内按图 12-3 所示正弦曲线随时间变化，只有 ω/γ 落在（$B_0 - B'$）～（$B_0 + B'$）范围内才能发生共振。为了容易找到共振信号，要加大 B'（把可调扫场输出调到较大数值），使可能发生共振的磁场变化范围增大；另外要调节射频场的频率，使 ω/γ 落在这个范围。

一旦 ω/γ 落在这个范围，在磁场变化的某些时刻，当总磁场满足 $B=\omega/\gamma$ 时，就能观察到共振信号。如图 12-3 所示，共振发生在数值为 ω/γ 的水平虚线与代表总磁场变化的正弦曲线交点对应的时刻，水样品的共振信号将如图 12-2（b）所示，而且磁场越均匀，尾波中的振荡次数越多，因此一旦观察到共振信号以后，应进一步仔细调节探测器的探测线圈和样品在磁场中的位置，使尾波中振荡的次数最多，亦即使探头处在磁铁中磁场最均匀的位置。

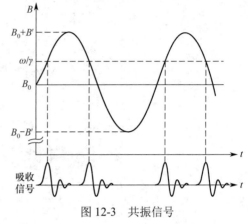

图 12-3　共振信号

由图 12-3 可知，只要 ω/γ 落在（B_0-B'）~（B_0+B'）范围内就能观察到共振信号，但这时 ω/γ 未必正好等于 B_0。从图 12-3 上可以看出，当 $\omega/\gamma\neq B_0$ 时，各个共振信号发生的时间间隔并不相等，共振信号在示波器上的排列不均匀。只有当 $\omega/\gamma=B_0$ 时，它们才均匀排列，这时共振发生在交变磁场过零时刻，而且从示波器的时间标尺可测出它们的时间间隔为 10ms，当然，当

$$\frac{\omega}{\gamma}=B_0-B' \quad 或 \quad \frac{\omega}{\gamma}=B_0+B'$$

时，在示波器上也能观察到均匀排列的共振信号，但它们的时间间隔不只 10ms，而是 20ms，因此，只有当共振信号均匀排列而且间隔为 10ms 时，才有 $\omega/\gamma=B_0$，这时频率计的读数才是与 B_0 对应的质子的共振频率。

作为定量测量，除了要得到待测量的数值外，还关心如何减小测量误差并力图对误差的大小做出定量估计，从而确定测量结果的有效数字。从图 12-3 中可以看出，一旦观察到共振信号，B_0 的误差不会超过扫场的幅度 B'，因此，为了减小估计误差，在找到共振信号之后，应逐渐减小扫场的幅度 B'，并相应地调节射频场的频率使共振信号保持间隔为 10ms 的均匀排列，在能观察到和分辨出共振信号的前提下，力图把 B' 减小到最小，记下 B' 达到最小而且共振信号保持间隔为 10ms 均匀排列时的频率 υ_N，利用水中质子的 $\gamma/2\pi$ 值和公式（12-12）求出磁场中的 B_0 值。顺便指出，当 B' 很小时，由于扫场变化范围小，尾波中振荡的次数较少，这是正常的，并不是因为磁场变得不均匀而引起的。

【实验装置】

核磁共振实验仪，特斯拉计，可调恒流电源，示波器，连接的导线。

【实验内容】

1．观察液态和固态样品的核磁共振现象

（1）核磁共振实验仪结构如图 12-4 所示，扫描图 12-4 右侧二维码可观者操作视频。按图 12-5 连接导线。

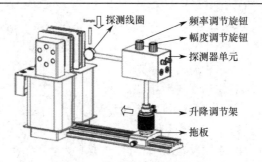

操作视频

图 12-4 核磁共振实验仪结构

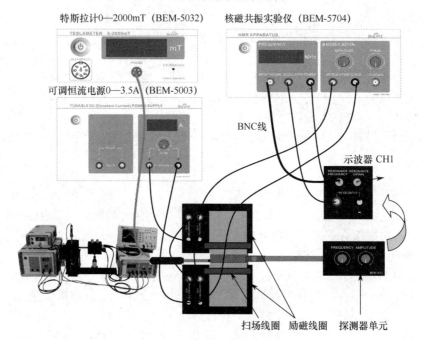

图 12-5 核磁共振实验接线图

- 把 2 个励磁线圈串联连接到可调恒流电源 0—3.5A 的正、负输出端（因为 2 个线圈磁场方向相反，所以励磁线圈串联接线方式为：黑—红—红—黑），如图 12-5 所示。

- 把 2 个扫场线圈串联连接到核磁共振实验仪的磁场扫场输出端"MODULATION COILS"（第一个线圈的黑线连接第二个线圈的红线，第一个线圈的红线和第二个线圈的黑线连接到 NMR 实验仪的扫场输出端"MODULATION COILS"）。

- 把探测器单元的电源正输入端"9V DC INPUT""+"（红）连接到核磁共振实验仪的振荡器电源"OSCILLATOR POWER"正输出端"+"（红），负输入端"9V DC INPUT""－"（黑）连接到核磁共振实验仪的振荡器电源"OSCILLATOR POWER"负输出端"－"（黑）。

- 用 BNC 线连接探测器单元的频率端"RESONANCE FREQUENCY"和核磁共振实验仪的频率输入端"INPUT SIGNAL"。

- 用 BNC 线连接探测器单元共振信号端"RESONANCE SIGNAL"和示波器通道 1（CH1）。

- 把特斯拉计探头连接到 BEM-5032 仪表的"PROBE"上。
- 连接各个设备的电源线，用电源线连接设备后面的"AC POWER CORD，AC 110—120V～/220—240V～，50/60Hz"插口和市电插座。

（2）旋开特斯拉计探头的保护套，探头固定在电磁铁顶部的支架上，把探头置于磁场中，调节探头与磁场方向垂直。

（3）设置示波器为 CH1 通道，设置示波器触发模式为 AC line（市电触发），设置通道 CH1 的电压增益为 50 mV 或 100mV，设置时间增益为 2ms。

（4）小心地将水样品放入探测线圈中，并轻轻地推动导轨上的拖板，使探测线圈和样品大致置于磁场的中心。

（5）打开所有设备电源开关。

（6）调节 BEM-5003 0—3.5A 电流输出为 0。

（7）调节核磁共振实验仪的扫场幅度调节旋钮到较大幅度（一般为总输出的 1/4～1/2，即转小半圈左右）。

（8）调节探测器单元的幅度调节旋钮"AMPLITUDE"到最右边（顺时针旋到底）。

（9）调节探测器单元的频率调节旋钮到较小的幅度（逆时针旋到底后，顺时针旋 2 圈左右）。

（10）慢慢地调节 0—3.5A 恒流电源的旋钮，增加电磁铁线圈的电流，加大磁场强度，直到在示波器上看到 NMR 信号，若信号太大或太小，可以调节示波器电压增益旋钮。

（11）慢慢调节扫场电源幅度调节旋钮，使共振信号最大（若信号移位或者消失，可以微调励磁电流旋钮便可使其出现）。

（12）慢慢移动拖板和升降调节架，即改变样品在磁场中的位置，找到共振信号最大最强的位置即可（若信号移位或者消失，可以微调励磁电流旋钮便可使其出现）。

（13）调节频率旋钮或者改变励磁电流大小，使共振信号均匀分布在示波器的显示屏上（几个信号在示波器 X 轴上等间距分布）。

（14）换上聚四氟乙烯样品，重复上述步骤（4）～（13）。

图 12-6 中，左图为水样品实验结果，υ =12.05MHz，I=2.30A，B=279mT；右图为聚四氟乙烯实验结果，υ =12.07MHz，I=2.80A，B=299mT。

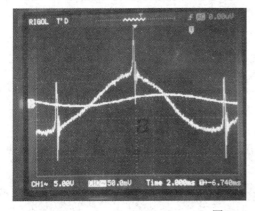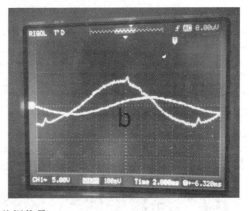

图 12-6　共振信号

2．测量水样品和聚四氟乙烯样品的 g 因子（需要特斯拉计）

（1）将水样品放入探测线圈中，重复前面步骤，找到最佳共振信号。

（2）调节频率旋钮或者改变励磁电流大小，使示波器上每个共振信号的时间间隔一样（几个信号在示波器 X 轴上等间距分布）。

（3）用特斯拉计测量磁场的最大值 B_0，读出核磁共振实验仪表上频率计的显示频率 υ，把它们记录在表 12-1 中。

表 12-1　水样品

序号	υ (MHz)	B_0(mT)
1		
2		
3		
4		
5		
6		

（4）增加频率 υ，调节励磁电流大小，使示波器上又一次出现时间间隔一样的共振信号。在表 12-1 中记录下磁场强度 B_0 和共振频率 υ。

（5）测量多组数据并记录于表 12-1 中。

更换聚四氟乙烯样品，重复上述步骤，并记录在表 12-2 中。

表 12-2　聚四氟乙烯样品

序号	υ (MHz)	B_0(mT)
1		
2		
3		
4		
5		
6		

【注意事项】

1．核磁共振励磁线圈磁场较强，请避免手表、手机等物品靠近，以免损坏。

2．样品是玻璃元件，放置需小心。

【结果分析】

根据公式 $g = h\upsilon / \mu_n \cdot B_0$，计算 g 因子，其中 $h = 6.626 \times 10^{-34}$ J·s，$\mu_n = 5.051 \times 10^{-27}$ J/T；并与公认值比较。公认值：$g_H = 5.5857$；$g_F = 5.2567$。

【思考讨论】

1．核磁共振的条件是什么？如何调节才能出现较理想的核磁共振信号？

2．核磁共振实验中使用的振荡器有什么特点？核磁共振法测磁场的原理和方法是什么？

3．实现核磁共振的两种方法是什么？说明调制磁场在核磁共振实验中的作用。

【参考文献】

[1] 郭欣. 近代物理学简明教程[M]. 北京：科学出版社，2019.

[2] 魏怀鹏，张志东. 近代物理实验教程[M]. 天津：天津大学出版社，2010.

[3] 李小云，李超荣. 光电材料综合实验[M]. 北京：科学出版社，2018.

实验十三　光磁共振实验

电子课件

光磁共振实验是典型的波谱学教学实验之一。光磁共振实验中使用了光泵及光电探测技术，其灵敏度比一般磁共振探测技术高几个数量级。探测灵敏度增加的原因是：光磁双共振实验利用基态超精细能级上的原子对抽运光的选择吸收，实现基态塞曼子能级上粒子数的反转分布，在粒子数反转的情况下实现磁共振，并用光探测的方法代替在一般磁共振中的功率检测方法。由于辐射一个光量子的能量必然伴随着吸收一个光量子的能量，一个射频量子的吸收触发了能量比它大 $10^6 \sim$ 10^7 倍的可见光或紫外光量子的探测，所以灵敏度大大提高。这一方法在基础物理学的研究、磁场的精确测量以及原子频标技术等方面都有广泛的应用。发明人法国物理学家卡斯特勒（Alfred Kastler）在原子物理和光学方面有卓越的贡献，曾以"发现和发展光学方法研究原子中的赫兹共振"而荣获 1966 年度诺贝尔物理学奖。

Alfred Kastler（1902—1984）

【实验目的】

1. 初步了解光抽运原理及实验实现方法，实现光磁双共振的条件。
2. 测量 g 因子。
3. 测量地磁场（选做）。

【实验原理】

1. 铷（Rb）原子基态及最低激发态的能级

实验研究的对象是碱金属原子铷的气态自由原子。铷在紧束缚的满壳层外只有一个电子。铷的价电子处于第五壳层，主量子数 $n=5$。主量子数为 n 的电子，其轨道量子数 $L=0,1,\cdots,n-1$。基态的 $L=0$，最低激发态的 $L=1$。电子还具有自旋，电子自旋量子数 $S=1/2$。

由于电子的自旋与轨道运动的相互作用（即 L-S 耦合）而发生能级分裂，称为精细结构。电子轨道角动量 P_L 与其自旋角动量 P_S 合成电子的总角动量 $P_J=P_L+P_S$。原子能级的精细结构用总角动量量子数 J 来标记，$J=L+S$，$L+S-1$，$\cdots$，$|L-S|$。对于基态，$L=0$ 和 $S=1/2$，因此 Rb 的基态只有 $J=1/2$，其标记为 $5^2S_{1/2}$。铷原子最低激发态是 $5^2P_{3/2}$ 及 $5^2P_{1/2}$。$5^2P_{1/2}$ 态的 $J=1/2$，$5^2P_{3/2}$ 态的 $J=3/2$。5P 与 5S 能级之间产生的跃迁是铷原子主线系的第 1 条线，为双线。它在铷灯光谱中强度是很大的。$5^2P_{1/2} \rightarrow 5^2S_{1/2}$ 跃迁产生波长为 794.76nm 的 D_1 谱线，$5^2P_{3/2} \rightarrow 5^2S_{1/2}$ 跃迁产生波长 780.0nm 的 D_2 谱线。

原子的价电子在 L-S 耦合中，其总角动量 P_J 与电子总磁矩 μ_J 的关系为

$$\mu_J = -g_J \frac{e}{2m} P_J \tag{13-1}$$

$$g_J = 1 + \frac{J(J+1) - L(L+1) + S(S+1)}{2J(J+1)} \tag{13-2}$$

g_J 是朗德因子，J 是电子总角动量量子数，L 是电子的轨道量子数，S 是电子自旋量子数。

原子核也具有自旋和磁矩。核磁矩与上述电子总磁矩之间相互作用造成能级的附加分裂（超精细结构）。铷的两种同位素的自旋量子数 I 是不同的。核自旋角动量 P_I 与电子总角动量 P_J 耦合成原子的总角动量，有 $P_F = P_J + P_I$。$J\text{-}L$ 耦合形成超精细结构能级，由 F 量子数标记，$F=I+J,\ \cdots,|I-J|$。Rb^{87} 的 $I=3/2$，它的基态 $J=1/2$，具有 $F=2$ 和 $F=1$ 两个状态。Rb^{85} 的 $I=5/2$，它的基态 $J=1/2$，具有 $F=3$ 和 $F=2$ 两个状态。

整个原子的总角动量 P_F 与总磁矩 μ_F 之间的关系可写为

$$\mu_F = -g_F \frac{e}{2m} P_F \tag{13-3}$$

其中的 g_F 因子可按类似于求 g_J 因子的方法算出。考虑到核磁矩比电子磁矩小约 3 个数量级，μ_F 实际上为 μ_J 在 P_F 方向上的投影，从而得

$$g_F = g_j \frac{F(F+1) + J(J+1) + I(I+1)}{2F(F+1)} \tag{13-4}$$

g_F 是对应于 μ_F 与 P_F 关系的朗德因子。以上所述都是没有外磁场条件下的情况。

如果处在外磁场 B 中，由于总磁矩 P_F 与磁场 B 的相互作用，超精细结构中的各能级进一步发生塞曼分裂形成塞曼子能级。用磁量子数 M_F 来表示，则 $M_F=F, F-1,\cdots, -F$，即分裂成 $2F+1$ 个子能级，其间距相等。μ_F 与 B 的相互作用能量为

$$E = -\mu_F B = g_F \frac{e}{2m} P_F B = g_F \frac{e}{2m} M_F \left(\frac{h}{2\pi}\right) B = g_F M_F \mu_B B \tag{13-5}$$

式中，μ_B 为玻尔磁子。各相邻塞曼子能级的能量差为

$$\Delta E = g_F \mu_B B \tag{13-6}$$

可以看出 ΔE 与 B 成正比。当外磁场为零时，各塞曼子能级将重新简并为原来的能级。

2. 圆偏振光对铷原子的激发与光抽运效应

一定频率的光可引起原子能级之间的跃迁。气态 Rb^{87} 原子受 $D_1\sigma^+$ 左旋圆偏振光照射时，遵守光跃迁选择定则 $\Delta F=0,\ \pm1$，$\Delta M_F=+1$。在由 $5^2S_{1/2}$ 能级到 $5^2P_{1/2}$ 能级的激发跃迁中，由于 σ^+ 光的角动量为 $+h/2\pi$，只能产生 $\Delta M_F=+1$ 的跃迁。基态 $M_F=+2$ 子能级上原子若吸收光子就将跃迁到 $M_F=+3$ 的状态，但 $5^2P_{1/2}$ 各自能级最高为 $M_F=+2$。因此基态中 $M_F=+2$ 子能级上的粒子就不能跃迁，换言之，其跃迁概率为零。由于 $D_1\sigma^+$ 的激发而跃迁到激发态 $5^2P_{1/2}$ 的粒子可以通过自发辐射退回到基态。

由 $5^2P_{1/2}$ 到 $5^2S_{1/2}$ 的向下跃迁（发射光子）中，$\Delta M_F=0$、±1 的各跃迁都是有可能的。

当原子经历无辐射跃迁过程从 $5^2P_{1/2}$ 回到 $5^2S_{1/2}$ 时，原子返回基态各子能级的概率相等，这样经过若干循环之后，基态 $M_F=+2$ 子能级上的原子数就会大大增加，即大量原子被"抽运"到基态的 $M_F=+2$ 子能级上，这就是光抽运效应。

各子能级上原子数的这种不均匀分布称为"偏极化"，光抽运的目的就是要造成偏极化，有了偏极化就可以在子能级之间得到较强的磁共振信号。

经过多次上下跃迁，基态中的 $M_F=+2$ 子能级上的原子数只增不减，这样就增大了原子布居数的差别。这种非平衡分布称为原子数偏极化。光抽运的目的就是要造成基态能级中的偏极化，实现了偏极化就可以在子能级之间进行磁共振跃迁实验了。

3. 驰豫过程

在热平衡条件下，任意两个能级 E_1 和 E_2 上的粒子数之比都服从玻尔兹曼分布 $\frac{N_2}{N_1} = e^{-\Delta E / K}$，式中 $\Delta E = E_2 - E_1$ 是两个能级之差，N_1、N_2 分别是两个能级 E_1、E_2 上的原子数目，K 是玻尔兹曼常数。由于能量差极小，近似地可以认为各子能级上的粒子数是相等的。光抽运增大了粒子布居数的差别，使系统处于非热平衡分布状态。

系统由非热平衡分布状态趋向于平衡分布状态的过程称为驰豫过程。促使系统趋向平衡的机制是原子之间以及原子与其他物质之间的相互作用。在实验过程中，要保持原子分布有较大的偏极化程度，就要尽量减少返回玻尔兹曼分布的趋势。但铷原子与容器壁的碰撞以及铷原子之间的碰撞都导致铷原子恢复到热平衡分布，失去光抽运所造成的偏极化。铷原子与磁性很弱的原子碰撞，对铷原子状态的扰动极小，不影响原子分布的偏极化。因此在铷样品泡中冲入 10 托的氮气，它的密度比铷蒸气原子的密度大 6 个数量级，这样可减少铷原子与容器以及与其他铷原子的碰撞机会，从而保持铷原子分布的高度偏极化。此外，处于 $5^2P_{1/2}$ 的原子须与缓冲气体分子碰撞多次才能发生能量转移，由于所发生的过程主要是无辐射跃迁，所以返回到基态中 8 个塞曼子能级的概率均等，因此缓冲气体分子还有利于粒子更快地被抽运到 $M_F=+2$ 子能级。

4. 塞曼子能级之间的磁共振

因光抽运而使 Rb^{87} 原子分布偏极化达到饱和以后，铷蒸气不再吸收 $D_1\sigma^+$ 光，从而使透过铷样品泡的 $D_1\sigma^+$ 光增强。这时，在垂直于产生塞曼分裂的磁场 B 的方向加一频率为的 υ 射频磁场，当 υ 和 B 之间满足磁共振条件时，在塞曼子能级之间产生感应跃迁，称为磁共振。

$$h\upsilon = g_F \mu_B B \qquad (13\text{-}7)$$

跃迁遵守选择定则 $\Delta F=0, \Delta M_F=+1$，原子将从 $M_F=+2$ 子能级向下跃迁到各子能级上，即大量原子由 $M_F=+2$ 能级跃迁到 $M_F=+1$，以后又跃迁到 $M_F=0, -1, -2$ 等各子能级上。这样，磁共振破坏了原子分布的偏极化，而同时，原子又继续吸收入射的 $D_1\sigma^+$ 光而进行新的抽运，透过样品泡的光就变弱了。随着抽运过程的进行，粒子又从 $M_F=-2,-1,0,+1$ 各能级被抽运到 $M_F=+2$ 子能级上。随着粒子数的偏极化，透射再次变强。光抽运与感应磁共振跃迁达到一个动态平衡。光跃迁速率比磁共振跃迁速度大几个数量级，因此光抽运与磁共振的过程就可以连续地进行下去。Rb^{85} 也有类似的情况，只是 $D_1\sigma^+$ 光将 Rb^{85} 抽运到基态 $M_F=+3$ 子能级上，在磁共振时又跳回到 $M_F=+2,+1,0, -1, -2, -3$ 等能级上。

射频（场）频率 υ 和外磁场（产生塞曼分裂的）B 两者可以固定一个，改变另一个以满足磁共振条件［式（13-7）］。改变频率称为扫频法（磁场固定），改变磁场称为扫场法

（频率固定）。

5. 光探测

投射到铷样品泡上的 $D_1\sigma^+$ 光，一方面起光抽运作用，另一方面透射光的强弱变化反映样品物质的光抽运过程和磁共振过程的信息，用 $D_1\sigma^+$ 光照射铷样品，并探测透过样品泡的光强，就实现了光抽运—磁共振—光探测。在探测过程中，射频（10^6Hz）光子的信息转换成了频率高的光频（10^{14}Hz）光子的信息，这就使信号功率提高了 8 个数量级。

样品中 Rb^{85} 和 Rb^{87} 都存在，都能被 $D_1\sigma^+$ 光抽运而产生磁共振。对于是 Rb^{85} 还是 Rb^{87} 参与磁共振，可以根据它们与偏极化有关能态的 g_F 因子的不同加以区分。对于 Rb^{85}，由基态中 $F=3$ 态的 g_F 因子可知 $\dfrac{V_0}{B_0}=\dfrac{\mu_B g_F}{h}=0.467\,\text{MHz/Gs}$；对于 Rb^{87}，由基态中 $F=2$ 态的 g_F 因子可知 $V_0/B_0=0.700$MHz/Gs。

6. 光磁共振的应用

量子精密测量的基本原理是利用磁、光与原子的相互作用，实现对各种物理量超高精度的测量，可大幅超越经典测量手段。2019 年起，代表精密测量最高水平的 7 个基本物理量的计量基准已经全部实现量子化。基于原子自旋效应的弱磁场与惯性测量可以实现超高灵敏，目前来看，基于原子自旋效应的量子精密探测离不开光磁共振的实验手段。弱磁测量，例如氦光泵磁力仪、铯光泵磁力仪以及铷光泵磁力仪可以装在飞机上或者轮船上大面积搜索埋藏的矿脉，军用方面可以探测潜艇；铷光泵重力仪可以测量地球重力加速度，利用重力细微差别，可以探测地震、潮汐、矿脉，甚至在某些极端的情况下，如在严重自然灾害时失去现有导航，可以利用重力导航。原子频标利用基态超精细能级之间的跃迁，通过光检测反馈到晶体振荡器，对其频率进行调节，则振荡频率被铷原子超精细跃迁所控制，从而可输出稳定的频率标准，应用于全球导航与定位。装载在卫星上的原子钟可以验证广义相对论所预言的引力红移。

【实验装置】

本实验装置由主体单元、电源、辅助源、射频信号发生器及示波器五部分组成，见图 13-1。

图 13-1　光磁共振实验装置框图

1. 主体单元

主体单元是该实验装置的核心，如图 13-2 所示。

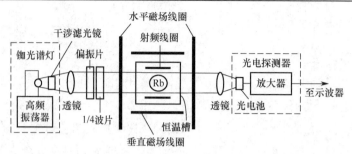

图 13-2 主体单元示意图

天然铷和惰性缓冲气体被充在一个直径约 52mm 的玻璃泡内，该铷泡两侧对称放置着一对小射频线圈，它为铷原子跃迁提供射频磁场。这个铷吸收泡和射频线圈都置于圆柱形恒温槽内，称为"吸收池"。槽内温度约为 55℃。吸收池放置在两对亥姆霍兹线圈的中心。小的一对线圈产生的磁场用来抵消地磁场的垂直分量。大的一对线圈有两个绕组，一组为水平直流磁场线圈，它使铷原子的超精细能级产生塞曼分裂。另一组为扫场线圈，它使直流磁场上叠加一个调制磁场。铷光谱灯作为抽运光源。光路上有两个透镜，一个为准直透镜，一个为聚光透镜，两透镜的焦距为 77mm，它们使铷灯发出的光平行通过吸收池，然后再汇聚到光电池上。干涉滤光镜（装在铷光谱灯的出光口上）从铷光谱中选出光（$\lambda=794.8\,\text{nm}$）。偏振片和 1/4 波片（和准直透镜装在一起）使光成为左旋圆偏振光。偏振光对基态超精细塞曼能级有不同的跃迁概率，可以在这些能级间造成较大的粒子数差值。当加上某一频率的射频磁场时，将产生光磁共振。在共振区的光强由于铷原子的吸收而减弱。通过扫场法，可以从终端的光电探测器上得到这个信号。经放大可从示波器上显示出来。

铷光谱灯是一种高频气体放电灯。它由高频振荡器、控温装置和铷灯泡组成。铷灯泡放置在高频振荡回路的电感线圈中，在高频电磁场的激励下产生无极放电而发光。整个振荡器连同铷灯泡放在同一恒温槽内，温度控制在 90℃左右。高频振荡器频率约为 65MHz。

光电探测器接收透射光强度变化，并把光信号转换成电信号。接收部分采用硅光电池。放大器倍数大于 100。

2. 电源

电源为主体单元提供三路直流电源，第 1 路是 0～1A 可调稳流电源，为水平磁场提供电流。第 2 路是 0～0.5A 可调稳流电源，为垂直磁场提供电流。第 3 路是 24V/2A 稳压电源，为铷光谱灯、控温电路、扫场提供工作电压。

3. 辅助源

辅助源为主体单元提供三角波、方波扫场信号及温度控制电路等。并设有"外接扫描"插座，可接示波器的扫描输出，将其锯齿扫描经电阻分压及电流放大，作为扫场信号源代替机内扫场信号，辅助源与主体单元由 24 线电缆连接。

4．射频信号发生器

射频信号发生器为通用信号发生器，频率范围为 100kHz～1MHz，输出功率在 50Ω 负载上不小于 0.5W，并且输出幅度要可调节。射频信号发生器为吸收池中的小射频线圈提供射频电流，使其产生射频磁场，激发铷原子产生共振跃迁。

【实验内容】

首先将滑轨沿南北方向放置（由指南针确定方向）。将"垂直场""水平场""扫场幅度"旋钮调至最小，按下池温开关。然后接通电源线，按下电源开关。约 30min 后，灯温、池温指示灯点亮，实验装置进入工作状态。

1．观测光抽运信号

扫场方式选择"方波"，调大扫场幅度。再将指南针置于吸收池上边，改变扫场的方向，设置扫场方向与地磁场水平分量方向相反，然后将指南针拿开。预置垂直场电流为 0.07A 左右，用来抵消地磁场垂直分量。然后旋转偏振片的角度，调节扫场幅度及垂直场大小和方向，使光抽运信号（如图 13-3 所示）幅度最大。再仔细调节光路聚焦，使光抽运信号幅度最大。

图 13-3　光抽运信号

2．观测光磁共振谱线

1）测量 g 因子

扫场方式选择"三角波"，将水平场电流预置为 0.2A 左右，并使水平磁场方向与地磁场水平分量和扫场方向相同（由指南针来判断）。垂直场的大小不变。调节射频信号发生器频率，可观察到共振信号，对应图 13-4（a）所示的波形，可读出频率 υ_1 及对应的水平场电流 I。再按动水平场方向开关，使水平场方向与地磁场水平分量和扫场方向相反。仍用上述方法 [如图 13-4（b）所示]，可得到 υ_2。这样，水平磁场所对应的频率为 $\upsilon=(\upsilon_1+\upsilon_2)/2$，即排除了地磁场水平分量及扫场直流分量的影响。可用水平电流及水平亥姆霍兹线圈的参数来确定磁场水平分量的数值。

由式

$$h\upsilon = \mu_0 g_F H \tag{13-8}$$

$$g_F = \frac{h\upsilon}{\mu_0 H} \tag{13-9}$$

可计算出 g_F 因子。式中，μ_0 为玻尔磁子；h 为普朗克常数；H 为水平直流磁场强度；υ 为共振频率。

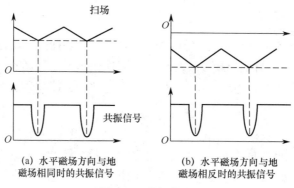

(a) 水平磁场方向与地
磁场相同时的共振信号

(b) 水平磁场方向与地
磁场相反时的共振信号

图 13-4 共振信号

2）测量地磁场

同测 g 因子方法类似，先使扫场和水平场与地磁场水平分量方向相同，测得 υ_1。再按动扫场及水平场方向开关，使扫场和水平场方向与地磁场水平分量方向相反，又得到 υ_2。这样地磁场水平分量所对应的频率为 $\upsilon = (\upsilon_1 - \upsilon_2)/2$（即排除了扫场和水平磁场的影响）。从式（13-8）中得到地磁场水平分量为

$$H_{水平} = \frac{h\upsilon}{\mu_0 g_F} \qquad (13\text{-}10)$$

因为垂直磁场正好抵消地磁场的垂直分量，从数字表头指示的垂直场电流及垂直亥姆霍兹线圈参数，可以确定地磁场垂直分量的数值。由地磁场水平分量和地磁场垂直分量的矢量和可求得地磁场。

【注意事项】

1．在实验过程中应注意区分 Rb^{87}、Rb^{85} 的共振谱线，当水平磁场不变时，频率高的为 Rb^{87} 共振谱线，频率低的为 Rb^{85} 的共振谱线。当射频频率不变时，水平磁场大的为 Rb^{85} 的共振谱线，水平磁场小的为 Rb^{87} 的共振谱线。

2．在精确测量时，为避免吸收池加热丝所产生的剩余磁场影响测量的准确性，可短时间断掉池温电源。

3．为避免光线（特别是灯光的 50Hz）影响信号幅度及线型，必要时主体单元应当罩上遮光罩。

4．在实验过程中，本装置主体单元一定要避开其他带有铁磁性的物体、强电磁场及大功率电源线。

【结果分析】

1．计算出 g_F 因子。

2．计算出当地的地磁场强度。

【思考讨论】

1. 为何共振频率位置有多个？
2. 仪器为何要摆放在南北向位置？

【参考文献】

[1] 高子镡，池水莲，王彩强，等. 光泵磁共振中确定地磁水平分量方向的改进方法[J]. 物理实验，2018，38(03)：11-14.

[2] 张玉霞，池水莲，高浩哲，等. 光泵磁共振测量地磁场水平分量[J]. 实验室研究与探索，2016，35(08)：10-13.

[3] 刘安平，韩忠，陈曦，等. 利用光泵磁共振实验测量重庆地区地磁场[J]. 大学物理实验，2013，26(05)：19-21.

[4] 冯正南，宋文福. 光泵磁共振实验问题探讨[J]. 大学物理实验，2010，23(03)：36-38.

[5] 高立模. 近代物理实验[M]. 天津：南开大学出版社，2006.

实验十四　光速测量实验

光速的测定在物理学的研究历程中有着重要的意义。虽然从人们设法测量光速到人们测量出较为精确的光速共经历了三百多年的时间，但在这期间每一点进步都促进了物理学的深刻发展。无论是微粒说与波动说争论的裁定（推动了对于光的本质的认识），还是狭义相对论的产生（催生了现代的时空观），以至于长度单位"米"的定义（开启了用物理常量定义物理单位的先河），光速的测定都在其中扮演了极其重要的角色。光速的测量方法通常为齿轮法、旋转镜法、克尔盒法和光拍频法等。本实验采用差频检相法测量光速，通过实验可加深对光的传播速度的感性认识，同时了解调制和差频技术。

【实验目的】

1．了解光的调制和差频的一般原理及基本技术。
2．测定光在空气中的传播速度。
3．测量玻璃的折射率。

【实验原理】

1．利用波长和频率测速度

由波动理论可知，已知波的频率和波长可以求出波的速度，即

$$v = f\lambda \tag{14-1}$$

由于光的频率高达 10^{14}Hz，目前的光电接收器无法响应频率如此高的光强变化，迄今仅能响应频率在 10^8Hz 左右的光强变化并产生相应的光电流，因此，直接用频率和波长来测光的速度还存在很多技术上的困难。

2．利用调制波长和频率测速度

如果直接测量河水中水流的速度有困难，可以采取一种方法，即周期性地向河中投放小石块（每秒投放 f 块，即投放频率），再设法测出相邻两个小木块的距离（波长 λ），则依据式（14-1）即可得到水流的速度。

周期性地向河水投放小木块，为的是在水上做一个特殊的标记。以此类似，我们可以在光波上做类似的标记，以达到测量光速的目的。在光波上做一些特殊的标记的过程称作"调制"。调制波的频率可以比光波的频率低很多，我们就可以用常规的仪器来接收。与木块移动速度就是水流的速度一样，调制波的传播速度就是光波的传播速度，调制波的频率可以用频率计精确测量，所以光速的测量就转化为如何测量调制波的波长，然后利用式（14-1）算出光的传播速度。

3．光强调制及相位法测定调制波波长

光强调制是以调制信号去改变光的强度，使光强按照调制信号的规律变化的过程。一单色光受频率为 f_t 的正弦波调制，其在传播方向的强度表达式为

$$I = I_0 \left[1 + m \cos 2\pi f_t \left(t - \frac{x}{c} \right) \right] \qquad (14\text{-}2)$$

式中，m 为调制度，$\cos 2\pi f_t \left(t - \dfrac{x}{c} \right)$ 表示光在传播的过程中其强度的变化犹如一个频率为 f_t 的正弦波以光速 c 沿 x 方向传播，我们称这个波为调制波，如图 14-1 所示。

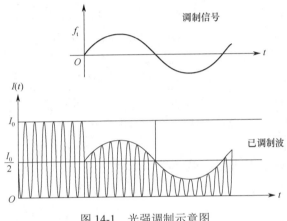

图 14-1　光强调制示意图

从式（14-2）中可以看出，调制波在传播过程中其相位是以 2π 为周期变化的。设沿调制波传播方向上两点 A 和 B 的位置坐标分别为 x_1 和 x_2，则两点间的调制波位相差满足：

$$\varphi_1 - \varphi_2 = \frac{2\pi}{\lambda_t} (x_2 - x_1) \qquad (14\text{-}3)$$

因此，我们只要测量 A 和 B 两点之间的距离$(x_1 - x_2)$及相应的位相差$(\varphi_1 - \varphi_2)$，就可根据上式求得调制波的波长 λ_t：

$$\lambda_t = \frac{2\pi}{\varphi_1 - \varphi_2} (x_2 - x_1) \qquad (14\text{-}4)$$

从而在已知调制波频率 f_t 的前提下，可得光速：

$$c = f_t \lambda_t \qquad (14\text{-}5)$$

本实验采用的调制波频率为 100MHz（约 10^8Hz 数量级），要远小于可见光频率（约 10^{14}Hz 数量级），所以调制波波长 λ_t 比可见光波长大得多。因此，测量调制波波长要比直接测量可见光波长容易得多，且具有较高的实验精度。

4．差频法测位相

从以上讨论可知，只要通过测量调制波位相差，即可测得光速。但本实验所用的调制波频率为 100MHz，对于目前大多数测相仪器来说，这个信号频率还是太高了。例如通常使用的 BX21 型数字式位相计，其测相电路的开关时间约为 40ns，而 100MHz 的被测信号周期只有 10ns，比测相电路的开关时间更短，仪器根本无法响应。此外，在实际位相测

量中，被测信号频率较高时，测相系统的稳定性、工作速度及高频寄生效应造成的附加相移等因素都会直接影响测相精度。因此，为了测量高频被测信号的位相差，首先需要设法降低其频率。差频法是一种将高频信号降为中频甚至低频信号的有效方法，这一方法简单易行，且差频前后信号具有相同的位相差。下面简单证明这一点。

将两频率不同的正弦波信号同时输入一个非线性元件（如二极管、晶体管等）时，其输出端包含这两个信号的差频成分。非线性元件对输入信号 x 的响应可表示为

$$y(x) = A_0 + A_1 x + A_2 x^2 + \cdots \tag{14-6}$$

忽略上式中的高次项（大于等于三次项），可得二次项的混频效应。设有两个相同频率、不同位相的高频信号：

$$u_1 = U_{10} \cos(2\pi f t + \varphi_0) \tag{14-7}$$

$$u_2 = U_{20} \cos(2\pi f t + \varphi_0 + \varphi) \tag{14-8}$$

它们的位相差为 φ。现在引入一个本振高频信号：

$$u' = U'_0 \cos(2\pi f' t + \varphi'_0) \tag{14-9}$$

使它分别与信号 u_1 和 u_2 叠加后输入非线性元件，得到输出量为

$$\begin{aligned} y(u_1 + u') &\approx A_0 + A_1(u_1 + u') + A_2(u_1 + u')^2 \\ &= A_0 + A_1 u_1 + A_1 u' + A_2 u_1^2 + A_2 u'^2 + 2A_2 u_1 u' \end{aligned} \tag{14-10}$$

将式（14-7）、式（14-9）代入式（14-10）中的交叉项，可得

$$\begin{aligned} 2A_2 u_1 u' &= 2U_{10} U' \cos(2\pi f t + \varphi_0) \cos(2\pi f' t + \varphi'_0) \\ &= 2U_{10} U' \{ \cos[2\pi(f + f') + (\varphi_0 + \varphi'_0)] + \cos[2\pi(f - f') + (\varphi_0 - \varphi'_0)] \} \end{aligned} \tag{14-11}$$

同理，将式（14-8）、式（14-9）代入其中的交叉项，可得

$$\begin{aligned} 2A_2 u_2 u' &= 2U_{20} U' \cos(2\pi f t + \varphi_0 + \varphi) \cos(2\pi f' t + \varphi'_0) \\ &= 2U_{20} U' \cos[2\pi(f + f') + (\varphi_0 + \varphi'_0) + \varphi] + \\ &\quad \cos[2\pi(f - f') + (\varphi_0 - \varphi'_0) + \varphi] \} \end{aligned} \tag{14-12}$$

由上面的推导结果可以看出，当两个不同频率的正弦波信号叠加后作用于非线性元件，在输出信号成分中除了原来的两个基波和二次谐波外，还含有差频信号及和频信号。电子技术很容易将此差频信号从非线性元件的输出信号中分离出来，即

$$y_1 = 2U_{10} U' \cos[2\pi(f - f') + (\varphi_0 - \varphi'_0)] \tag{14-13}$$

$$y_2 = 2U_{20} U' \cos[2\pi(f - f') + (\varphi_0 - \varphi'_0) + \varphi] \tag{14-14}$$

由以上讨论可知，两个频率相同，且位相差为 φ 的信号 u_1、u_2，分别与一本振信号 u' 混频后，可得两个差频信号，见式（14-13）、式（14-14）。比较式（14-13）、式（14-14）可知，两差频信号的位相差仍然为 φ。问题得证。

实验工作原理如图 14-2 所示，由主控振荡器产生的 100MHz 调制信号经高频放大器放大后，一路用以驱动光源调制器，使光学发射系统发射经调制的光波信号。另一路与本机振荡器产生的 99.545MHz 本振信号经混频器 1 混频，得到频率为 455kHz 的差频基准信号 Y_1。调制光波信号在其传播方向上经反射器（该反射器可在刻有标尺的导轨上移动）反射，被光学接收系统接收。经光电转换和放大后，与本振信号经混频器 2 混频，同样得到频率为 455kHz 的差频被测信号 Y_2。将基准信号 Y_1 和被测信号 Y_2 输入位相差仪。当反

射器移动 Δx，则被测信号的光程改变 $2\Delta x$，基准信号和被测信号的位相差改变：

$$\Delta\varphi = \frac{2\pi}{\lambda_t} 2\Delta x \qquad (14\text{-}15)$$

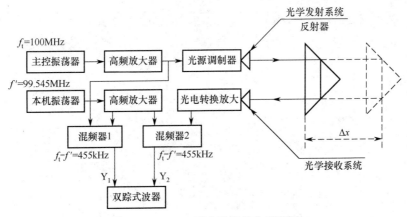

图 14-2　FB801 型光速测量仪原理图

本实验用双踪示波器作为位相差仪，当反射器移动 Δx 时，在示波器上可观察到被测信号的波形移动。读出移动的距离 Δt，就可求得反射器移动 Δx 引起的基准信号和被测信号的位相改变：

$$\Delta\varphi = \frac{\Delta t}{T} 2\pi \qquad (14\text{-}16)$$

其中，T 为被测信号周期（$T=1/455\text{kHz}$），也可在示波器上读得。因此联立式（14-15）、式（14-16），可得调制波波长为

$$\lambda_t = \frac{T}{\Delta t} 2\Delta x \qquad (14\text{-}17)$$

再代入式（14-5）即可求得光速。

5. 玻璃折射率的测量

利用光速测量仪测量平板玻璃折射率可以从调制光波光程变化的角度去考虑。假设垂直于光路放置的厚度为 d、折射率为 n 的平板玻璃介质，如图 14-3 所示。相当于调制光波较之前多走过了 $\Delta l=2d(n-1)$ 的光程，若能从示波器上得到差频信号在时间轴上的改变量 Δt，则可由比例关系

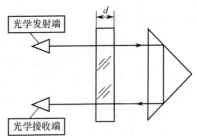

图 14-3　平板玻璃放置示意图

$$\frac{\Delta l}{\lambda_{调}} = \frac{\Delta t}{T_差}$$

得到折射率为

$$n = \frac{\dfrac{\Delta t}{T_差} \times \lambda_{调}}{2d} + 1 = \frac{\dfrac{\Delta t}{T_差} \times \dfrac{c}{v_{调}}}{2d} + 1 \qquad (14\text{-}18)$$

因此，只要获得玻璃厚度 d、差频信号周期 $T_差$、调制信号频率 f_t 和示波器的波形在加入

玻璃前后的平移距离 Δt，即可得到折射率 n。

　　实验预习请上物理实验中心网站，观看光强调制法测光速的虚拟仿真实验，界面如图 14-3 所示。

图 14-3　光强调制法测光速虚拟仿真实验

【实验装置】

FB801 型光速测量仪 1 台，Q9 连接线 2 根，双踪示波器 1 台（用户自备），待测玻璃板。

【实验内容】

1. 连接仪器

　　图 14-4 为 FB801 型光速测量仪实物图。本实验选用 YB420 双踪示波器作为位相计，用以测量基准信号与被测信号之间的位相差。实验前，按图 14-5 所示将光速测量仪的"基准信号"方波输出端 4 用 Q9 同轴线接到双踪示波器的 Y1（CH1）输入端，把"测相信号"方波输出端 7 用 Q9 同轴线接到双踪示波器的 Y2（CH2）输入端。

2. 准备实验

　　打开光速测量仪与 YB420 双踪示波器的电源开关，让仪器预热 15～20min。把示波器的亮度及聚焦调节到合适程度，并按以下步骤操作：

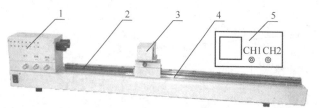

1—光学电路箱；2—导轨；3—反射镜滑车；4—刻度尺；5—双踪示波器

图 14-4　FB801 型光速测量仪实物图

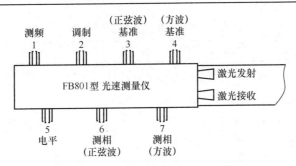

图 14-5　FB801 型光速测量仪接口功能分布图

（1）用示波器本身附带的标准信号（1kHz，0.5Vpp）对示波器进行校准，使示波器显示屏上显示的波形的电压值和周期与实际数值相对应。

（2）按下垂直控制板（VERTICAL）中的 CH1 和 CH2 按键，示波器显示屏上会显示出"基准信号"和"测相信号"波形。我们把"基准信号"和"测相信号"波形分别称为波形"A"、波形"B"。

（3）把 CH1 和 CH2 通道灵敏度调到 2.00V/div，扫描周期调到 0.5μs/div，使显示屏上可以观察到大约两个周期的完整波形。

（4）调节垂直控制（POSITION）旋钮，使波形 A、波形 B 垂直中心位置均处于显示屏中心。

（5）将光速测量仪的反射器放置在导轨上某一固定位置，光速测量仪对准反射器并利用棱镜小车上的竖直微调旋钮使示波器上波形 A 与波形 B 清晰。

观察示波器上的波形是否稳定，即检验光速仪是否处于良好的工作状态。

3．测量数据

（1）按照实验步骤，使示波器设置在上述状态，在示波器上观察波形 A（基准信号）和波形 B（被测信号），波形 B 可随反射器移动而移动，容易与波形 A 区分。

（2）测量基准信号的周期：调节垂直位移旋钮，让波形 A 以 X 轴（$Y=0$）上下对称分布，调节水平位移旋钮，使基准波形 A 的某一上升沿的中点对准示波器屏幕上的某根垂直线（对应时间读数为 t_A），接着读取相邻上升沿中点对准的刻度（对应时间读数为 t_B），那么信号波形的周期 $T=t_B-t_A$（T 约等于 2.2μs）。

（3）由于"基准信号"和"测相信号"波形、周期完全相同，为了方便，我们可以只测量波形 B，具体操作步骤如下：

① 先把反射器的位置放在 $x_0=5$cm 处，调节示波器水平位移旋钮，使波形 B 的某一上升沿的中点（P 点）对准示波器的标尺某根垂直线，以坐标原点为零时刻，记录 P 点对应时间值 Δt_i：

$$\Delta t_i = S_x(\text{时间／每格}) \times x(\text{离原点格数})$$

这一位置作为 P 点的起始点。（注意，只有扫描周期调节处于校正位置，时间轴的读数才是准确的。）

② 再分别把反射器移至 25cm、30cm、35cm、40cm、45cm、50cm 处，按顺序读取示波器上 P 点移动后的对应位置的时间值 Δt_i 值，记录在表 14-1 中。

表 14-1　数据记录表格

测量次数 i	1	2	3	4	5	6	7
$x_i(\times10^{-2}\text{m})$	5.00	25.00	30.00	40.00	40.00	45.00	50.00
$\Delta x_i(\times10^{-2}\text{m})$							
$\Delta t_i(\text{ns})$							
$\lambda_i(\text{m})$							
$\Delta\varphi$							

（4）按

$$\lambda_i = \frac{T2\Delta x_i}{\Delta t_i}$$

计算 λ_i 值，填入表格。

（5）按

$$\bar{\lambda} = \frac{1}{n}\sum_{i=1}^{n}\lambda_i$$

计算 $\bar{\lambda}$ 值。

（6）将 $\bar{\lambda}$ 代入

$$c = f_t\bar{\lambda}_i$$

计算空气中的光速。

（7）将实验结果与光速的公认值比较，求相对误差（$E_r = \dfrac{|c-c_0|}{c_0}\times100\%$）。

注意：本实验实际测得的是大气中光的传播速度 c，由于它与真空中的光速 c_0 的差值远小于实验误差，故在计算相对误差时，近似用真空中的光速公认值代替大气中光速的真值（c_0=2.998 $\times10^8$m/s）。

4．测量玻璃板的折射率（选做）

测量时，在测量光路上放上待测样品（如图 14-4 所示），调节示波器波形到合适的位置，找到方波信号过零的点为起点进行测量，记为 A 点。然后移去待测样品，观察点由 A 点移动到 B 点，通过示波器光标功能读出波形横向移动的距离 Δt。已知玻璃厚度 d、差频信号周期 T、调制信号频率 f_t，根据式（14-18），可通过 Δt 值得到折射率的数值。

【注意事项】

1．光速测量仪属于精密仪器，操作时用力要均匀，不可用力过猛。
2．反射器表面有灰尘，可用擦镜纸轻轻擦去，不可用手摸光学面。

【思考讨论】

1．经过实验观察，你认为波长测量的主要误差来源是什么？为提高测量精度需做哪些改进？

2．本实验所测定的是频率 100MHz 的调制光波，能否把实验装置改成直接发射频率为 100MHz 的无线电波并对它的波长进行绝对测量？为什么？

【参考文献】

[1] 隋成华. 大学物理实验[M]. 北京：上海科学普及出版社，2012.

[2] 王魁香，韩炜，杜晓波. 新编近代物理实验[M]. 北京：科学出版社，2007.

[3] 吴先球，熊予莹. 近代物理实验教程[M]. 2 版. 北京：科学出版社，2016.

[4] 郑建洲. 近代物理实验[M]. 北京：科学出版社，2017.

实验十五　扫描隧道显微镜实验

电子课件

1982 年，IBM 公司苏黎世实验室的 Gerd Binnig 和 H. Rohrer 发明了世界上第一台扫描隧道显微镜（scanning tunneling microscope，STM）。利用 STM，人类有史以来第一次在实空间观察到了原子的晶格结构图像，为此，其研制者在 1986 年获得诺贝尔物理学奖。

Gerd Binnig（1947—）

【实验目的】

1. 学习扫描隧道显微镜的原理和结构。
2. 学习利用扫描隧道显微镜观察样品的表面形貌。

【实验原理】

1. 隧道电流原理

扫描隧道显微镜工作原理基于探针（针尖）与样品之间的隧道效应及隧道电流。当一个十分尖锐的针尖在纵向充分逼近施加了一定偏压的样品表面至数纳米甚至更小间距 S 时，针尖尖端的原子与样品表面原子之间将产生隧道电流 I_t。根据量子力学的隧道效应理论，I_t 与间距 S 之间存在负指数关系，探测隧道电流 I_t 的大小，即可检测出间距 S 的大小，当针尖在横向扫描样品时，即可根据隧道电流的变化而获得样品表面的三维微纳米形貌（图 15-1）。

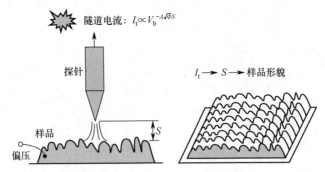

隧道电流：$I_t \propto V_b^{-A\sqrt{\phi}S}$

探针

$I_t \longrightarrow S \longrightarrow$ 样品形貌

样品

偏压

S

图 15-1　隧道电流及扫描隧道显微镜（STM）的基本原理

2. 扫描工作模式

扫描隧道显微镜工作模式通常有两种，即恒电流模式与恒高度模式。恒电流模式是利用一套电子反馈线路控制隧道电流，使其保持恒定，再通过计算机系统控制针尖在样品表面扫描。由于要控制隧道电流不变，针尖与样品表面之间的局域高度也会保持不变，因此针尖就会随着样品表面的高低起伏而做相同的起伏运动，高度的信息也就由此反映出来。

恒电流模式获取图像信息全面，显微图像质量高，应用广泛。恒高度模式是在对样品进行扫描过程中保持针尖的绝对高度不变；于是针尖与样品表面的局域距离将发生变化，隧道电流的大小也随着发生变化；通过计算机记录隧道电流的变化，并转换成图像信号显示出来，即得到了 STM 显微图像。恒高度模式仅适用于样品表面较平坦且组成成分单一（如由同一种原子组成）的情形。而控制探针的方法是使用压电陶瓷，给这种材料两端加上电压便会伸缩，伸缩量与电压大小和方向有关。

3. 扫描隧道显微镜

STM—IIa 扫描隧道显微镜由 STM 探头（主体）、前置放大器、偏压电源、控制机箱、高压电源、A/D 和 D/A 控制接口及计算机等部分组成（图 15-2）。

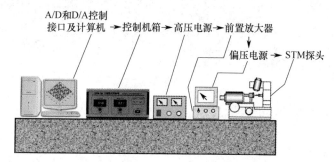

图 15-2　STM—IIa 扫描隧道显微镜系统示意图

STM 探头系统由探针、样品及样品台、扫描器、USB 显微镜、粗调旋钮、细调旋钮、底座等部分组成（图 15-3）。

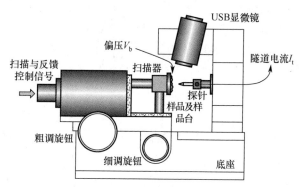

图 15-3　STM—IIa 扫描隧道显微镜探头系统示意图

前置放大器将从探针引出的隧道电流转换成电压信号（放大倍数 108V/A），偏压电源通过屏蔽引线向样品施加偏压。

控制机箱包括 PID 反馈控制电路、XY 扫描控制电路、多路高压放大电路、数字显示电路、低压电源等。高压电源输出+350V 的直流电压，提供给高压放大电路，驱动压电陶瓷的扫描与反馈运动。A/D 和 D/A 控制接口及计算机包括高速多通道 A/D、高速多通道 D/A、USB 光学显微成像接口、STM 扫描与成像软件等。

【实验装置】

STM—IIa扫描隧道显微镜的实物照片如图15-4所示。

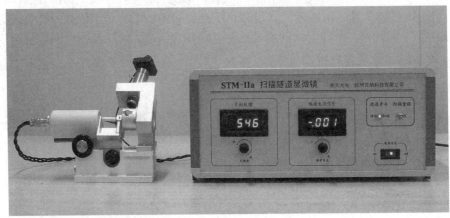

操作视频

图15-4　STM—IIa扫描隧道显微镜实物照片

仪器的技术指标如下。

（1）最大扫描范围：4000nm ×4000nm。

（2）扫描分辨率：横向0.1nm，纵向0.01nm。

（3）样品台及样品大小：最大30mm×30mm×10mm。

（4）图像采样像素点：同时提供200×200点/幅，400×400点/幅，256×256点/幅，512×512点/幅的扫描像素点，图像灰度等级256。

（5）扫描频率：1～1000Hz，可任意调节，最大扫描速率为1幅图像/秒。

（6）图像格式：通用的BMP格式，并可转换成任何图像格式存储、打印。

（7）配备光学显微镜与数码视频监控系统，最大视场为1500μm，最高光学分辨率为0.5μm，用于STM微探针及微纳米样品的视频观察。

【实验内容】

1. 控制机箱及仪器各部分的连接与准备

仪器各部分的连接方式如下。

（1）偏压电源与样品的连接：已安装完毕。

（2）STM探头与前置放大器的连接：将隧道电流引线与前置放大器的In插口连接。

（3）前置放大器与控制机箱的连接：用屏蔽线将前置放大器的Out插口与控制机箱背后的In插口连接。

（4）控制机箱与STM探头的连接：X、Y、Z三束屏蔽线，一端通过BNC头分别与控制机箱背后的X、Y、Z插口连接；另一端通过4芯航空插头与STM探头尾部连接。

（5）高压电源与控制机箱的连接：将红色线与高压电源的红色输出端（正极）连接，将黑色线与高压电源的黑色输出端（负极）连接；另一端通过2芯航空插头与控制机箱背面的插口连接。

控制机箱面板中各部分的名称、功能如下（从右到左）。

（1）电源开关：ON 开启，OFF 关闭。

（2）选通开关："进给"对应于样品进给及恒流模式，"扫描"对应于扫描及等高模式。出厂设置为"扫描"。

（3）扫描量程："大"对应最大扫描范围 4000nm×4000nm，此时须采用大范围的扫描软件，"小"对应最大扫描范围 40nm×40nm，此时须采用小范围的扫描软件。出厂设置为"大"。

（4）隧道电流信号：数字表头监控显示当前的隧道电流大小，单位为 nA；参考电流旋钮，用于调节参考电流及隧道电流的大小（0.5～1.5nA）。参考电流旋钮出厂设置为顺时针旋转到底，对应参考电流 1.5nA 左右。

（5）Z 向反馈信号：数字表头显示 Z 轴压电陶瓷上的负反馈电压的大小，单位为 V。灵敏度旋钮用于调节反馈灵敏度。顺时针调节时反馈灵敏度增大，逆时针调节时反馈灵敏度减小。灵敏度旋钮出厂设置为顺时针 1～2 圈。

2．探针和样品的安装

（1）探针的安装。STM 的探针的安装方法与同类仪器完全相同。探针的安装仅需简单的现场培训即可。

（2）样品的安装。只需用磁铁将样品背面贴到样品台上，然后整体安装到扫描器上即可。

3．操作步骤

（1）STM 开机：计算机→控制机箱→高压电源→前置放大器→偏压电源。

（2）用粗调旋钮将样品逼近探针，至样品与探针间距约 1mm 时停止。

（3）用细调旋钮将样品缓慢逼近探针，至样品与探针非常接近时停止。

（4）缓慢细调并观察控制机箱显示读数，至隧道电流信号约 1.50nA，Z 向反馈信号在 –150～–250 之间时停止。

（5）读数基本稳定后，打开扫描软件，开始扫描。

（6）STM 关机：先退出细调，再依次关闭偏压电源→前置放大器→高压电源→控制机箱→计算机。

4．软件功能

配套软件界面如图 15-5 所示，其能够完成对样品的图像扫描、图像显示和处理等功能。请根据界面下的便捷菜单进行学习与操作。

（1）图像扫描功能：软件的图像扫描功能包括图像扫描参数的设定、图像扫描及图像实时显示和捕获，用户可以根据具体情况选择所需图像进行捕获和存储。

（2）图像显示和处理功能：软件能对图像进行平面显示和三维立体显示。可以根据用户实际需要实现图像裁剪、平滑、旋转、加注标尺等功能，并可调整图像的色调、对比度和亮度等。

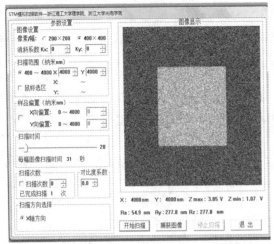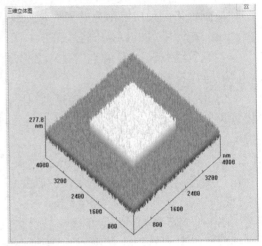

图 15-5　STM—IIa 图像扫描与图像处理软件界面

（3）等高模式与恒流模式的切换功能：由控制机箱的"选通开关"实现。选通开关向右拨向"扫描"时，扫描模式为等高模式，计算机读取的是隧道电流信号，在此模式下，Z 向反馈"反馈灵敏度"旋钮尽量逆时针调节（但不要完全调节到底），以便将反馈灵敏度调节到较小，使隧道电流信号最灵敏，获得最佳图像。选通开关向左拨向"进给"时，扫描模式为恒流模式，计算机读取的是 Z 向压电陶瓷的反馈控制电压信号，在此模式下，Z 向反馈"反馈灵敏度"旋钮尽量顺时针调节，以便将反馈灵敏度调节到最大，使 Z 向反馈控制电压最灵敏，获得最佳图像。

（4）图像消倾斜：在"恒流模式"下，扫描获得的 STM 图像可能会因为样品装配的倾斜等因素而亮暗不均匀，此时可以用扫描软件界面上的消斜系数 Kx 和 Ky 来调整。当图像显得左边暗、右边亮时，用鼠标增加 Kx 的值，直到图像的左侧与右侧的总体亮度比较均匀。当图像显得上方暗、下方亮时，用鼠标增加 Ky 的值，直到图像的上方与下方的总体亮度比较均匀。

【注意事项】

1．仪器电源插座，必须选用有接地端的三芯插头和插座。

2．安装或更换样品与探针时，必须关闭高压电源，不要触碰。

3．高压电源的输出端子不要连续运行 2 小时，不扫描时请随时关闭高压电源。

4．更换样品或探针时，粗调尽量退远一点，使样品和探针间距大一些，以便于操作；螺丝刀不要用力顶样品台固定螺丝，只需转动，稍稍拧紧螺丝即可。

5．在扫描过程中，不能触碰 STM 探头，不能进退样品。

6．前置放大器盒内有两节 9V 电池，请适时更换。

7．偏置电压电源盒内有一节 9V 电池，请适时更换。

【结果分析】

扫描完毕，捕获图像，进行图像立体化处理，并记录 XY（横向）扫描范围、Z 向（纵向）高度、粗糙度、扫描像素点、扫描时间等信息，统计样品表面微观粗糙度，并进行误差分析。

【思考讨论】

1. 扫描隧道显微镜的工作原理是什么？什么是量子隧道效应？
2. 扫描隧道显微镜常用的有哪几种扫描模式？各有什么特点？
3. 不同方向的针尖与样品间的偏压对实验结果有何影响？
4. 实验中隧道电流设置的大小意味着什么？

【参考文献】

[1] 姚琲. 扫描隧道与扫描力显微镜分析原理[M]. 天津：天津大学出版社，2009.

[2] 李小云，李超荣. 光电材料综合实验[M]. 北京：科学出版社，2018.

实验十六　原子力显微镜实验

在 STM 的基础上，发展出了原子力显微镜（atomic force microscope，AFM）、光子扫描隧道显微镜（PSTM）、扫描近场光学显微镜（SNOM）、静电力显微镜（EFM）、磁力显微镜（MFM）、扫描离子电导显微镜（SICM）等仪器技术，形成一个扫描探针显微镜（scanning probe microscope，SPM）家族。STM 和 AFM 等仪器的问世，为人类认识超微观世界的奥秘提供了有力的观察和研究工具。目前，原子力显微镜等扫描探针显微镜已经在物理学、高分子化学、材料科学、光电子学、生命科学和微电子技术等领域中得到广泛应用。

【实验目的】

1. 学习原子力显微镜的原理和结构。
2. 学习利用原子力显微镜观察样品的表面形貌。

【实验原理】

1. 基本原理

原子力显微镜（AFM）是扫描探针显微镜（SPM）家族中应用领域最为广泛的表面观察与研究工具之一，其工作原理基于原子之间的相互作用力。当一个十分尖锐的微探针在纵向充分逼近样品表面至数纳米甚至更小间距时，探针尖端的原子和样品表面的原子之间将产生相互作用的原子力。原子力的大小与间距之间存在一定的曲线关系。在间距较大的起始阶段，原子力表现为吸引力，吸引力大小为 $10^{-10} \sim 10^{-13}$ N 之间，示意图如图 16-1 所示；随着间距的进一步减小，由于价电子云的相互重叠和两个原子核电荷间的相互作用，原子力又转而表现为排斥力，排斥力大小为 $10^{-7} \sim 10^{-9}$ N，如图 16-2 所示，这种排斥力随着间距的缩短而急剧增大。AFM 正是利用原子力与间距之间的这些关系，通过检测原子间的作用力而获得样品表面微观形貌的。

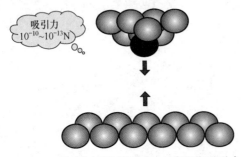
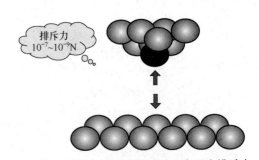

图 16-1　原子之间距离较远时，表现为吸引力　　　图 16-2　原子之间距离较近时，表现为排斥力

AFM 采用对微弱力极其敏感的微悬臂作为力传感器——微探针。微悬臂一端固定，另一端置有一与微悬臂平面垂直的金字塔状微针尖。当针尖与样品之间的距离近到一定程度时，两者间将产生相互作用的原子力，其中切向力（摩擦力）F_t使微悬臂扭曲，法向（纵向）力 F_n 将推动微悬臂偏转。我们所关心的主要是纵向力 F_n，它与针尖和样品的间距呈一定的对应关系，即与样品表面的起伏具有对应关系。微悬臂的偏转量十分微小，无法进行直接检测，需要用间接的方法测量，国际上商品化的 AFM 多采用光学方法将偏转量放大。如图 16-3 所示，一束激光投射到微悬臂的外端后被反射，反射光束被位置敏感元件（PSD）接收，显然，PSD 光敏面上光斑的偏转位移量，与微悬臂的偏转量成正比，但前者比后者放大了一千至数千倍，放大后的位移量可以直接通过检测 PSD 输出光电流的大小而精确测定。当样品扫描时，作用于针尖上的原子力随样品表面的起伏而变化，检测 PSD 输出光电流的大小，即可推知微悬臂偏转量（原子力）的大小，最终获得样品表面的微观形貌。

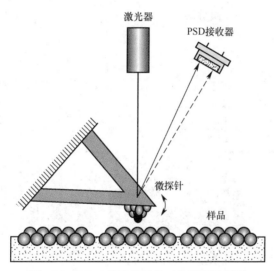

图 16-3　AFM 的微探针及工作原理示意图

AFM 工作原理与 STM 相似。不同的是，AFM 利用的是原子之间的相互作用力而不是 STM 的隧道电流，因此可以克服 STM 只能测量导电体的缺点，广泛应用于导体、半导体和绝缘体样品的表面结构形貌的检测。

2. 原子力显微镜的硬件架构

原子力显微镜由 AFM 探头系统（主体）、控制机箱、高压电源、A/D 和 D/A 控制接口、计算机系统等部分组成。AFM 主体包括机、光、电三部分，由基座、微悬臂（微探针）、激光器、光路系统、PSD 接收器、XY 扫描控制器、Z 向反馈控制器、样品台、粗调和微调机构等构成。控制机箱包括前置放大器、PID 反馈控制电路、XY 扫描控制电路、多路高压放大电路、数字显示电路、低压电源等。高压电源输出+350V 的直流电压，提供给高压放大电路，驱动压电陶瓷的扫描与反馈运动。计算机控制系统包括高速多通道 A/D 板、高速多通道 D/A 板、图像采集卡、电压跟随与保护电路、数据采集软件和图像处理软件、图像撷取软件等。仪器的系统框图如图 16-4 所示，图中 V_r 是基准电压信号，与 U 进行比较，产生 Z 轴的反馈电压 V_Z，HV_X、HV_Y、HV_Z 分别是 X、Y、Z 轴方向的高压扫描控制信号。

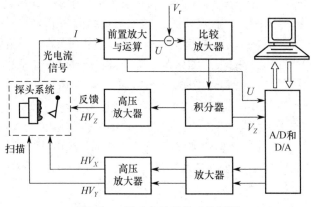

图16-4　原子力显微镜系统框图

【实验装置】

AFM—IIa 原子力显微镜实物连接图如图 16-5 所示。其技术指标如下。

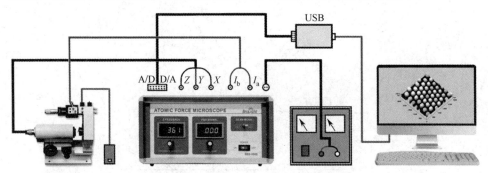

图16-5　AFM—IIa 原子力显微镜实物连接图

（1）AFM 的扫描范围：4000nm×4000nm，可用鼠标任意进行缩放调节。

（2）AFM 的分辨率：横向 0.5 nm，纵向 0.1 nm。

（3）图像采样像素点：180×180 点/幅，400×400 点/幅，灰度等级 256。

（4）扫描频率：1～100Hz，可任意调节，最大图像扫描速率为 1 幅图像/3 秒。

（5）图像格式：通用的 BMP 格式，并可转换成任意图像格式进行存储、打印。

（6）具备纳米级表面微观粗糙度的统计及计算功能，可精确测定样品表面的微米/纳米级台阶高度和深度。

（7）具备图像处理功能（裁剪、粘贴、旋转、对比调节、亮度调节、颜色调整、背景色调整、图像平滑、滤波）。

扫描二维码，可以观看 AFM—IIa 原子力显微镜仪器介绍以及操作的视频。

操作视频

【实验内容】

1. 控制机箱连接

控制机箱面板中各部分的名称、功能及相互间连接如下（从右到左）。

（1）电源开关：ON 开启，OFF 关闭。

（2）信号监控：可接示波器观察 PSD 信号（样品形貌）和反馈控制信号 V_Z 的变化曲线。（无特殊要求不做监控。）

（3）PSD 信号显示器：可根据此信号强弱估计样品表面的起伏程度。

（4）信号增益：顺时针调节旋钮时信号增强，逆时针调节旋钮时信号减弱。信号不能太弱，也不能无限制放大，因为在放大信号的同时也可能放大噪声，因此信号增益不能过大，一般情况下以顺时针旋转 3~4 圈为佳。（已内部设定，不用调节。）

（5）Z 向反馈信号显示器：显示 Z 轴压电陶瓷上的反馈电压的大小。

（6）灵敏度调节旋钮处，增设了"等高模式"与"恒力模式"的选通开关。开关向左拨动为等高模式，向右拨动为恒力模式。

（7）反馈增益调节旋钮：顺时针调节旋钮时反馈增益增大，逆时针调节旋钮时反馈增益减小。一般情况下以顺时针旋转 2~4 圈为佳，为防止无意中将增益值调节得太大或太小，已在内部电路中设定门限，可根据样品图像的实际亮度和对比度调节此旋钮。

2. 探针和样品的安装

（1）微探针（微悬臂）的安装。AFM 的微探针的安装方法与同类仪器完全相同。微探针的安装做简单的现场介绍即可。

（2）样品的安装。只需将样品背面粘贴到样品台上，然后整体安装到扫描器上即可。

（3）激光器和 PSD 接收器的安装。已安装完毕，不必做其他调节。

3. 操作步骤

（1）AFM 仪器开机。确认电源与控制机箱连接线无误后，依次打开计算机→控制机箱低压电源→高压电源→激光器电源等。

（2）样品—探针进给。提供粗调和细调两种进给机构，先用粗调机构进样至离探针约 1mm，再用细调机构进样，直至进入反馈状态。进入反馈状态后，控制系统会自动调整和保持样品与探针之间的间距。

（3）样品扫描。运行扫描程序，根据需要设置扫描参数，进入扫描工作状态。

（4）图像显示与存储。扫描过程自动进行。图像逐行（或逐列）扫描、逐行（或逐列）显示。在不改变扫描参数的情况下，扫描在同一区域循环重复进行。也可根据需要改变扫描区域和扫描范围。对于满意的图像，可随时将图像捕获并存储。存储时，计算机自动保存图像信息和扫描参数信息。

（5）退出扫描和关机。如果已获得理想的图像，不再做另外扫描，可按"退出"键退出扫描程序。然后依次关闭高压电源→激光器电源→低压电源等。

4. 软件使用

配套软件界面如图 16-6 所示，其能够完成对样品的图像扫描、图像显示和处理等功能。

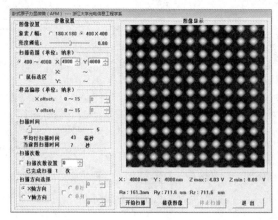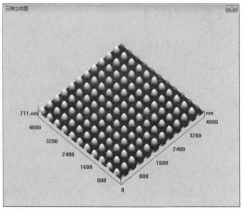

图 16-6　图像扫描与图像处理软件界面

（1）图像扫描功能：软件的扫描功能包括图像扫描参数的设定、图像扫描及图像实时显示和捕获，可以根据具体情况选择所需图像进行捕获和存储。

（2）图像显示和处理功能：软件能对图像进行平面显示和三维立体显示，如图 16-6 所示。可以根据实际需要实现图像的裁剪、平滑、旋转、加注标尺等功能，并可调整图像的色调、对比度和亮度等。

（3）等高模式与恒力模式切换：由控制机箱的 Z 向反馈灵敏度调节旋钮处的开关实现。开关向左（或小）的方向拨动时，扫描模式为等高模式，计算机读取的是与微探针偏转量对应的 PSD 光电流（电压）信号，在此模式下，Z 向反馈"反馈增益"旋钮尽量逆时针调节（但不要调节到底），以便将反馈调节到较小，使 PSD 信号最灵敏，获得最佳图像。开关向右（或大）的方向拨动时，扫描模式为恒力模式，计算机读取的是 Z 向压电陶瓷的反馈控制电压信号，在此模式下，Z 向反馈"反馈增益"旋钮尽量顺时针调节，以便将反馈调节到最大，使 Z 向反馈控制电压最灵敏，获得最佳图像。

（4）图像消倾斜：在恒力模式下，扫描获得的 AFM 图像会因为样品装配的倾斜等因素而亮暗不均匀。此时可以用扫描软件界面上的消斜系数 Kx 和 Ky 来调整。当图像显得左边暗、右边亮时，用鼠标增加 Kx 的值，直到图像的左侧与右侧的总体亮度比较均匀。当图像显得上方暗、下方亮时，用鼠标增加 Ky 的值，直到图像的上方与下方的总体亮度比较均匀。

【注意事项】

1．安装样品和探针时，必须关闭高压电源，不要触碰高压电源的输出端子。必须选用有接地端的三芯插头和插座。

2．尽量不要连续运行超过 2 小时，不用时请随时关闭高压电源。

3．更换样品或探针时，粗调机构尽量退远一点，使样品和探针间距大一些，以便于操作；螺丝刀不要用力顶样品台固定螺丝，只需转动，稍稍拧紧螺丝即可。

4．在扫描过程中，不能进退样品，不能用纸片挡住光斑。

5．不要松动 PSD 的固定螺钉，即绝对不要松动 PSD 元件。

6．激光器的四个调节螺钉如果太紧，可先适当调松；但绝对不要旋转和拔出激光器，以免改变聚焦状态。

7．激光器电源低于 2.5V 时，或感觉激光太弱时，请及时更换电池。

【结果分析】

统计样品表面微观粗糙度，计算样品表面的微米/纳米级台阶高度和深度，并进行误差分析。

【思考讨论】

1．原子力显微镜的测量原子间相互作用力的基本原理是什么？

2．试比较原子力显微镜与隧道扫描显微镜的异同。

3．如何正确快速地调节原子力显微镜的检测光路？

【参考文献】

[1] 李小云，朱晖文，章海军. 虚实一体的原子力显微镜实验系统[J]. 实验技术与管理，2019，36(8)：70-73.

[2] 章海军，陈佳骏，王英达，等. 无线控制式原子力显微镜系统[J]. 光学精密工程，2018，26(09)：2206-2212.

[3] 董申，孙涛，闫永达. 基于原子力显微镜的纳米机械加工与检测技术[M]. 哈尔滨：哈尔滨工业大学出版社，2012.

[4] 朱星，Michael Schirber. 原子力显微镜精确测量静电力的新方法[J]. 物理，2015，44(07)：459.

[5] 高步红，徐莉，孙海军，等. 原子力显微镜在木材科学研究中的进展[J]. 江苏林业科技，2018，45(01)：54-57.

[6] 葛林. 原子力显微镜力谱技术及其在微观生物力学领域的应用[J]. 力学进展，2018，48 (00)：461-540.

[7] 李芳菲，夏秀芳，孔保华. 原子力显微镜特点及其在食品中的研究进展[J]. 食品研究与开发，2016，37(20)：216-220.

[8] 鞠安，蒋雯，许阳，等. 原子力显微镜在生命科学领域研究中的应用进展[J]. 东南大学学报（医学版），2015，34(05)：807-812.

[9] 魏东磊. 原子力显微镜基本成像模式分析及其应用[J]. 科技创新与应用，2015(30)：39.

[10] 王中平，谢宁，张宪峰，等. 原子力显微镜实验的教学研究[J]. 物理实验，2015，35(05)：24-29.

实验十七　色度学实验

颜色是辐射体的电磁辐射作用于人的视觉器官所产生的一种心理感受，涉及物理学、生物学、心理学等多种学科。长期以来，人们一直致力于颜色科学的研究，应用各种不同的方法对颜色的感知属性进行分类。1931 CIE 色度学系统的建立，为色度学的进一步发展、颜色测量的标准化提供了基础。随着科学技术的进步和色度学理论的日趋成熟，颜色科学、测色技术和颜色标准也越来越完善。颜色的测量和控制广泛地应用在科学技术、工农业生产和医疗等领域，指导着印染、纺织、电视、摄影、照明技术、交通安全、农业生产和遥感技术等方面的工作。如农产品质量的分拣和等级分类、食品安全的检测、纺织印染的颜色检验、油漆的颜色控制、图像的分析和处理等都是通过颜色的测量与识别来实现的。因此了解和掌握颜色及合成的基本理论和测量方法有重要的现实意义。1854 年，格拉斯曼（Hermann Grassmann）总结出颜色混合的定性性质——格拉斯曼定律，为现代色度学的建立奠定了基础。

Hermann Grassmann

（1809—1877）

【实验目的】

1．掌握色度学参数测量的基本原理。

2．了解光纤光谱仪、光纤和积分球组成的色度学测量系统的基本结构，对其进行相对强度定标。

3．测量单色 LED 光谱与色度学坐标。

【实验原理】

1．光谱与光谱响应

光纤光谱仪是通过衍射色散将复合光分解成单色光的。光谱仪的基本组成包括：光源和照明系统、准直系统、分光系统、聚焦成像系统以及接收系统。准直系统、分光系统和聚焦成像系统构成了光谱仪的光学系统，是整个光谱仪的核心系统，决定了光谱仪的基本性能和体积。光源既可作为研究的对象，又可作为研究的工具。在研究物质的发射谱时，光源作为研究的对象，来获得被研究物质的光谱。而在研究物质的吸收光谱、拉曼光谱和荧光光谱时，光源则作为工具用以照射被研究的物质。照明系统的作用是汇聚光源发出的能量，传递给准直系统。准直系统的作用是使得由狭缝进入系统的光束变成平行光束进入色散系统。准直系统一般包括狭缝和准直物镜，是决定系统分辨率的主要因素之一，同时控制着进入光谱仪的能量。分光系统则是整个光谱仪光学系统的核心系统，入射的复合光束经过该系统后将被分解成为单色光束。成像系统把经分光系统分解的各波长的单色光束汇聚，形成一系列按波长顺序排列的狭缝的单色像，成像在接收系统的探测器上。

由于光谱仪所用的 CCD 探测器、光栅、光学镜片有各自的响应曲线，所以用光谱仪测得的光谱分布并不是真实的光谱分布，必须对光谱仪进行相对强度定标，尤其在颜色测量领域。定标的基本原理是利用未定标的光谱仪和系统测量出标准光源的光谱曲线，而标准光源的实际光谱曲线可以根据计算得出，将实际光谱曲线和测量的光谱曲线做除法，就能得到这台光谱仪的定标系数，具体步骤如下：

（1）用光纤光谱仪测出 A 光源的实际光谱功率分布 $P_{r,i}(\lambda)$。

（2）利用普朗克公式计算出标准 A 光源的理论光谱功率分布 $P_{A,i}(\lambda)$。

（3）计算得出的标准 A 光源理论光谱功率分布 $P_{A,i}(\lambda)$，与实际测得的光谱功率分布 $P_{r,i}(\lambda)$ 的比值 $K_i(\lambda)$ 即为光纤光谱仪的相对强度校正系数。

$$K_i(\lambda) = \frac{P_{A,i}(\lambda)}{P_{r,i}(\lambda)} \tag{17-1}$$

如果，已知标准 A 光源的色温 $T=2856\mathrm{K}$，利用普朗克公式［式（17-2）］得到的理论光辐射功率数据为

$$P_{A,i}(\lambda) = C_1 \lambda^{-5} (\mathrm{e}^{C_2/\lambda T} - 1)^{-1} \tag{17-2}$$

式中，$C_1 = 3.7418 \times 10^{-16} \mathrm{Wm}^2$ 为第一辐射常数，$C_2 = 1.4388 \times 10^{-2} \mathrm{mK}$ 为第二辐射常数，λ 为波长。任意待测光源的光谱功率分布 $P_{x,i}(\lambda)$ 由式（17-3）计算得

$$P_{x,i}(\lambda) = K_i(\lambda) S_i(\lambda) \tag{17-3}$$

这样，$S_i(\lambda)$ 为待测光源在光纤光谱仪上的实际采样功率分布值。

2．色度坐标

物体颜色的定量度量是涉及观察者的视觉生理、照明条件、观察条件等许多因素的复杂问题，为了能够得到一致的度量效果，国际照明委员会（CIE）基于每一种颜色都能用三个选定的原色按适当比例混合而成的基本事实，规定了一套标准色度系统，称为 CIE 标准色度系统，构成了近代色度学的基本。

为了计算光源色的色度坐标，首先必须对光源的光谱功率分布进行测定，然后计算颜色的三刺激值，最后再由三刺激值转换为色度坐标。颜色三刺激值的计算方法是用颜色刺激函数 $\varphi(\lambda)$ 分别乘以 CIE 光谱三刺激值，并在整个可见光谱范围内分别对这些乘积进行积分。三刺激值的标准计算方程如下：

$$X = k \int_{\lambda} \varphi(\lambda) \bar{x}(\lambda) \mathrm{d}\lambda$$

$$Y = k \int_{\lambda} \varphi(\lambda) \bar{y}(\lambda) \mathrm{d}\lambda$$

$$Z = k \int_{\lambda} \varphi(\lambda) \bar{z}(\lambda) \mathrm{d}\lambda$$

在三色系统中，等能单色辐射的三刺激值，在 CIE 1931 和 CIE 1964 标准色度系统中

分别用 $\bar{x}(\lambda)$、$\bar{y}(\lambda)$、$\bar{z}(\lambda)$ 来表示。当测试对象为照明体或光源时，$\varphi(\lambda) = P_{x,i}(\lambda)$。当测试量为透射物体色或者反射物体色时，$\varphi(\lambda) = \tau(\lambda)P_{x,i}(\lambda)$ 或者 $\varphi(\lambda) = \rho(\lambda)P_{x,i}(\lambda)$。$\tau(\lambda)$ 与 $\rho(\lambda)$ 为物体的透射率和反射率，$P_{x,i}(\lambda)$ 为照射光源的辐射谱，一般为标准白光光源。

k 是调整因子，由照明体或标准光源的 Y 值调整为 100 得出，即

$$k = \frac{100}{\sum_{\lambda}\varphi(\lambda)\bar{y}(\lambda)\Delta\lambda}$$

色度坐标为

$$x = \frac{X}{X + Y + Z}$$

$$y = \frac{Y}{X + Y + Z}$$

$$z = \frac{Z}{X + Y + Z}$$

3. 光谱光视效率

人眼的视觉神经对各种不同波长光的感光灵敏度是不一样的。对绿光最敏感，对红、

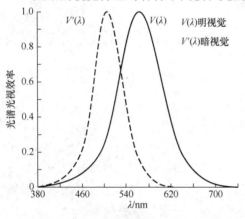

图 17-1　光谱光视效率图

蓝光灵敏度较低。另外，由于生理和心理作用，不同的人对各种波长光的感光灵敏度也有差异。国际照明委员会根据对许多人的大量观察结果，确定了人眼对各种波长光的平均相对灵敏度，称为"标准光度观察者"光谱光视效率，或称为"视见函数"，如图 17-1 所示。

4. 色度学实验的应用

光纤光谱仪、光纤和积分球组成的色度学测量系统是国家标准 GB/T 7922—2008、GB/T 15609—2008 推荐的一种色度学标准测量方法，主要应用于电视机生产厂测量电视机光电性能、发光二极管及其他发光材料的光谱分布及还原性。与色度有关的国家标准有几百条，几乎涉及国家所有行业。以往由眼睛观察判定颜色，受个体的差异限制，已难以满足生活与生产的需求，例如汽车喷漆修理的色差、染织行业的批次色差。用测量仪器代替人眼并且在规定的标准灯照射下的色度坐标成为唯一的选择。

【实验装置】

标准光源（色温 T=2856K），光纤光谱仪，积分球，光源夹具，石英光纤，RGB 恒流电源。

【实验内容】

1. 相对强度定标

（1）按照图 17-2 连接实验装置，并且用 USB 线将光谱仪与计算机连接起来。

图 17-2　色度学实验连接示意图

操作视频

（2）打开计算机上 BSV 软件，显示如图 17-3 所示的界面，软件右下角实心圆圈如果为绿色，表示光谱仪连接正常，可以进行实验，如果为红色，表示未正常连接，请关闭软件，检测 USB 接口连接是否正常，再重新开启软件。

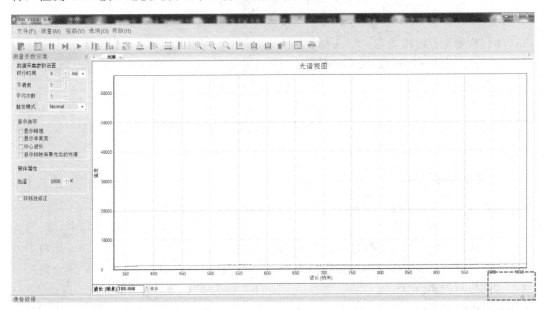

图 17-3　初始界面

（3）单击"测量"菜单，选择"新建测量"选项，选择"相对强度测量"选项。

（4）进入相对强度测量模式。选择"新建相对强度测试"选项，并单击"下一步"按钮。设置"积分时间"，使得光谱最大值达到 50000 左右（饱和值为 65536）并按回车键确认，将配置的标准光源上的色温值输入"色温"框中，并按回车键确认，然后单击"保存"按钮，此时"下一步"按钮激活，单击进入"保存暗光谱"界面（为了测量数据更稳定，可设置"平均次数"数值）。

（5）遮挡光路，确保没有光线进入光谱仪，单击"保存"按钮，将光谱仪的暗光谱保存，如图 17-4 所示。

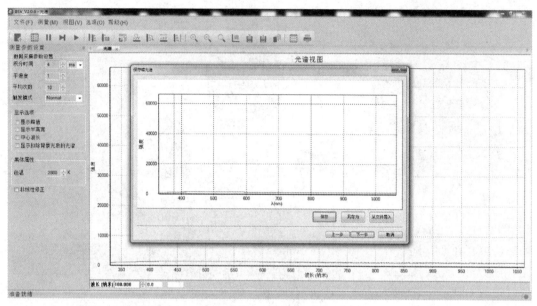

图 17-4　暗光谱保存

（6）若要保存校准数据，则选择"是"，并单击"完成"按钮。此时就完成了光谱仪和系统的相对校准，并进入相对测量界面（校准完毕后，光纤、积分球和光谱仪不能拆卸、挪动，否则要重新校准）。

（7）单击"数据导出"按钮，将此时的标准光源相对光谱功率分布数据保存（BSV默认相对光谱功率分布的极大值是"100"）。利用普朗克黑体辐射公式，计算 2856K 光谱功率分布，最大值归一化为 100，分别画出曲线。

2．色度坐标测量

（1）重复实验内容 1"相对强度定标"的步骤（1）和（2）。

（2）单击"测量"菜单，选择"新建测量"选项，选择"色度测量（相对强度）"选项，在"请选择相对强度测试的方法"中选择"新建相对强度测试"或者"导入相对强度校准文件"选项，并单击"下一步"按钮。进入保存参考光界面，分别设置平均次数、平滑度、积分时间和色温，并保存，单击"下一步"按钮进入保存暗光谱界面，遮挡光路，使光源的光线无法进入光谱仪，保存暗光谱，并单击"下一步"按钮，根据需要选择是否保存相对强度校准结果文件，并单击"下一步"按钮进入色度测量选项界面，根据实验需要进行相应的选择，并单击"完成"按钮，此时进入了测量界面。（色温的输入依据标准灯所示。）

（3）移去校准光源，将待测光源放置在积分球上。打开电源，调节红光电流调节旋钮，使其电流达到饱和电流（本实验默认 LED 灯珠的额定电流为 20mA），此时，测得了该红光 LED 的色度学参量，右上角显示的 x, y, z 分别为色度坐标。依次测量绿光和蓝光 LED 色度学参量。

【注意事项】

1．点亮光源时，电流要从零慢慢调到额定值。
2．定标完成后，其中的任何一个部件都不能改变位置，更不能中途替换。

【结果分析】

分析红光、绿光、蓝光的光谱与光谱响应，以及各自的色度坐标。

【思考讨论】

1．测色度时为什么先要进行相对强度定标？
2．为什么定标完成后，在光纤、光谱仪和积分球进行色度、相对强度测量时，不能将其中的任何一个部件进行替换？如果一定要替换，该怎么办？
3．同一个光源，通过改变电流大小能否改变其三刺激值和色度坐标？

【参考文献】

[1]　金伟其，胡威捷. 辐射度光度与色度及其测量[M]. 北京：北京理工大学出版社，2011.
[2]　车念曾. 辐射度学和光度学[M]. 北京：北京理工大学出版社，1990.
[3]　汤顺青. 色度学[M]. 北京：北京理工大学出版社，1990.
[4]　GB/T 7922—2008 照明光源颜色的测量方法[S]. 中国国家标准化管理委员会，2008.
[5]　GB T 15609—2008 彩色显示器色度测量方法[S]. 中国国家标准化管理委员会，2008.

实验十八　理想真空二极管综合实验

电子课件

在 20 世纪上半叶，物理学在工程技术上最引人注目的应用之一是无线电电子学，无线电电子学的基础就是热电子发射，而理查森（Richardson）提出的热电子发射定律对无线电电子学的发展有深远的影响。理查森认为，在热导体内部的自由电子，只要它们的动能足够大，足以克服导体中正电荷的吸引而到达表面时，这些自由电子就可能从导体表面逸出。他成功地确定了金属电子动能随着温度的增加而增加的关系，并将该定律以他的名字命名为"理查森定律"，因而获得 1928 年度诺贝尔物理学奖。1926 年，费米和狄拉克根据泡利不相容原理提出了费米—狄拉克量子统计规律，随后泡利和索末菲在 1927～1928 年将它用于研究金属电子运动，并推出了理查森第二个公式。

研究真空二极管的电子逸出等特性是一项很有意义的工作，很多电子器件都与电子发射有关，如二极管、晶体管、X 射线管、电子显像管和磁控管、速调管，都离不开发射电子的热阴极，要使这些器件能够高效率、长寿命地工作，关键在于设计合理的电子发射机构。理查森定律为此指明了道路。这一事例又一次证明了基础研究对科学技术的重要意义。

【实验目的】

1. 了解费米—狄拉克量子统计规律。
2. 理解热电子发射规律和掌握电子逸出功的测量方法。
3. 用理查森直线法分析阴极材料（钨）的电子逸出功。
4. 进一步了解运动电荷在电场和磁场共同作用下的运动规律。
5. 了解电子束的磁控原理并定量分析磁控条件。
6. 学习一种测定电子荷质比的方法。
7. 了解并验证真空中电子能量遵从费米—狄拉克分布的原理。
8. 学习用磁控法进行电子运动能量筛选的方法。
9. 理解空间电荷区的概念，了解真空二极管中电子运动的现象。
10. 验证在非饱和状态下阳极电流随阳极电压二分之三次方变化的规律（二分之三次方定律），并利用二分之三次方定律测定电子的比荷（荷质比）。

【实验原理】

1. 电子逸出功

电子逸出功是指金属内部的电子为摆脱周围正离子对它的束缚而逸出金属表面所需要的能量。根据固体物理中的金属电子理论，金属中的电子具有一定的能量，并遵从费米—狄拉克量子统计分布。在 $T=0$ 时，所有电子的能量都不能超过费米能量（W_f），即高于 W_f 的能级上没有电子。但是，当温度升高时，将有一部分电子获得能量而处在高于 W_f 的能级上。由于金属表面与真空之间有高度为 W_a 的位能势垒，金属中的电子则可以看作处于深度为 W_a 的势阱内运动的电子气体。如图 18-1 所示，若电子从金属表面逸出，必须从外界获得能量：

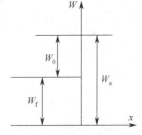

$$W_0 = W_a - W_f \qquad (18\text{-}1)$$

图 18-1 电子逸出功与 W_f 和 W_a 的关系

式中，W_0 称为金属电子的逸出功（work function），其单位常用电子伏特（eV）表示，它表示要使处于绝对零度下的金属中具有最大能量的电子逸出金属表面所需要给予的能量。$W_0 = e\varphi$，e 为电子电量，φ 又称为逸出电位（单位为 V）。

2. 热电子发射规律

若温度 $T \neq 0$，金属内部部分电子获得大于逸出功的能量，从金属表面逃逸形成热电子发射电流。金属中电子能量遵从费米—狄拉克量子统计分布规律，速度在 $v \sim dv$ 之间的电子数目为

$$dn = 2\left(\frac{m}{h}\right)^2 \frac{1}{e^{(W-W_f)/kT}} dv \qquad (18\text{-}2)$$

式中，m 为电子质量，h 为普朗克常数，k 为玻尔兹曼常数。由于能够从金属表面逸出的电子的能量必须大于势阱深度 W_a，即 $W - W_f > W_a - W_f = W_0$，而 $W_0 \gg kT$。设电子的动能为 $mv^2/2$，则上式可以近似写成：

$$dn = 2\left(\frac{m}{h}\right)^3 e^{W_f/kT} e^{-mv^2/2kT} dv \qquad (18\text{-}3)$$

设电子垂直于金属表面，并沿 x 轴方向离开金属。要求电子沿 x 方向的动能 $mv_x^2/2$ 必须大于逸出功 W_a，而沿 y 和 z 方向的速度包含了所有可能。于是，沿 x 方向发射的电子数为

$$dn = 2\left(\frac{m}{h}\right)^3 e^{W_f/kT} e^{-mv_x^2/2kT} dv_x \int_{-\infty}^{\infty} e^{-mv_y^2/2kT} dv_y \int_{-\infty}^{\infty} e^{-mv_z^2/2kT} dv_z \qquad (18\text{-}4)$$

令

$$\eta = \sqrt{\frac{m}{2kT}} v_y$$

则有

$$\int_{-\infty}^{\infty} e^{-mv_y^2/2kT} dv_y = \sqrt{\frac{2kT}{m}} \int_{-\infty}^{\infty} e^{-\eta^2} d\eta = \sqrt{\frac{2\pi kT}{m}}$$

同理可得

$$\int_{-\infty}^{\infty} e^{-mv_z^2/2kT} dv_z = \sqrt{\frac{2kT}{m}} \int_{-\infty}^{\infty} e^{-\eta^2} d\eta = \sqrt{\frac{2\pi kT}{m}}$$

从而式（18-4）可以简化为

$$dn = \frac{4\pi m^2 kT}{h^3} e^{W_f/kT} e^{-mv_x^2/2kT} dv_x \qquad (18\text{-}5)$$

由于在 Δt 时间内，距离表面小于 $v_x \cdot \Delta t$ 且速度为 v_x 的电子都能达到金属表面，因此到达表面积 S 的电子总数为 $dN = Sv_x \cdot \Delta t dn$，由此可得，速度为 v_x 的电子到达金属表面的

电流为

$$dI = \frac{e dN}{\Delta t} = e S v_x dn$$

利用式（18-5）可得

$$dI = \frac{4\pi e S m^2 kT}{h^3} e^{W_f/kT} e^{-m v_x^2/2kT} v_x dv_x \tag{18-6}$$

只有满足 $m v_x^2/2 \geq E_0$，即 $v_x \geq \sqrt{2E_0/m}$ 的电子才能形成热电流，从而总发射电流为

$$I_s = 4\pi e S \frac{m^2 kT}{h^3} e^{W_f/kT} \int_{\sqrt{2W_0/m}}^{\infty} e^{-m v_x^2/2kT} v_x dv_x = 4\pi e S m \frac{(kT)^2}{h^3} e^{-e\varphi/kT}$$

令常数

$$A = 4\pi e m k^2 / h^3 \tag{18-7}$$

热发射电流改写为

$$I_s = A S T^2 e^{-e\varphi/kT} \tag{18-8}$$

或热发射电流密度改写为

$$j_s = A T^2 e^{-e\varphi/kT} \tag{18-9}$$

式（18-8）即为理查森—热西曼公式，式中 I_s 为热电子发射的电流强度，单位为安培（A）；A 为和阴极表面化学纯度有关的系数，单位为 $A \cdot m^{-2} \cdot K^{-2}$；$S$ 为阴极的有效发射面积，单位为 m^2；T 为发射热电子的阴极的绝对温度，单位为 K；k 为玻尔兹曼常数，$k = 1.38 \times 10^{-23} J \cdot K^{-1}$。

3. 各物理量的测量与处理

1）A 和 S 的处理

尽管式（18-8）中的普适常数 A 为式（18-7），但金属表面的化学纯度和处理方法都将直接影响到 A 的测量值，而且金属表面粗糙，计算所得的电子发射面积与实际的有效发射面积 S 有差异。因此，物理量 A 和 S 实验上是难以直接测量的。

若将式（18-8）除以 T^2 再取对数，可得

$$\lg \frac{I}{T^2} = \lg AS - \frac{e\varphi}{2.30 kT} = \lg AS - 5.04 \times 10^3 \varphi \frac{1}{T} \tag{18-10}$$

尽管 A 和 S 难以测定，但它们对于选定材料的阴极是确定常数，故 $\lg \frac{I}{T^2}$ 与 $\frac{1}{T}$ 呈线性关系。如果以 $\lg \frac{I}{T^2}$ 为纵坐标，以 $\frac{1}{T}$ 为横坐标作图，从所得直线的斜率，即可求出电子的逸出电势 φ，从而求出电子的逸出功 $e\varphi$，此方法称为理查森直线法。其好处是可以不必求出 A 和 S 的具体数值，直接从 I 和 T 就可以得出 φ 的值，A 和 S 的影响只是使 $\lg \frac{I}{T^2} - \frac{1}{T}$ 直线产生平移。类似的这种处理方法在实验和科研中很有用处。

2）发射电流 I 的测量

只要阴极材料有热电子发射，则从实验阳极上可以收集到发射电流 I。事实上，由于发射出来的热电子必将在阴极与阳极之间形成空间电荷分布，这些空间电荷的电场将阻碍后续热发射电子到达阳极，从而影响发射电流的测量。为了消除空间电荷的影响，维持从阴极发射出来的热电子能连续不断地飞向阳极，必须在阴极与阳极之间加一个加速电场 E_a。

　　外电场 E_a 的作用，必然助长了热电子发射，或者说，在热电子发射过程中，外电场 E_a 降低了逸出功而增加了发射电流。因此，E_a 作用下测量的发射电流值并不是真正的 I，而是 I_a（$I_a > I$）。为真正获得 I（即零场发射电流），必须对实验数据做相应处理。

　　当金属表面附近施加外电场时，金属表面外侧的势垒将发生变化，从而减小电子逸出功，致使热电子发射电流密度增大，这种现象称为肖特基效应。外电场作用下金属表面势垒减小 $\Delta W_0 = \dfrac{1}{2}\sqrt{\dfrac{e^3 E_a}{\varepsilon_0 \pi}}$，外电场 E_a 作用下的逸出功为 $W_0' = W_0 - \Delta W_0$，或

$$e\varphi' = e\varphi - \frac{1}{2}\sqrt{\frac{e^3 E_a}{\varepsilon_0 \pi}}$$

代替式（18-8）中 $e\varphi$，即可获得外电场 E_a 作用下热电子的发射电流：

$$I_a = I\mathrm{e}^{\frac{0.439\sqrt{E_a}}{T}} \tag{18-11}$$

对上式两边取对数可得

$$\lg I_a = \lg I + \frac{0.439}{2.30T}\sqrt{E_a} \tag{18-12}$$

　　若把阳极看作圆柱形，并与阴极共轴，则有 $E_a = \dfrac{U_a - U_a'}{r_1 \ln(r_2/r_1)}$，式中，$r_1$ 和 r_2 分别为阴极和阳极的半径，U_a 为阳极电压，U_a' 为接触电位差。在一般情况下，$U_a \gg U_a'$，从而 $U_a - U_a' \approx U_a$，式（18-12）可以写成：

$$\lg I_a = \lg I + \frac{0.439}{2.30T}\frac{\sqrt{U_a}}{\sqrt{r_1 \ln \dfrac{r_2}{r_1}}} \tag{18-13}$$

从上式可得，在特定温度下，$\lg I_a$ 和 $\sqrt{U_a}$ 呈线性关系。由直线的截距可求零场发射电流 I 的对数值 $\lg I$。

　　3）温度 T 的测量

　　温度 T 出现在热电子发射公式，即式（18-8）的指数项中，它的误差对实验结果影响很大，因此，实验中准确地测量阴极温度非常重要。测量温度的方法有多种，但常用的方法是通过测量阴极加热电流 I_F 来确定阴极温度 T。有时对实验用具体的阴极材料，采用预先经过准确测量获得的温度 T 与加热电流 I_F 拟合公式，实验时通过测量加热电流 I_F 推算出阴极温度 T。

4. 实验技术方法

　　为了测量钨的电子逸出功，将钨丝作为"理想"二极管材料，阳极做成与阴极共轴的圆柱，把阴极发射面限制在温度均匀的一定长度内而又可以近似地把电极看成是无限长的无边源效应的理想状态。为了避免阴极的冷端效应（两端温度较低）和电场不均匀等边缘效应，在阳极两端各加装一个保护（补偿）电极，它们与阴极同电位但与阳极绝缘。在测量设计上，保护电极的电流不包含在被测热电子发射电流中。在阳极上开一小孔（辐射孔），

通过它可以观察到阴极，以便用观测高温计测量阴极温度。图 18-2 是实验线路示意图。

在本实验温度范围内，阴极温度 T 与灯丝电流 I_F 的关系如图 18-3 所示。对每个设定的灯丝电流 I_F，利用 $T=920.0+1600I_F$，可求得对应的阴极温度 T，为了保证实验温度的稳定，要求使用恒流源对灯丝供电。

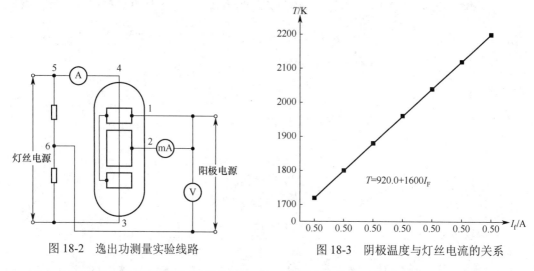

图 18-2　逸出功测量实验线路　　　　　图 18-3　阴极温度与灯丝电流的关系

5. 电子在径向电场和轴向磁场中的运动（磁控法测量电子荷质比）

本实验的电路接线原理图如图 18-4 所示。

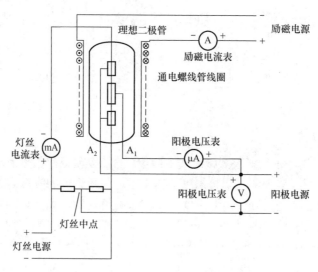

图 18-4　实验的电路接线原理图

本实验的核心部件是一只理想（真空）二极管和套在理想二极管外的通电螺线管线圈。在理想二极管中，阴极和阳极为一同轴圆柱系统。当阳极加有正电压时，从阴极发射的电子受电场的作用将做径向运动，如图 18-5（a）所示。如果在理想二极管外面套一个通电励磁线圈，则原来做径向运动的电子在轴向磁场作用下，运动轨迹将发生弯曲，如图 18-5（b）所示。进一步加强磁场（加大线圈的励磁电流）使电子运动如图 18-5（c）所示，这时电子运动到阳极附近，电子所受到的洛仑兹力减去电场力后的合力恰好等于电子沿阳极内壁圆周运动的向心力，因此电子也将沿阳极内壁做圆周运动，此时称为"临界状态"。再进一步增强磁场，电子运动的圆半径就会减小，以致电子根本无法靠拢阳极，就会造成阳极电流"断流"，如图18-5（d）所示。但在实际情况中，由于从阴极发射的电子按费米统计有一个能量分布范围，不同能量的电子因速度不同，在磁场中的运动半径也是各不相同的，在轴向磁场逐步增强的过程中，速度较小的电子因做圆周运动的半径较小，首先进入临界状态，然后是速度较大的电子依次逐步进入临界状态。另外，由于理想二极管在制造时也不能保证阴极和阳极完全同轴，阴极各部分发出的电子离阳极的距离也不尽相同。所以随着轴向磁场的增强，阳极电流有一个逐步降低的过程。只有当外界磁场很强、绝大多数电子的圆周运动半径都很小时，阳极电流才几乎"断流"。这种利用磁场控制阳极电流的过程称为"磁控"。这一磁控原理在微波通信和自动控制等方面有广泛的应用。

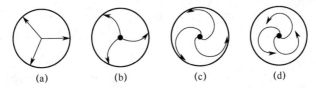

图 18-5　磁场增强时电子运动轨迹的改变

在一定的阳极加速电压下，阳极电流 I_a 与励磁电流 I_s 的关系如图18-6所示。阳极电流在图18-6中1—2段几乎不发生改变，对应图18-5（a）和图18-5（b）的情况；图18-6中2—3段弯曲的曲率最大，对应于图18-5（c）的情况；从3以后，随着 I_s 的增大，I_a 逐步减小，到达5点附近时 I_a 几乎降到0。我们在图18-6的 $I_a - I_s$ 曲线上沿1—2和3—4两段的相对直线部分画两条延长线，交于图中的 Q 点，Q 点就是阳极电流变化的临界点。

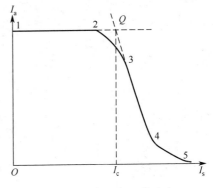

图 18-6　临界点 Q 的确定

下面定量分析外界磁场对阳极电流的磁控条件。

在单电子近似情况下，从阴极发射出的质量为 m 的电子动能应由阳极加速电场能 eU_a 和灯丝加热后电子"热运动"所具能量 A 两部分构成，所以有

$$\frac{1}{2}mv^2 = eU_a + A \tag{18-14}$$

电子在磁场 B 的作用下做半径为 R 的圆周运动，应满足：

$$m\frac{v^2}{R} = eVB - eE \tag{18-15}$$

其中，E 为阳极附近径向电场的场强。

螺线管线圈中的磁感强度 B 与励磁电流 I_s 成正比：

$$B \propto I_s \quad 或 \quad B = K'I_s \tag{18-16}$$

由式（18-14）、式（18-15）和式（18-16）可得：

$$\frac{U_a + E/e}{I_s^2} = \frac{e}{m} \frac{R^2}{2} K'^2 \tag{18-17}$$

若设阳极内半径为 a，而阴极（灯丝）半径忽略不计，则当多数电子都处于临界状态时，与临界点 Q 对应的励磁线圈的电流 I_s 称为临界电流 I_c，且此时 $R = a/2$，阳极电压 U_a 与 I_c 的关系可写为

$$\frac{U_a + E/e}{I_c^2} = \frac{e}{m} \frac{a^2}{8} K'^2 \qquad \text{或} \qquad \frac{U_a + E/e}{I_c^2} = K \tag{18-18}$$

上式中

$$K = \frac{e}{m} \frac{a^2}{8} K'^2 \tag{18-19}$$

K 为一常数，显然，U_a 与 I_c^2 呈线性关系。

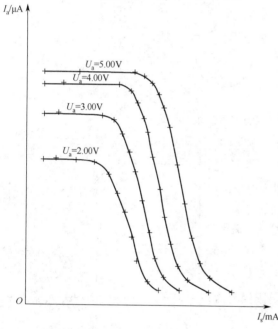

图 18-7　I_a-I_s 曲线图

用同一个理想二极管，改变不同的 U_a 就有不同的阳极电流变化曲线（如图 18-7 所示），因而就有不同的 I_c 值与之对应。再将测得的 U_a-I_c^2 数据组用图解法或最小二乘法求得斜率 K，如果 U_a-I_c^2 的关系确为线性关系，则上述电子束在径向电场和轴向磁场中的运动规律即可得到验证。

进一步，根据励磁线圈的有关参数：线圈的内半径 r_1、外半径 r_2，线圈半长度 l 电流和匝数的积 NI，即可由式（18-20）求出励磁线圈中心处产生的磁感强度：

$$B_0 = \frac{\mu_0 NI}{2(r_2 - r_1)} \ln \frac{r_2 + \sqrt{r_2^2 + l^2}}{r_1 + \sqrt{r_1^2 + l^2}} \tag{18-20}$$

再将式（18-20）与式（18-16）比较，求得比例系数 K' 的值，把它代入式（18-19），即可求得电子的比荷（即荷质比）e/m：

$$\frac{e}{m} = \frac{8K}{a^2 \left(\dfrac{\mu_0 N}{2(r_2 - r_1)} \ln \dfrac{r_2 + \sqrt{r_2^2 + l^2}}{r_1 + \sqrt{r_1^2 + l^2}} \right)^2} \tag{18-21}$$

式中，K 为图解法测得的 U_a 与 I_c^2 的斜率值；$\mu_0 = 4\pi \times 10^{-7}$H/m 为真空中的磁导率；$N$ 为励磁线圈的匝数；l 为励磁线圈的半长度；r_1、r_2 为励磁线圈的内半径和外半径；a 为真空二极管的阳极的内半径。

6. 真空中电子能量遵从费米—狄拉克分布的原理

在金属内部电子的能量遵从费米—狄拉克分布，费米分布函数为

$$g(\varepsilon) = \frac{1}{e^{(\varepsilon - \varepsilon_F)/kT} + 1} \tag{18-22}$$

其中，ε 是电子的能量，ε_F 是费米能级，k 是玻尔兹曼常数，T 是绝对温度。对 $g(\varepsilon)$ 求导得

$$g'(\varepsilon) = \frac{\mathrm{d}g(\varepsilon)}{\mathrm{d}\varepsilon} = \frac{-e^{(\varepsilon - \varepsilon_F)/kT}}{kT\left(e^{(\varepsilon - \varepsilon_F)/kT} + 1\right)^2} \tag{18-23}$$

$g(\varepsilon)$ 和 $g'(\varepsilon)$ 的理论曲线如图 18-8 和图 18-9 所示。

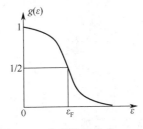

图 18-8　费米能量分布

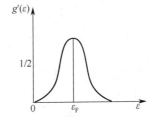

图 18-9　电子数变化率按能量的分布

由于无法直接测量金属内部电子能量的分布，我们只能对真空中热电子发射的电子动能分布进行测量。考虑到电子刚脱离金属表面到真空中的动能应从原先的能量中减去从金属表面逸出时的逸出功 A，即真空中电子的动能 ε_K 为

$$\varepsilon_K = \varepsilon - A \tag{18-24}$$

另外，当电子逸出到金属表面附近时，在真空与金属表面接触处存在电子气形成的偶电层，这个偶电层的垫垒值等于该温度下的费米能级 ε_F。所以鉴于以上两方面的考虑，我们可得出：真空中热电子发射刚脱离金属表面的动能分布应遵从修正后的费米分布函数，即

$$g(\varepsilon_K) = \frac{1}{e^{(\varepsilon_K - \varepsilon_F)/kT} + 1} \tag{18-25}$$

对式（18-25）求导，得

$$g'(\varepsilon_K) = \frac{\mathrm{d}g(\varepsilon_K)}{\mathrm{d}\varepsilon} = \frac{-e^{(\varepsilon_K - \varepsilon_F)/kT}}{kT\left(e^{(\varepsilon - \varepsilon_F)/kT} + 1\right)^2} \tag{18-26}$$

从式（18-25）、式（18-26）中可看出，真空中热电子发射的动能分布规律与金属内部电子按能量的分布规律具有相同的形式，都遵从费米—狄拉克分布。

7．用磁控法进行电子运动能量筛选的方法

在本实验中，将理想真空二极管的阳极不加电压，所以当灯丝加热后从金属表面逸出的电子不受外电场的作用，保持着从金属表面逸出的初动能沿半径方向飞向二极管的阳极。若在理想二极管外套一个通电螺线管线圈，对理想二极管外加一个轴向磁场，整个实验电路接线原理图如图 18-10 所示。则原来沿半径方向运动的电子在轴向磁场的作用下，将受洛伦兹力做圆周运动，如图 18-11 所示。

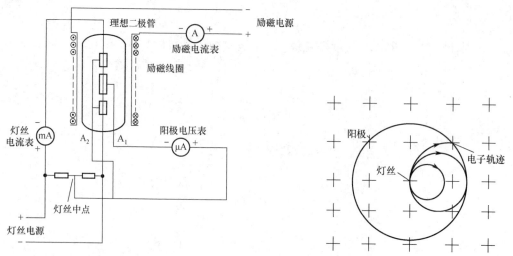

图 18-10　费米—狄拉克分布实验电路接线原理图　　图 18-11 电子在轴向磁场中的运动轨迹

设电子以速度 v 在磁感强度为 B 的轴向磁场中做圆周运动，则其运动半径 R 应为

$$R = \frac{mv}{eB} \tag{18-27}$$

式（18-27）表明，在磁场 B 一定的情况下，运动速度较快的电子，其旋转的半径也较大；运动速度较小的电子，其旋转的半径也较小。这就为用磁控法按动能筛选电子提供了可能。

又假设理想二极管的阳极内半径为 a，通电螺线管中的励磁电流为 I_s，若从灯丝发射出的电子做圆周运动的轨迹恰好与阳极的内壁相切，则有

$$R = \frac{a}{2}, \quad B = \frac{2mv}{ea} \tag{18-28}$$

因螺线管线圈中 $B \propto I_s$ 或

$$B = KI_s \tag{18-29}$$

式（18-29）中 K 为比例系数，而电子的动能 $\varepsilon_K = \frac{mv^2}{2}$，或有 $v = \sqrt{\frac{2\varepsilon_K}{m}}$。 $\tag{18-30}$

故把式（18-29）、式（18-30）代入式（18-28），有

$$\varepsilon_K = \frac{e^2 a^2 K^2}{8} I_s^2 = K' I_s^2 \tag{18-31}$$

式（18-31）中 $K' = \dfrac{e^2 a^2 K^2}{8}$ 为另一个常数，所以运动轨迹恰好与阳极内壁相切的电子运动的动能 ε_K 与励磁线圈的电流的平方 I_s^2 成正比。对式（18-31）两边取微变量，有

$$\Delta \varepsilon_K = K' \Delta (I_s^2) \tag{18-32}$$

式（18-32）表示，只要选择 I_s^2 的一个微小的变化区间，就可以筛选 $\varepsilon_K \sim (\varepsilon_K + \Delta \varepsilon_K)$ 这一能量段的电子。这就是用磁控法进行电子运动能量筛选的方法。

在本实验中，保持灯丝电流稳定不变，阳极电压为零，理想二极管的阳极电流 $I_P = Ne$，N 为单位时间到达阳极的电子数。设开始时励磁电流为 0，阳极电流 $I_P = I_{P0}$，单位时间到达阳极的电子总数为 N_0；在某一个励磁电流不为 0 的情况下，由于受磁控影响，有一

部分运动能量较小的电子已被筛选掉了，因此阳极电流有所下降，阳极电流变为 $I_{\mathrm{P}} = I_{\mathrm{P}i}$，单位时间到达阳极的电子数变为 N_i，于是有

$$I_{\mathrm{P0}} = N_0 e$$
$$I_{\mathrm{P}i} = N_i e \qquad\qquad (18\text{-}33)$$

令式（18-33）中的下式除以上式，得

$$I_{\mathrm{P}i} / I_{\mathrm{P0}} = N_i / N_0 \qquad\qquad (18\text{-}34)$$

两边取微变量，得

$$\Delta I_{\mathrm{P}i} / I_{\mathrm{P0}} = \Delta N_i / N_0 \qquad\qquad (18\text{-}35)$$

由此可见，测出了阳极电流的变化量，就可知道阳极获得的电子数的改变量。若以 $I_{\mathrm{P}i}/I_{\mathrm{P0}}$ 为纵坐标，以 I_{s}^2 为横坐标，测出的各种不同的 I_{s}^2 情况下的曲线就，应该和图 18-8 中费米分布函数 $g(\varepsilon)-\varepsilon$ 的曲线相似，而以 $\Delta I_{\mathrm{P}i}/I_{\mathrm{P0}}$ 为纵坐标，以相应的 I_{s}^2 为横坐标，测出各种不同的 I_{s}^2 情况下的曲线，就应该和图 18-9 中的 $g'(\varepsilon)-\varepsilon$ 的曲线相似。

8. 理想真空二极管的伏安特性

把理想真空二极管按图 18-12 接好线路后，给阴极灯丝通电加热，并将阳极电源加在阳极和阴极中点之间，使阳极带正电，则被加热的阴极就会向阳极发射电子，形成阳极电流。

但是，当阳极和阴极之间的电压相对来讲比较小时，从阴极发射出来的电子并不都跑到阳极构成阳极电流。有一部分电子聚集在阴极附近的空间形成"电子云"，这一带负电荷的电子云的产生，改变了阴极附近的电场分布，起了阻止阴极电子发射的作用，甚至会把从阴极发射出来的电子重又挡回阴极去，这种阴极附近电子聚集的区域通常称为空间电荷区（或偶电层）。由于空间电荷

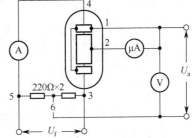

图 18-12　真空二极管接线图

区的存在，限制了阳极电流的增大。但随着阳极电压的增大，空间电荷区的电子逐步被阳极吸收，空间电荷区不断减弱，使得阳极电流的增长速率超过阳极电压的增长速率。根据实验研究和理论分析，在阳极电流增长的初始阶段和阳极电压较低的情况下，阳极电流 I_{a} 大约随阳极电压 U_{a} 的二分之三次方的规律增加（这一规律在一些书中被称为二分之三次方定律）。在理想二极管中，灯丝与阳极为一对同轴圆柱体的电极，根据理论推导，在初始阶段，阳极电流 I_{a} 与阳极电压 U_{a} 间近似有如下关系：

$$I_{\mathrm{a}} = \frac{8\pi}{9} \varepsilon_0 \sqrt{\frac{2e}{m}} \frac{l}{b\beta^2} U_{\mathrm{a}}^{3/2} \qquad\qquad (18\text{-}36)$$

式（18-36）中，ε_0 为真空中的介电常数，$\varepsilon_0 = 8.85 \times 10^{-12} \mathrm{C}^2 / \mathrm{N} \cdot \mathrm{m}^2$，$l$ 为理想二极管主阳极的长度，b 为阳极的半径，β 为修正因子，它是阴极（灯丝）半径与阳极半径之比的函数，当此比值很小时，$\beta^2 \approx 1$。

从式（18-36）中可知 $I_{\mathrm{a}} \propto U_{\mathrm{a}}^{3/2}$，实际上这一关系并不准确，因为当阳极电压 $U_{\mathrm{a}}=0$ 时，阳极电流 I_{a} 并不为零。这是由于灯丝加热后从阴极表面逸出的热电子速度不为零，

形成了阳极电流的缘故。所以式（18-36）更好的表示方法应该是

$$\Delta I_a = \frac{8\pi}{9}\varepsilon_0\sqrt{\frac{2e}{m}}\frac{l}{b}\Delta(U_a^{3/2}) \tag{18-37}$$

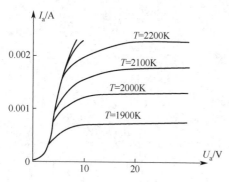

图 18-13　不同灯丝温度情况下阳极电流与阳极电压间的变化情况

实验时在不同灯丝温度下，由于灯丝发射电子的数量不同，空间电荷区的现象也各不相同。通常当灯丝温度越高时，发射电子越多，阳极电流增长的初始阶段，空间电荷区的现象也越明显。不同灯丝温度情况下阳极电流与阳极电压间的变化情况如图 18-13 所示。

在本实验中，我们选择在较高灯丝温度情况下测阳极电流与阳极电压间的变化情况，并根据测量的数据研究 I_a 和 $U_a^{3/2}$ 之间的线性关系，再根据 I_a - $U_a^{3/2}$ 关系作图求出 $\Delta I_a / \Delta U_a^{3/2}$ 直线的斜率 K，代入式（18-37），即可算出电子的比荷（即荷质比）：

$$\frac{e}{m} = \frac{81K^2b^2}{128\pi^2\varepsilon_0^2 l^2} \tag{18-38}$$

【实验装置】

金属电子逸出功实验仪，可调直流（恒压恒流）电源，理想真空二极管盒，螺线管线圈，连接导线等。

【实验内容】

操作视频

1．金属电子逸出功的测定

（1）按要求连接好实验电路。

（2）所有电压、电流旋钮都逆时针旋到底，打开电源开关。

（3）取灯丝电流为 550～750mA，每间隔 50mA 进行一次测量。对应的灯丝温度按 $T=920.0+1600 I_F$ 求得。

（4）对应每一个灯丝电流 I_F，测量阳极电压 U_a 分别为 16V、25V、36V、49V、64V、81V、100V、121V 和 144V 时对应的阳极电流 I_a，记录到表 18-1 中。

表 18-1　在不同阳极电压和灯丝温度下的阳极电流及其对数值

灯丝电流 I_F/mA	灯丝温度 T/K	U_a/V	16	25	36	49	64	81	100	121	144
		$\sqrt{U_a}$	4	5	6	7	8	9	10	11	12
550	1800	I_a/μA									
		$\lg I_a$									
600	1880	I_a/μA									
		$\lg I_a$									

（续表）

灯丝电流 I_F/mA	灯丝温度 T/K	U_a/V	16	25	36	49	64	81	100	121	144
		$\sqrt{U_a}$	4	5	6	7	8	9	10	11	12
650	1960	I_a/μA									
		$\lg I_a$									
700	2040	I_a/μA									
		$\lg I_a$									
750	2120	I_a/μA									
		$\lg I_a$									

（5）根据表 18-1 中数据，作 $\lg I_a - \sqrt{U_a}$ 图，采用曲线拟合方法求出直线截距 I_a，即可得到在不同灯丝温度时零场热电发射电流 I 的对数值。

（6）再将在不同温度 T 时所算得的 $\lg \dfrac{I}{T^2}$（即 $\lg I - 2\lg I$）和 $\dfrac{1}{T}$ 值填入表 18-2，并以 $\dfrac{1}{T}$ 为横坐标，以 $\lg \dfrac{I}{T^2}$ 为纵坐标，作出 $\lg \dfrac{I}{T^2} - \dfrac{1}{T}$ 图。根据直线斜率求出钨的逸出功 $e\varphi$(或逸出电势 φ)。

表 18-2　在不同温度 T 时所算得的 $\lg \dfrac{I}{T^2}$ 和 $\dfrac{1}{T}$ 的值

T/K	1800	1880	1960	2040	2120
$\lg I$					
$\lg T$					
$\lg I - 2\lg T$					
$\dfrac{1}{T}/(10^{-4}/K)$					

（7）由直线斜率可求出钨的电子逸出功及实验误差。

注意： 每次调节灯丝电流以后，灯丝需要预热 5min，以便灯丝温度稳定。

2．磁控法测量电子荷质比

（1）按图 18-4 连接理想二极管和仪器，灯丝电流 I_F 连接 0—800mA 电流源，阳极电流 I_a 连接阳极电流输入端口，励磁线圈连接 0—1.0A 电流源，阳极电压 U_a 连接 0—12V 电压源。

（2）把灯丝电流调到 700mA，并保持不变。依次把阳极电压调到 5.00V、4.00V、3.00V、2.00V 的电压值，把励磁电流 I_s 由最小开始缓慢地增大，随着励磁电流 I_s 的逐步变化，分别记录下阳极电流 I_a 随励磁电流 I_s 变化的数据并填入表 18-3，直到阳极电流降到接近零为止。

表 18-3　在不同阳极电压下的 I_a-I_s 关系

阳极电压 U_a=5.00V	励磁电流 I_s/mA	0	0.1	0.15	0.2
	阳极电流 I_a/μA				
阳极电压 U_a=4.00V	励磁电流 I_s/mA				
	阳极电流 I_a/μA				

（续表）

阳极电压	励磁电流 I_s/mA			
U_a =3.00V	阳极电流 I_a/μA			
阳极电压	励磁电流 I_s/mA			
U_a =2.00V	阳极电流 I_a/μA			

（3）根据表 18-3 中的数据在同一张图上绘制不同阳极电压情况下的 I_a - I_s 曲线图（见图 18-7）。（注意：为使曲线图画得平滑、准确，每条曲线变化剧烈的地方至少要有 10 个测量点，最好通过数据采集传感器来采集实验数据，传感器得到大量的数据可以描绘出准确的实验曲线。）然后按照图 18-6 的方法在各条曲线上找出临界点 Q，并在图上求出与 Q 点对应的临界电流 I_c。

（4）将各条曲线的 I_c 值确定好后，将 U_a 和 I_c^2 的关系填入表 18-4，根据此表作 U_a - I_c^2 关系图（见图 18-14），并计算 $\Delta U_a / \Delta I_c^2$ 的斜率 K。

表 18-4　由图解法求 U_a、I_c 和 I_c^2

U_a /V	2.00	3.00	4.00	5.00
I_c /A				
I_c^2 /A				

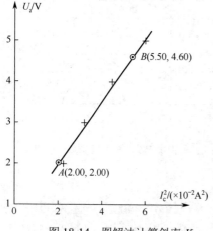

图 18-14　图解法计算斜率 K

（5）（选做）根据理想二极管阳极半径、斜率 K 和励磁线圈的有关参数计算电子的荷质比 e/m。

3．费米—狄拉克分布的研究

（1）按图 18-10 连接理想二极管和仪器，灯丝电流 I_F 连接 0—800mA 电流源，阳极电流 I_a 连接阳极电流输入端口，励磁线圈连接 0—1.0A 电流源，阳极电压 U_a 连接 0—12V 电压源。

（2）把仪器电源打开，把灯丝电流调到 750mA，阳极电压调到 0V，并保持不变。

（3）把磁控线圈的励磁电流从小到大逐步改变，初步观察理想二极管阳极电流从大逐步变小的过程，测出阳极电流从最大变为零的全过程励磁电流 I_s 和 I_s^2 的变化范围。

表 18-5　励磁电流与阳极电流数据记录表

I_s^2					⋯			
I_s					⋯			
I_{Pi}					⋯			
I_{Pi} / I_{P0}					⋯			
$I_{Pi} - I_{Pi+1}$					⋯			
$\Delta I_{Pi} / I_{P0}$					⋯			

（4）根据 I_s^2 的变化范围，将此范围划分成约 20 个相等的间隔，由此确定这些 I_s^2 为等间距的测量点，测出在各 I_s^2 情况下的阳极电流 I_{Pi} 的值，记录数据于表 18-5 中。

（5）根据 $I_s^2 =0$ 时测得的初始阳极电流 I_{P0} 和各不同 I_s^2 情况下 I_{Pi} 的值，列表计算 I_{Pi}/I_{P0}、$I_{Pi}-I_{Pi+1}$、$\Delta I_{Pi}/I_{P0}$ 的值。

（6）根据测量列表得到的数据画（I_{Pi}/I_{P0}）-I_s^2 和（$\Delta I_{Pi}/I_{P0}$）-I_s^2 曲线。

4．理想真空二极管的伏安特性

（1）按图 18-12 连接理想二极管和仪器，灯丝电流 I_F 连接 0—800mA 电流源，阳极电流 I_a 连接阳极电流输入端口，励磁线圈连接 0—1.0A 电流源，阳极电压 U_a 连接 0—12V 电压源。

（2）把灯丝电流调到 800mA，以增大空间电荷区的范围。然后把阳极电压从 0.2V 开始逐步增加，每隔 0.2V 测一次阳极电流，直到 2.2V 为止，将数据记录于表 18-6 中。

表 18-6　阳极电流和阳极电压

U_a/V	0.2	0.4	0.6	0.8	1.0	1.2	1.4	1.6	1.8	2.0	2.2
$U_a^{3/2}/V$											
I_a/A											

（3）对所测数据进行列表处理，再以阳极电流为纵坐标，以阳极电压的 3/2 次方作为横坐标作图，考察 I_a 和 $U_a^{3/2}$ 之间的线性关系，找出 I_a 和 $U_a^{3/2}$ 之间呈线性关系的线段，用拟合法算出直线的斜率 K。

（4）由式（18-38）求出电子的荷质比 e/m。

【结果分析】

1．金属电子逸出功的测定

根据表 18-2 作 $\lg \dfrac{I}{T^2}-\dfrac{1}{T}$ 图，用图解法求直线斜率 m。

$$直线斜率\ m=\frac{\Delta(\lg\dfrac{I}{T^2})}{\Delta(\dfrac{1}{T})}=\underline{\hspace{3cm}}=\underline{\hspace{3cm}}。$$

逸出电势 $\varphi=\dfrac{m}{-5.04\times10^3}=\underline{\hspace{3cm}}$ V，逸出功（功函数）$e\varphi=\underline{\hspace{3cm}}$ eV。

与逸出功（功函数）公认值 $e\varphi$=4.54eV 相比的相对误差 $E_r=\underline{\hspace{3cm}}$ %。

2．磁控法测量电子荷质比

根据记录的数据表格作 I_a-I_s 关系图和 $U_a-I_c^2$ 关系图。

在 $U_a-I_c^2$ 关系图中得到斜率 K 为 $\underline{\hspace{3cm}}$ 。

根据式（18-21），计算荷质比 $e/m=\underline{\hspace{3cm}}$，其中，$\mu_0$=4π×$10^{-7}$H/m；$N$=560；$l$=20mm；$r_1$=22mm；$r_2$=28mm；$a$=4.5mm。

在本实验中，要计算电子的荷质比，必须先计算套在理想二极管外的励磁线圈产生的磁场。测得了线圈的内半径 r_1、外半径 r_2、半长度 l 和安匝数 NI，可以证明，在线圈中心处的磁感强度为

$$B_0 = \frac{\mu_0 NI}{2(r_2 - r_1)} \ln \frac{r_2 + \sqrt{r_2^2 + l^2}}{r_1 + \sqrt{r_1^2 + l^2}}$$

试根据本实验给出的内半径 r_1、外半径 r_2、半长度 l 和安匝数 NI 参数，计算线圈中心的磁感强度 B_0。

3．费米—狄拉克分布的研究

作图比较，研究费米—狄拉克分布。

4．理想真空二极管的伏安特性

（1）根据表 18-6 中的实验数据，作图计算斜率 K。

（2）计算电子的荷质比。

$$\frac{e}{m} = \frac{81K^2 b^2}{128\pi^2 \varepsilon_0^2 l^2} = \underline{\hspace{3cm}} \text{ C/kg}$$，其中，b=4.5mm，l=15mm，$\varepsilon_0 = 8.85 \times 10^{-12} \text{C}^2 /(\text{Nm}^2)$。

（3）计算实验误差。

电子荷质比的公认值为 $\left(\dfrac{e}{m}\right)_{公认} = 1.76 \times 10^{11} \text{C/kg}$。

相对误差为 $E_r = \dfrac{\left| \left(\dfrac{e}{m}\right)_{测} - \left(\dfrac{e}{m}\right)_{公认} \right|}{\left(\dfrac{e}{m}\right)_{公认}} \times 100\% = \underline{\hspace{3cm}}\%$。

【思考讨论】

1．为什么把图 18-8 中费米能量分布曲线中点处的横坐标作为该温度下真空中电子的费米能级 ε_F？

2．为什么在测真空中电子运动能量的费米分布曲线时，横坐标要按 I_s^2 的等间距来划分？

【参考文献】

[1] 江文杰. 光电技术[M]. 北京：科学出版社. 2009.

[2] 刘恩科. 半导体物理学[M]. 北京：电子工业出版社. 2017.

[3] 杨柳，富容国，王贵圆，等. 真空二极管光电转换效率研究[J]. 半导体光电. 2017，38(02)：189-193.

实验十九　偏振光的观察及应用实验

电子课件

光的干涉和衍射现象揭示了光的波动性，而光的偏振现象证实了光是一种横波，即光的振动方向与传播方向互相垂直。对于光的偏振现象的研究在光学发展史上有很重要的地位，它使人们对光的传播（反射、折射、吸收和散射）的规律有了新的认识，并在光学计量、光学信息处理、晶体性质的研究和应力分析等领域有广泛的应用。1812 年，大卫·布儒斯特（David Brewster）发现当入射角的正切等于媒质的相对折射率时，反射光线将为线偏振光，现称为布儒斯特定律。本实验将通过观察光的偏振现象，了解产生和检验偏振光的方法及其基本规律，通过对布儒斯特角的观测，测定玻璃的折射率。

David Brewster（1781—1868）

【实验目的】

1．观察光的偏振现象，了解产生和检验偏振光的方法及其基本规律。
2．通过对布儒斯特角的观测，测定玻璃的折射率。

【实验原理】

1．偏振光和自然光

光是电磁波，光波的电矢量 E、磁矢量 H 和光波的传播方向三者相互垂直，如图 19-1 所示。如果在光传播方向上，各点电矢量在同一平面内振动，这种光称为平面偏振光或线偏振光。光矢量振动方向与传播方向所构成的面称为振动面。

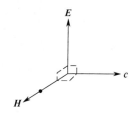

图 19-1 电矢量 E，磁矢量 H 和光波的传播方向的关系图

单个原子的光是偏振光，而普通光源发射的光是由大量原子或分子辐射构成的，由于大量原子辐射的随机性，它们所辐射的光的振动面出现在各方向的概率相同。在各方向上的平均值相等，不显现偏振性的光称为自然光。在发光过程中，有些光的振动面在某个特定方向上出现的概率最小，这种光称为部分偏振光。偏振光与自然光如图 19-2 所示。

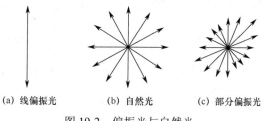

(a) 线偏振光　　　　(b) 自然光　　　　(c) 部分偏振光

图 19-2　偏振光与自然光

2．平面偏振光的产生

将自然光变为偏振光的过程称为起偏，起偏的装置称为起偏器。

1）反射产生偏振

当自然光在两种媒质的界面上反射或折射时，反射光和折射光都将成为部分偏振光。如果入射角满足以下关系

$$\tan i_0 = \frac{n_2}{n_1} \tag{19-1}$$

式中，n_1 为媒质 1（如空气）的折射率，n_2 为媒质 2（如玻璃）的折射率，则界面上的反射光为平面偏振光（其振动方向垂直于入射面，用黑点表示），而折射光为部分偏振光（其平行于入射面的振动分量用短线表示）。i_0 称为布儒斯特角（见图 19-3）。当光由空气射向 $n=1.54$ 的玻璃时，$i_0 \approx 57°$。

2）偏振片

乙烯醇胶膜内部含有刷状结构的链状分子。在胶膜拉伸时，这些链状分子被拉直并平行排列在拉伸方向上。由于吸收作用，拉伸过的胶膜只允许振动取向平行于分子排列方向（此方向称为偏振片的透光轴）的光通过，见图 19-4，偏振片是一种常用的起偏元件。

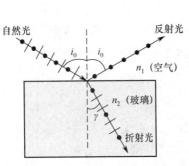

图 19-3　界面上的反射和折射

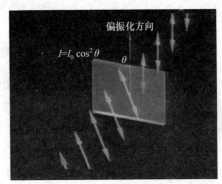

图 19-4　偏振片的示意图

偏振片既可作为起偏器，亦可作为检偏器。按马吕斯定律，强度为 I_0 的线偏振光通过检偏器后，透射光的强度为

$$I = I_0 \cos^2 \theta \tag{19-2}$$

式中，θ 为入射光振动方向与偏振片的透光轴之间的夹角。当以光线传播方向为转轴转动作为检偏器的偏振片 P2 时，透射光强将周期性地变化。当 $\theta = 0°$ 或 $180°$ 时，透射光强度最大；当 $\theta = 90°$ 或 $270°$ 时，透射光强度为极小值。如果入射光是线偏振光，则在 P2 后观察到强度明暗变化，并有二次最亮和二次全暗。如果入射光是自然光，强度无变化；如果入射光是部分偏振光，强度虽有变化，但无全暗发生。因此，可用 P2 可检验入射光的偏振性质（见图 19-5）。

3）晶体双折射会产生偏振

当自然光入射到各向异性的晶体上时，会分解为两束光沿不同方向折射。这两束光为

振动方向互相垂直的线偏振光。光在非均质体中传播时，其传播速度和折射率值随振动方向不同而改变，其折射率值不止一个。光波入射非均匀质体，除特殊方向以外，都要发生双折射，分解成振动方向互相垂直、传播速度不同、折射率不等的两种偏振光，此现象称为双折射（图 19-6）。可以利用光的全反射原理与晶体的双折射现象可制成尼科耳棱镜。

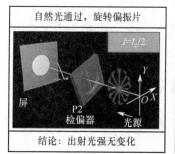 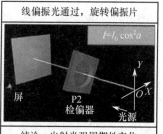

图 19-5　偏振光的检验

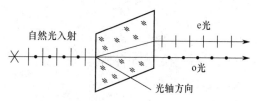

图 19-6　光的双折射现象

　　实验预习请上物理实验中心网站观看偏振光的观察与研究的虚拟仿真实验，界面如图 19-7 所示。

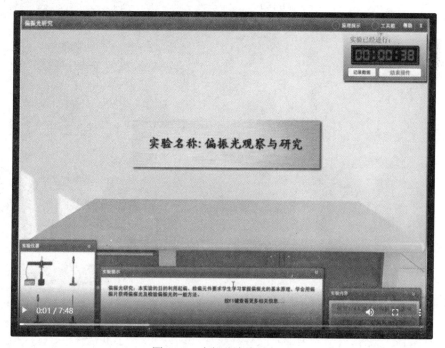

图 19-7　虚拟仿真实验界面

【实验装置】

分光计、偏振片、K9 玻璃、光源、光强测定仪、光具座等。

【实验内容】

根据实验原理以及所提供的仪器，自行设计实验方案，内容应包括：

1. 设计一个实验方案，利用偏振片鉴别自然光和偏振光的观察方案和步骤，并写好观察记录。

2. 设计一个实验方案，利用分光计观察光在玻璃表面反射并起偏的现象，从而测出布儒斯特角，估算玻璃的折射率。

3. 记录测量数据并计算结果。

4. 实验分析与总结。

【思考讨论】

1. 如何在实验中区别自然光、偏振光和部分偏振光？

2. 如何在实验中判定入射角恰好是布儒斯特角？

3. 怎样由自然光得到线偏振光？

实验二十　椭圆偏振法测薄膜
厚度和折射率实验

电子课件

现代科学中各种薄膜的研究和应用日益广泛和重要，迫切需要一种可以精确和迅速测定某一薄膜光学参量的物理方法和手段，并且是非破坏性的。椭圆偏振法简称椭偏法，是一种先进的测量薄膜纳米级厚度的方法，椭偏法的基本原理由于数学处理上的困难，直到20世纪40年代计算机出现以后才发展起来，椭偏法的测量经过几十年来的不断改进，已从手动变为全自动、变入射角、变波长和实时监测状态，极大地促进了纳米技术的发展，椭偏法的测量精度很高（比一般的干涉法高一至二个数量级），测量灵敏度也很高（可探测生长中的薄膜小于 0.1nm 的厚度变化）。利用椭偏法可以测量薄膜的厚度和折射率，也可以测定材料的吸收系数或金属的复折射率等光学参数。因此，椭偏法在半导体材料、光学、化学、生物学和医学等领域有着广泛的应用。

【实验目的】

1. 掌握椭偏法测量透明介质薄膜厚度和折射率的原理和方法。
2. 测量布儒斯特角，验证马吕斯定律及偏光分析等偏振实验。

【实验原理】

1. 椭偏方程与薄膜折射率和厚度的测量

椭偏法测量的基本思路是：起偏器产生的线偏振光经取向一定的 1/4 波片后成为特殊的椭圆偏振光，把它投射到待测样品表面时，只要起偏器取适当的透光方向，被待测样品表面反射出来的将是线偏振光。根据偏振光在反射前后的偏振状态变化（包括振幅和相位的变化），便可以确定样品表面的某些光学特性。

设待测样品是均匀涂镀在衬底上的透明同性膜层，介质薄膜上的多光束干涉图如图 20-1 所示，n_1、n_2 和 n_3 分别为环境介质、薄膜和衬底的折射率，d 是薄膜的厚度，入射光束在膜层上的入射角为 φ_1，在薄膜及衬底中的折射角分别为 φ_2 和 φ_3。

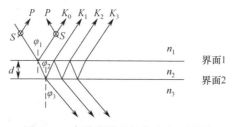

图 20-1　介质薄膜上的多光束干涉图

按照折射定律有

$$n_1 \sin\varphi_1 = n_2 \sin\varphi_2 = n_3 \sin\varphi_3$$

光的电矢量分解为两个分量，即在入射面内的 P 分量及垂直于入射面的 S 分量。根据折射定律及菲涅尔反射公式，可求得 P 分量和 S 分量在第一界面上的复振幅反射率分别为

$$r_{1p} = \frac{n_2 \cos\varphi_1 - n_1 \cos\varphi_2}{n_2 \cos\varphi_1 + n_1 \cos\varphi_2} = \frac{\tan(\varphi_1 - \varphi_2)}{\tan(\varphi_1 + \varphi_2)}$$

$$r_{1s} = \frac{n_1 \cos\varphi_1 - n_2 \cos\varphi_2}{n_1 \cos\varphi_1 + n_2 \cos\varphi_2} = -\frac{\sin(\varphi_1 - \varphi_2)}{\sin(\varphi_1 + \varphi_2)}$$

而在第二个界面处则有

$$r_{2p} = \frac{n_3 \cos\varphi_2 - n_2 \cos\varphi_3}{n_3 \cos\varphi_2 + n_2 \cos\varphi_3}, \quad r_{2s} = \frac{n_2 \cos\varphi_2 - n_3 \cos\varphi_3}{n_2 \cos\varphi_2 + n_3 \cos\varphi_3}$$

从图 20-1 中可以看出，入射光在两个界面上会有很多次的反射和折射，总反射光束将是许多反射光束干涉的结果，利用多光束干涉的理论，得 P 分量和 S 分量的总反射系数为

$$R_p = \frac{r_{1p} + r_{2p}\,e^{-2i\delta}}{1 + r_{1p}r_{2p}\,e^{-2i\delta}}, \quad R_s = \frac{r_{1s} + r_{2s}\,e^{-2i\delta}}{1 + r_{1s}r_{2s}\,e^{-2i\delta}}$$

其中

$$2\delta = \frac{4\pi}{\lambda}dn_2 \cos\varphi_2$$

是相邻反射光束之间的相位差，而 λ 为光在真空中的波长。

光束在反射前后的偏振状态的变化可以用总反射系数比（R_p/R_s）来表征。在椭偏法中，用椭偏参量 ψ 和 Δ 来描述反射系数比，其定义为

$$\tan\psi \cdot e^{i\Delta} = R_p / R_s \tag{20-1}$$

$\tan\psi$ 是反射前后 p 和 s 分量的振幅比，Δ 是反射前后 P 和 S 分量的位相差。分析上述公式可知，在 λ，φ_1，n_1，n_3 确定的条件下，ψ 和 Δ 只是薄膜厚度 d 和折射率 n_2 的函数，只要测量出 ψ 和 Δ，原则上应能解出 d 和 n_2。然而，从上述格式却无法解析出 $d=(\psi, \Delta)$ 和 $n_2=(\psi, \Delta)$ 的具体形式。因此，只能先按以上各式用计算机算出在 λ，φ_1，n_1 和 n_3 一定的条件下（ψ, Δ）－（d, n）的关系图表，待测出某一薄膜的 ψ 和 Δ 后再从图表上查出相应的 d 和 n（n_2）的值。

需要说明的是，当 n_1 和 n_2 为实数时，厚度 d 为一个周期数，其第一周期厚度 d_0 为

$$d_0 = \frac{\lambda}{2\sqrt{n_2^2 - n_1^2 \sin^2\varphi_1}} \tag{20-2}$$

本实验只能计算 d_0，若实际膜厚度大于 d_0，可用其他方法（如干涉片）确定所在的周期数 j，且总膜厚度为

$$D = (j-1)d_0 + d \tag{20-3}$$

2. 金属复折射率的测量

介质膜对光的吸收可忽略不计，其折射率为实数。当测量表面为金属时，由于其为电媒质，存在不同程度的光吸收，根据相关理论，金属的介电常数是复数，其折射率也是复

数。金属复折射率可表示为

$$N = n - \mathrm{j}k \tag{20-4}$$

经推算得

$$N \approx \frac{n_1 \sin \varphi_1 \tan \varphi_1 \cos 2\psi}{1 + \sin 2\psi \cos \Delta} \tag{20-5}$$

$$K \approx \tan 2\psi \sin \Delta \tag{20-6}$$

式中，ψ 和 Δ 的测量与介质膜时相同。

　　实验预习请上物理实验中心网站，观看椭偏仪测折射率和薄膜厚度的虚拟仿真实验，界面如图 20-2 所示。

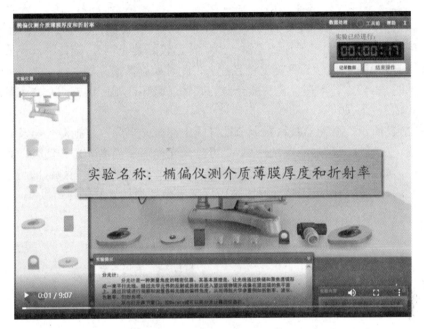

图 20-2　虚拟仿真实验界面

【实验装置】

WJZ-II 椭偏仪结构如图 20-3 所示。

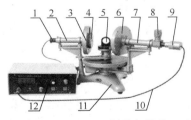

图 20-3　WJZ-II 椭偏仪结构

1—半导体激光器；2—平行光管；3—起偏器读数头；4—1/4 波片读数头；5—氧化锆标准样板；6—检偏器读数头；
7—望远镜筒；8—半反目镜；9—光电探头；10—信号线；11—分光计；12—数字式检流计

【实验内容】

1. WJZ-II 型椭偏仪调整

1）用自准直法调整好分光计

请参照 JJY1 分光计说明书，使望远镜和平行光管共轴并与载物台平行。

2）分光计度盘的调整

使游标与刻度盘零线置适当位置，当望远镜转过一定角度时不致无法读数。

3）光路调整

（1）卸下望远镜和平行光管的物镜，先在平行光管物镜的位置旋上校光片 A。

（2）II 型椭偏仪标配半导体激光器（出厂时已较好其光轴），装在平行光管外端，在平行光管另一端（原物镜位置）旋上校光片 A，此时如旋转激光器，观察光斑应始终在黑圆框内（见图 20-4），若不在，说明激光器的共轴已破坏，则应调整激光器在其座内的位置，使其共轴，方法如下：

如图 20-5 所示，激光器被六颗调节螺钉固定在激光器座内，把激光器及其座置于平行光管外端，在平行光管内端校光片 A 上可见激光光斑，当激光器转动时，其光斑位置也不停变化，适当调节六颗螺钉，令光斑始终在黑圆框内，然后紧固螺钉即可。由于激光器出厂时已调好共轴，如果因特殊原因被破坏，应由教师调好共轴，所以 II 型椭偏仪的光路调节大为简化。

黑圆框　激光斑

图 20-4　校光片示意图

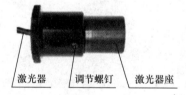

激光器　调节螺钉　激光器座

图 20-5　半导体激光器

（3）将校光片 A 和 B 分别置于望远镜光管内、外两端（A 和 B 因架不同，只可分别装于光管两端），同理，光斑也应同时在校光片 A 和 B 的圆框内，若不在，则说明平行光管与望远镜的共轴未调整好，应重新调整共轴。

（4）换下两个校光片，换上半反目镜，并在半反目镜上套上光电探头，通过信号线连接数字式检流计，因为目镜内装有 45°半反镜片，所以既可从目镜中观察光斑，也可通过检流计（使用方法详见其说明书）确定光电流值。

4）检偏器读数头位置的调整与固定

（1）检偏器读数头套在望远镜筒上，90°读数朝上，位置基本居中。

（2）附件黑色反光镜置于载物台中央，将望远镜转过 66°（与平行光管成 114°夹角），使激光束按布儒斯特角（约 57°）入射到黑色反光镜表面并反射入望远镜到达半反目镜上成为一个圆点。

（3）转动整个检偏器读数头，调整与望远镜筒的相对位置（此时检偏器读数应保持

90°不变），使半反目镜内的光点达到最暗。这时检偏器的透光轴一定平行于入射面，将此时检偏器读数头的位置固定下来（拧紧三颗平头螺钉）。

（4）适当旋转激光器在平行光管中的位置，使目镜中光点最暗（或检流计值最小），然后固定激光器。

5）起偏器读数头位置的调整与固定

（1）将起偏器读数头套在平行光管镜筒上，此时不要装上 1/4 波片，0°读数朝上，位置基本居中。

（2）取下黑色反光镜，将望远镜系统转回原来位置，使起、检偏器读数头共轴，并令激光束通过中心。

（3）调整起偏器读数头与镜筒的相对位置（此时起偏器读数应保持 0°不变），找出最暗位置。定此值为起偏器读数头位置，并将三颗平头螺钉拧紧。

6）1/4 波片零位的调整

（1）起偏器读数保持 0°，检偏器读数保持 90°，此时白屏上的光点应最暗（或检流计值最小）。

（2）1/4 波片读数头（内刻度圈）对准零位。

（3）1/4 波片框的标志点（快轴方向记号）向上，套在波片盘上，并微微转动波片框（注意不要带动波片盘），使半反目镜内的光点达到最暗（或检流计值最小），定此位置为 1/4 波片的零位。

2. 薄膜厚度 d 和折射率 n 的测量

（1）将被测样品放在载物台的中央，旋转载物台使达到预定的入射角 70°，即望远镜转过 40°，并使反射光在目镜上形成一亮点。

（2）为了尽量减少系统误差，采用四点测量。先置 1/4 波片快轴于 +45°（转动波片盘），仔细调节检偏器 A 和起偏器 P，使目镜内的亮点最暗（或检流计值最小），记下 A 值和 P 值，这样可以测得两组消光位置数值。其中 A 值分别大于 90°和小于 90°，定为 A_1（>90°）和 A_2（<90°），所对应的 P 值为 P_1 和 P_2。然后将 1/4 波片快轴转到 −45°，也可找到两组消光位置数值，A 值分别记为 A_3（>90°）和 A_4（<90°），所对应的 P 值为 P_3 和 P_4。将测得的四组数据经下列公式换算后取平均值，就得到所求的 A 值和 P 值。

① $A_1-90°=A_{(1)}$　　　　　　　　$P_1=P_{(1)}$
② $90°-A_2=A_{(2)}$　　　　　　　　$P_2+90°=P_{(2)}$
③ $A_3-90°=A_{(3)}$　　　　　　　　$270°-P_3=P_{(3)}$
④ $90°-A_4=A_{(4)}$　　　　　　　　$180°-P_4=P_{(4)}$

$A=[A_{(1)}+A_{(2)}+A_{(3)}+A_{(4)}]\div4$，$P=[P_{(1)}+P_{(2)}+P_{(3)}+P_{(4)}]\div4$

注意：上述公式适用于 A 和 P 值在 0～180°范围的数值，若出现大于 180°的数值时应减去 180°后再换算。

根据测量得到的 A 和 P 值，分别在 A 值数表和 P 值数表的同一个纵、横位置上找出一组与测算值近似的 A 和 P 值，就可对应得出薄膜厚度 d 和折射率 n。

【注意事项】

1．激光光斑在距激光器约 45cm 处最小，若发现偏离较远，可将激光器从其座中取出，调节其前端的会聚透镜即可。

2．激光与平行光管共轴，若发现已破坏，请按"光路调整"中所述方法进行调整，一旦调好，轻易不要将其破坏。

【结果分析】

数据处理建议使用仪器所配套的软件，详见软件说明书。

例：被测薄膜材料是氧化锆。

（1）将 1/4 波片轴转到+45°，调节起偏器和检偏器，使白屏上亮点消失，得到第一组数据 A_1=98.9°、P_1=146.6°，继续调节起偏器和检偏器，可得出第二组数据 A_2=81.9°、P_2=56.8°。

（2）将 1/4 波片快轴转到-45°，用同样方法可得出 A_3=99.2°、P_3=124.2°、A_4=82°、P_4=34.2°，将测得的数据经公式换算后得 A=8.55°、P=146.25°，在 A 值数表和 P 值数据表中，查得一组最近似的数据 A=8.38°、P=145.93°，所对应的薄膜厚度 d=78nm，折射率 n=1.88 即为所求的数据。

（3）由于存在误差，由 A 和 P 很难在表中完全对应出 d 和 n 值，此时，可适当放大 A 和 P 值，如上步中，将 A 值放大至 8.36 或 8.37 或 8.39 或 8.40，P 值亦然，这样可较轻易地查出一组近似的 d 和 n 值。

（4）理论上，A_1+A_2=180°，A_3+A_4=180°；$|P_1-P_2|$=90°，$|P_3-P_4|$=90°。

因实验中存在误差，一般其值在理论值 ±10° 以内时，可认为所测数据是合理的。

【思考讨论】

1．从物理意义上说明 $\tan\psi$ 和 Δ 的表达式是什么。

2．试述椭圆偏振法测薄膜厚度与干涉法测薄膜厚度有什么区别。

3．1/4 玻片的作用是什么？

4．试分析椭圆偏振法测量中可能的误差来源和他们对测量结果的影响。

【参考文献】

[1] 侯登录，郭革新. 近代物理实验教程[M]. 北京：科学出版社，2010.

[2] 吴先球，熊予莹. 近代物理实验教程[M]. 2 版. 北京：科学出版社，2016.

[3] 叶柳，袁广宇，徐晓峰. 近代物理实验[M]. 安徽：中国科技大学出版社，2009.

实验二十一　激光原理实验

电子课件

1958 年，美国科学家肖洛（Schawlow）和汤斯（Charles Hard Townes）发现了一种神奇的现象：当他们将氖光灯泡所发射的光照在一种稀土晶体上时，晶体的分子会发出鲜艳的、始终汇聚在一起的强光。根据这一现象，他们提出了"激光原理"，即物质在受到与其分子固有振荡频率相同的能量激发时，都会产生这种不发散的强光——激光，并获得了 1964 年的诺贝尔物理学奖。1960 年 T.H.梅曼等人制成了第一台红宝石激光器。1961年 A.贾文等人制成了氦氖激光器。氦氖激光器是继红宝石激光器后出现的第二种激光器，氦氖激光器具有广泛的工业和科研用途，相对于其他的激光器，氦氖激光器具有价格相对低廉和操作相对简单的优点，也是目前使用最为广泛的气体激光器。激光是 20 世纪以来继核能、计算机、半导体之后，人类的又一重大发明。

Charles Hard Townes
（1915—2015）

【实验目的】

1. 掌握激光的基本原理。
2. 了解谐振腔调节原理，搭建激光测量系统。
3. 掌握激光测量的实验技术在现代科学研究中的应用。

【实验原理】

1. 激光原理

物质由原子组成，原子的中心是原子核，由质子和中子组成。质子带有正电荷，中子则不带电。原子的外围分布着带负电的电子，绕着原子核运动。按照量子力学理论，电子在原子中的能量并不是任意的。电子会处于一定的能级，不同的能级对应于不同的电子能量，不同能级的电子根据一定的定则进行跃迁。用一个简化的模型可以说明激光的基本原理。如图 21-1 所示，一个位于高能级的原子辐射出一个光子而跃迁至较低的能级，这个过程为自发辐射。一般的光源发光都属于自发辐射，众多原子以自发辐射发出的光，不具有相位、偏振态、传播方向上的一致，是物理上所说的非相干光。

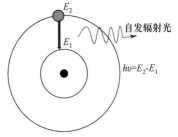

图 21-1　自发辐射

受激吸收的过程是指一个处于低能级 E_1 的原子，在频率为 υ 的辐射场的激励下，吸收一个能量为 $h\upsilon$ 的光子，并跃迁至高能级 E_2，如图 21-2 所示。

受激吸收跃迁的反过程就是受激辐射跃迁，处于高能级 E_2 的原子在频率为 υ 的辐射场作用下，跃迁至低能级 E_1 并辐射出一个能量为 $h\upsilon$ 的光子。受激辐射和自发辐射正是爱因斯坦从光量子概念出发，重新推导黑体辐射的普朗克公式时提出的两个极为重要的概念。受激辐射的相互作用过程正是激光器的物理基础。受激辐射是在外界辐射场的控制下的发光过程，因此受激辐射光子和入射光子属于同一光子态，即它们具有相同的频率、相位、波矢和偏振。因此激光具有高相干性、方向性、单色性。构成激光器的基本思想就是要在纵向模内获得极高的光子简并度，该思想包含两个重要的组成部分：①光波模式的选择，即光学谐振腔；②光的受激辐射放大。激光介质和泵浦源是实现光放大的必要条件。满足上述两个条件，且当光放大物质的增益大于损耗时，就能实现激光的输出。

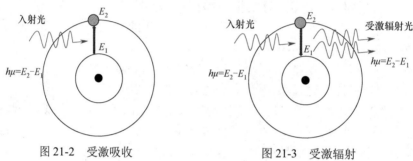

图 21-2　受激吸收　　　　　　　　　图 21-3　受激辐射

2．谐振腔调节原理

激光器的谐振腔本质就是一个法布里—珀罗（F-P）干涉仪，当波在腔镜中来回反射时，入射波和反射波将会发生干涉，多次往复反射时就会发生多光束干涉，在镜子的一边可以观察到干涉条纹。当凹面反射镜被调整到与 Pilot Laser 内部的谐振腔腔镜平行时，在凹面反射镜上能观察到忽亮忽暗的干涉现象，即凹面反射镜与 Pilot Laser 内的谐振腔腔镜构成了一个新的 F-P 干涉仪。当平面反射镜被调整到在平面反射镜之后看到一干涉条纹时，证明平面反射镜与 Pilot Laser 内部的谐振腔镜平行，又构成了一个新的 F-P 干涉仪，则凹面反射镜和平面反射镜构成了 Main Laser 的谐振腔。

3．模式测量原理

1）纵模

当波在腔镜上反射时，入射光波和反射光波将会发生干涉，多次往复反射时就会发生多光束干涉。为了能在腔内形成稳定振荡，要求波能因干涉而得到加强。发生相长干涉的条件：波从某一点出发，经腔内往返一周再回到原来位置时，应与初始出发波同相，即相位差为 2π。

$$\Delta\phi = \frac{2\pi}{\lambda_0} \times 2L' = q \cdot 2\pi \qquad (21\text{-}1)$$

其中，λ_0 为光在真空的波长；L' 为腔的光学长度；q 为整数。将满足上式的波长以 λ_{0q} 标记，则有

$$L' = q \cdot \frac{\lambda_{0q}}{2} \qquad (21\text{-}2)$$

将频率 $\upsilon_q = \dfrac{c}{\lambda_{0q}}$ 代入式（21-2）得

$$\upsilon_q = q \cdot \frac{c}{2L'} \qquad (21\text{-}3)$$

上述讨论表明，L' 长的谐振腔只对频率满足式（21-3）的光波提供正反馈，使之谐振。式（21-2）和式（21-3）就是 F-P 腔中沿轴线传播的平面波谐振条件。满足式（21-2）的 λ_{0q} 称为腔的谐振波长，而满足式（21-3）的 υ_q 称为腔的谐振频率。另外式（21-3）还表明，F-P 腔中的谐振频率是离散的。式（21-1）又称为谐振腔的驻波条件，当光的波长和腔的长度满足式（21-1）时，将在腔内形成驻波。式（21-2）表明，达到谐振时，腔的光学长度为半波长的整数倍，这是腔内驻波的特征。当整个谐振腔内充满折射率为 n 的均匀介质时，$L' = nL$，则

$$\upsilon_q = q \cdot \frac{c}{2nL} \qquad (21\text{-}4)$$

其中，L 为腔的几何长度，式（21-4）改写为

$$L = q \cdot \frac{\lambda_q}{2} \qquad (21\text{-}5)$$

式中，$\lambda_q = \dfrac{\lambda_{0q}}{n}$ 为介质中的谐振波长，如图 21-4 所示。当工作物质的折射率与空气接近，即 $n \approx 1$ 时，则 $\lambda_q = \lambda_{0q}$。

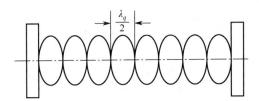

图 21-4　谐振腔中的驻波

可以将 F-P 腔中满足式（21-3）的平面波场称为腔的本征模式。其特点是：在腔的横截面内场分布是均匀的，而沿腔的轴线方向（纵向）形成驻波，驻波的节数由 q 决定。通常将整数 q 所表征的腔内纵向场分布称为腔的纵模。不同的 q 值对应于不同的纵模。腔的相邻两个纵模的频率之差 $\Delta\upsilon_q$ 称为纵模间隔，其值为

$$\Delta\upsilon_q = \frac{c}{2L'} \qquad (21\text{-}6)$$

由式（21-6）可知，$\Delta\upsilon_q$ 与 q 无关，对一定长度的谐振腔，$\Delta\upsilon_q$ 为一常数，因此腔的纵模在频率尺度上是等距离排列的，如图 21-5 所示。

在激光器谐振腔长度一定，即纵模间隔确定的条件下，使激光器最终能够振荡的频率，即能够出现的纵模数还由以下几个因素决定：

（1）谱线的荧光光谱线宽越大，可能出现的纵模数量越多。

（2）在满足谐振条件时，只有增益大于损耗的那些频率，才能形成持续稳定的振荡，获得激光输出。注意：氦氖激光器的荧光谱线线宽 $\Delta\upsilon = 1.5\text{GHz}$。

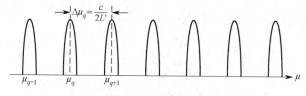

图 21-5　F-P 腔频谱

2）测量

以谐振腔长度 $L=50\text{cm}$ 的氦氖激光器为例，其纵模间隔 $\Delta\upsilon_q=0.3\text{GHz}$，纵模个数 $q=5$，则每个纵模的波长差 $\Delta\lambda\approx4\times10^{-4}\text{nm}$，普通的光谱仪根本无法达到这样的分辨率，而共焦腔扫描干涉仪是一种分辨率很高的光谱仪，主要由两面曲率半径相等的反射镜、一块压电陶瓷以及锯齿波发生器组成。两面反射镜相对放置，间距 l 等于反射镜的曲率半径 R，从而构成共焦球面谐振腔，如图 21-6 所示。两面反射镜中，一块固定不动，另一块固定在压电陶瓷上，压电陶瓷的长度变化量和所加电压成正比。当用一定幅度的锯齿波电压线性调制压电陶瓷时，扫描干涉仪的腔长 l 将发生波长量级的微小变化。

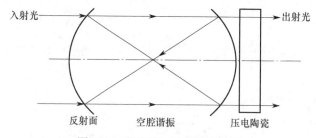

图 21-6　共焦球面谐振腔示意图

当某一波长为 λ 的光束近轴入射到干涉仪上，光线在干涉仪内经过 4 次反射后恰好闭合，与初始入射光线的光程差为

$$\Delta=4nl \tag{21-7}$$

其中，n 为两面反射镜间介质的折射率。干涉仪对入射光具有最大透过率的条件为

$$4nl=k\lambda \tag{21-8}$$

其中，系数 k 为正整数。因此用压电陶瓷驱动扫描干涉仪的一个反射镜，使该镜片在轴线方向上做微小的周期性振动，从而使入射激光中的各个模式依次通过干涉仪，由光电探头把接收到的光信号转换成电信号，经过放大后送入示波器，在示波器上显示出透过干涉仪的激光模式频谱。

图 21-7 所示为激光模式频谱示意图，但是并不能从示波器上直接得到各个模式的频率值及频率差值，而是需要通过共焦腔扫描干涉仪的自由光谱范围 $\Delta\upsilon_{\text{S.R.}}$ 进行计算得出。通过示波器可以测得相邻两组纵模的周期 T 和每组纵模内相邻两个纵模的时间间隔 Δt，通过式（21-9）计算可得纵模间隔 $\Delta\upsilon_q$：

$$\Delta\upsilon_q=\frac{\Delta t}{T}\cdot\Delta\nu_{\text{S.R.}} \tag{21-9}$$

4．偏振的检测

外腔式激光器的谐振腔是和工作物质分开的，如图 21-8 所示。光波要来回多次通过工作物质窗口，为了减少窗口表面反射光的损失，在工作物质两端采用了布儒斯特窗口的结构。激光管内来往的光波以布儒斯特角 i_B 入射到窗上时，S 分量的振动逐次被反射掉，而 P 分量却没有反射损失，可以在腔内形成稳定的振荡，通过反射镜 M_1 输出线偏振激光。

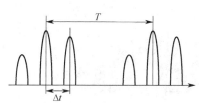

图 21-7　激光模式频谱示意图

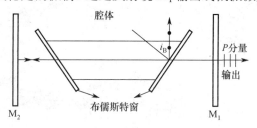

图 21-8　外腔式激光器

如图 21-9 所示，当一线偏振激光正入射到偏振片上，其透射光强 I 与入射光强 I_0 及 θ 满足马吕斯定律：$I = I_0\cos^2\theta$，其中 θ 为激光器输出激光的 P 偏振方向与偏振片的透振轴的夹角。

当 $\theta = 0°$ 时，考虑到偏振片的吸收，透射光强最强，记为 $I = I_0$。

当 $\theta = \theta_n$ 时，由马吕斯定律可得 $I = I_{n0}\cos^2\theta_n$，则归一化光强为

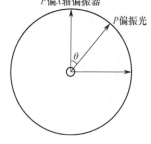

$$I_n = \frac{I_{n0}\cos^2\theta_n}{I_{n0}} = \cos^2\theta_n \qquad (21\text{-}10)$$

图 21-9　激光入射到偏振片

因此通过测量不同角度透光的归一化光强值并带入式（21-10），即可判定入射光是否为线偏振光。

5．激光器的工业应用

由于激光器具备的种种突出特点，因此很快被运用于工业、农业、精密测量和探测、通信与信息处理、医疗、军事等方面，并在许多领域引起了革命性的突破。激光在军事上除用于通信、夜视、预警、测距等方面外，多种激光武器和激光制导武器也已经投入使用。

（1）激光作为热源。激光光束细小，且带着巨大的功率，如用透镜聚焦，可将能量集中到微小的面积上，产生巨大的热量。例如，人们利用激光集中而极高的能量，可以对各种材料进行加工，能够做到在一个针头上钻 200 个孔；激光作为一种在生物机体上引起刺激、变异、烧灼、汽化等效应的手段，已在医疗、农业的实际应用上取得了良好的效果。

（2）激光测距。激光作为测距光源，由于方向性好、功率大，可测很远的距离，且精度很高。军用坦克测距就是一个很好的例子。1969 年 7 月 20 日，美国"阿波罗 11 号"飞船在登月飞行时，曾将一种特别的角反射器安放在月球上，用激光监控地月距离。

（3）激光通信。在通信领域，一条用激光柱传送信号的光导电缆，可以携带相当于 2 万根电话铜线所携带的信息量。

（4）受控核聚变的应用。将激光射到氘与氚混合体中，激光带给它们巨大的能量，产

生高压与高温，促使两种原子核聚合为氦和中子，同时放出巨大辐射能量。由于激光能量可控制，所以该过程称为受控核聚变。

【实验装置】

BEX-8201 激光原理实验仪如图 21-10 所示。

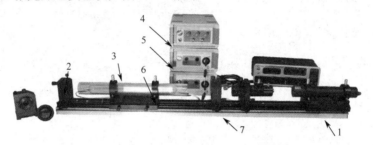

图 21-10　BEX-8201 激光原理实验仪

1—导轨，带加强导轨，长 1000mm；2—平凹镜，R=1000mm ；3—Main Laser；
4—锯齿波发生器；5—Pilot Laser 电源；6—Main Laser 电源；7—平面镜

【实验内容】

1. 氦氖激光器谐振腔的调节

（1）激光器由泵浦源（Main Laser 电源）、工作物质（Main Laser）和谐振腔组成。其中谐振腔又由一面凹面反射镜和一面平面输出镜及相应的机械调节部件组成，调整螺钉，使平面镜垂直、谐振腔水平，如图 21-11 所示。

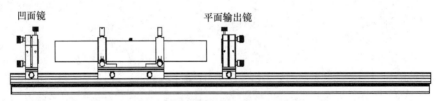

图 21-11　外腔式氦氖激光器粗调整

（2）将凹面反射镜留在导轨的左端并固定，将 Pilot Laser 连同机械调节系统装在导轨的右端并固定。调节 Pilot Laser 座的 4 颗调节螺钉，使得 Pilot Laser 输出的激光平行于导轨，并且照射到凹面反射镜的中心，如图 21-12 所示。

图 21-12　激光器照射到凹面反射镜的中心

（3）从导轨上移去凹面反射镜，将 Main Laser 连同机械部件装在导轨靠近左端的位置并固定，调节 Main Laser 座上的 4 颗调节螺钉，使得从 Pilot Laser 出射的激光从 Main Laser

的右端布儒斯特窗进入，从另一端的布儒斯特窗射出，且入射前和出射后的光斑形状一致。出射后的光斑观察位置应在距离左端布鲁斯特窗至少 50cm 处，用白屏观察，如图 21-13 所示。（注意：安装或移动 Main Laser 时，应该手握下面的托板或者是固定圈，而不能用手触碰 Main Laser 管身。）

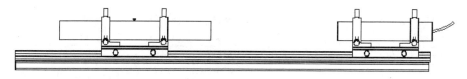

图 21-13　谐振腔的调整

（4）重新将凹面反射镜固定于导轨的左端，细调凹面反射镜的 X、Y 调节螺钉，使得凹面反射镜的反射光束可以进入 Pilot Laser 的出射孔。此时观察凹面反射镜上的光点，至少会有三个，呈线状排列。进一步微调凹面反射镜上的 X、Y 调节螺钉，使得光点完全重合，此时会出现忽亮忽暗的干涉现象，如图 21-14 所示。

图 21-14　凹面反射镜光点完全重合

（5）重新将 Main Laser 连同相应的机械部件装在导轨上，与第一次的位置基本相同。将平面反射镜及相应的机械部件安装在托板上，根据谐振腔的长度需要，将平面镜固定在导轨的合适位置。调节精密调整架上的 X、Y 调节螺钉，使得平面的反射光束能够进入 Pilot Laser 的出射孔，在 Main Laser 和平面镜之间放一白屏，继续调节 X、Y 调节螺钉，使得在白屏上呈现清晰的同心干涉圆环，如图 21-15 所示。

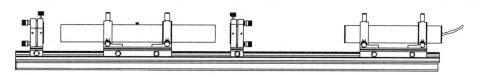

图 21-15　要求白屏上呈现清晰的同心干涉圆环

（6）打开 Main Laser 电源，此时激光开始振荡，在输出平面镜一侧会有激光输出。若没有，则需要进一步微调平面镜。由于平面输出镜有一定的透过率，将观察到凹面镜上有一个微弱的红色光点。先在小范围内来回微调平面镜 X、Y 调节旋钮中靠上的那个旋钮，同时观察反射镜上微弱红点的变化，直到该光点最亮，然后来回调节平面镜 X、Y 调节旋钮中靠下的旋钮，直到微弱红点最亮，这个过程要不断重复进行，直到激光输出。如果还不能形成激光振荡输出，则重复上述全部的操作。

（7）当激光开始振荡，移去 Pilot Laser 及相应的机械部件，放上激光功率计，调整精密调整架上的 X、Y 调节螺钉，使得激光功率计显示值最大，确保出射激光能很好地被激光功率计探头接收。

2．氦氖激光器的偏振测量

（1）按实验内容 1 实现激光输出，并调整至最大。

（2）在输出镜和激光功率计探头之间放置偏振器，如图 21-16 所示。

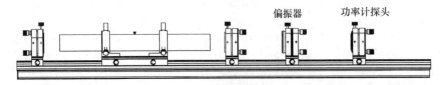

图 21-16　激光器偏振测量

（3）旋转偏振器，直到激光功率计的读数最大，证明此时激光的偏振方向和偏振器的透振轴已经重合，表示 $\theta = 0^\circ$，记下此时的偏振器角度值和激光功率计的读数。

（4）旋转偏振器，以 10° 为间隔，记录激光功率计的读数，直到 $\theta = 90^\circ$，此时的激光功率计读数为最小。

（5）按式（21-10）处理相应角度的归一化光强，绘制归一化光强随角度变化的曲线以及 $\cos^2\theta$ 随角度变化的曲线，并对比两条曲线。

【注意事项】

1．请勿用手直接触摸光学元件，如元件污染请用专门的擦镜纸和清洗液清洁。

2．在拧紧螺钉的过程中，要时刻注意只要确定 Main Laser 在套管中不滑动就行，拧得过紧可能会压裂乃至压碎 Main Laser，导致仪器损坏。

3．注意激光器开关电源的先后顺序。

4．激光对人眼有害，请不要直视。

【结果分析】

1．分析示波器观察到的波形。

2．归一化光强与 $\cos^2\theta$ 的关系。

【思考讨论】

1．氦氖激光器谐振腔调节的每一步的目的分别是什么？

2．光功率在导轨上移动，激光功率基本不变，为什么？

3．通常使用的氦氖激光器，其输出功率为什么不够稳定？

4．激光多模输出及其不稳定性在精密测量中有什么影响？

【参考文献】

[1] 郭亦玲，沈慧君. 诺贝尔物理学奖 1901—2010[M]. 北京：清华大学出版社，2015.

[2] 崔小虹，张海洋，王庆. 激光原理与技术实验[M]. 北京：北京理工大学出版社，2017.

实验二十二　激光振镜扫描实验

电子课件

激光扫描器也叫激光振镜。计算机控制器提供的信号通过驱动放大电路驱动光学扫描电机，从而在 XY 平面控制激光束的偏转。振镜系统是一种由驱动板与高速摆动电机组成的高精度、高速度伺服控制系统，主要用于激光打标、激光内雕、舞台灯光控制、激光打孔等。

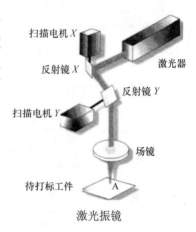

【实验目的】

1. 熟悉激光振镜的工作原理。
2. 掌握振镜误差产生的原因与修正方法。
3. 掌握激光振镜技术在现代科学研究中的应用。

【实验原理】

1. 扫描振镜的工作原理

振镜式激光扫描实验系统主要由计算机、激光器、扫描振镜驱动电源、激光器电源、光路系统等组成，其工作原理是激光器发出的激光经过振镜扫描器中 X 轴和 Y 轴反射镜的两次反射后，再经过 F-theta 透镜聚焦后投影到观察屏的 XY 平面，形成一个扫描点。任何复杂的平面轨迹都能通过控制振镜的两个镜片的偏转来实现。扫描振镜是将激光束入射到反射镜上，用计算机控制反射镜的反射角度来达到激光束的偏转，激光束入射到第一个反射镜（X 轴），由扫描电机的偏转带动 X 轴镜片转动，形成 X 轴方向上的位置扫描；从 X 轴镜片反射出来的光入射到反射镜片第二个反射镜（Y 轴），第二个扫描电机的转动形成 Y 轴方向上的位置扫描，如图 22-1 所示。

振镜是一种高精度、高速度和高重复性的光学扫描器件。它由扫描反射镜、扫描电机和角度传感器三部分组成。扫描反射镜由光学衬底和反射薄膜构成，实验系统中激光束的波长、光束直径和功率不同，扫描反射镜的材料和尺寸也需要随之改变。反射镜所需的有效光学孔径（面积）主要取决于扫描光束（包括入射光束和出射光束）的有效范围。由于光束与反射镜间的夹角关系，光束在反射镜表面上的形状并不总是圆形，而有延长（椭圆）的效果。

因此在选择反射镜的有效孔径时，总是要使其比光束的有效范围大。动力学的稳定性是反射镜另一个需要考虑的重要因素，它将影响整个系统的性能表现。反射镜的设计不能使他的转动惯量小到其共振效应成为整个系统的最主要因素，这将对系统的工作带宽产生有害的影响。在高精度扫描器中，对扫描反射镜的要求也是很高的。需要综合考虑反射镜的固定安装技术、动态形变、热形变、反射镜的磨损等问题。扫描电机是一种特殊的摆动电机，基本原理是通电线圈在磁场中产生力矩，转子产生偏转，从而带动固定在转子上的镜片产生偏转。与旋转电机不同的是，其转子通过机械扭簧或电子的方法加载复位力矩，大小与转子偏离平衡位置的角度成正比，当线圈通以一定的电流而转子偏转到一定的角度时，电磁力矩与回复力矩大小相等，故不能像普通电机一样旋转，只能偏转，偏转角与电流成正比，类似电流计，故振镜又叫电流计扫描振镜（galvanometric scanner）。角度传感器采用差分式电容传感器，并和扫描电机集成在一起。电容传感器是将扫描电机轴转动角度的变化量转换为电容量的变化，它结构简单，分辨率高，可非接触测量，并能在高温、辐射和强烈震动等恶劣条件下稳定工作。

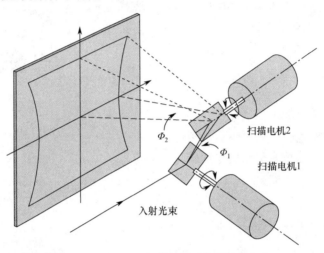

图 22-1　扫描振镜示意图

2. F-theta 场镜的原理

对于一般的光学透镜，当一束激光射向处于透镜焦点的反射镜时，光线通过反射镜反射和透镜折射后汇聚于透镜的像面上，其理想像高 $y = f \cdot \tan\theta$，即像高 y 与入射角 θ 的正切值成正比。这种透镜用于激光扫描系统时，由于理想像高与扫描角 θ 之间不呈线性关系，因此以等角速度偏转的入射光束在焦平面上的扫描速度并不是常数。为了实现等速扫描，应使聚焦透镜产生一定的负畸变，使它的实际像高比几何光学确定的理想像高小并与扫描角 θ 呈线性关系，为此必须用两个或两个以上的镜片组成的镜片组来取代单个镜片。所谓 F-theta 镜，就是经过严格的设计，使像高与扫描角满足关系式 $y = f \cdot \theta$ 的镜头，因此 F-theta 镜又称线性镜头。平场透镜的主要作用是：校正像差补偿系统场曲和畸变，获得平场像面，且可以均匀光照。F-theta 透镜也称为平场透镜，主要是校正了理想像高和扫描角的非线性关系，实现了 $y = f \cdot \theta$。由于 F-theta 透镜的焦点与加工平面呈一定角度，会导致加工刻线深浅不一，刻线变粗，由此可以采用远心 F-theta 透镜，保证任意角度垂直入射焦平面。

3. 激光扩束原理

在激光工业加工中，一个很重要的参数就是被控制的激光束在聚焦后的光斑大小和功率密度。较小的聚焦光斑能够得到更高的扫描精度，较大的功率密度则能提高扫描的效率。激光束是一种特殊球面波，在传输过程中它的曲率中心是不断变化的。一般情况下，激光束的能量分布曲线为高斯曲线，经过球面镜后的激光束能量分布仍保持不变。激光的光束质量因子 M^2 是激光器输出特性的一个重要指标，将其定义为

$$M^2 = \frac{\pi D_0 \theta_0}{4\lambda} \tag{22-1}$$

其中，D_0 为激光束的束腰直径，θ_0 为激光束的发散角。我们又知道，激光束在经过整个光路透镜组的变换前后光束束腰直径与发散角之间的乘积是一定的。

$$D_0 \theta_0 = D_1 \theta_1 \tag{22-2}$$

其中，D_0 和 θ_0 为经过透镜组前的束腰直径和发散角，D_1 和 θ_1 为经过透镜组后的束腰直径和发散角。由此我们可以得到最终的聚焦光斑直径为

$$d = \frac{D_0 \theta_0}{\theta_f} \approx \frac{4\lambda M^2}{\pi D} \tag{22-3}$$

其中，θ_f 为聚焦后的发散角，λ 为激光波长，f 为最后一个透镜的焦距，D 为进入最后一个透镜的光束直径。可以看出，激光束聚焦光斑直径的大小 d 与激光束的光束质量因子 M^2 及波长 λ 相关，同时也受聚焦透镜的焦距 f 及聚焦前进入最后一个透镜的光束直径 D 影响。在实际应用中，激光的光束质量因子 M^2 和波长 λ 是确定的，改变聚焦透镜焦距 f 也十分麻烦。由上述理论可知，为了减小聚焦光斑的直径 d，最直接的方法就是扩大聚焦前进入最后一个透镜的光束直径 D，所以采用在整个光路系统中加入扩束镜的方法来得到理想的聚焦光斑。在扩大直径的同时还能压缩激光发散角，使从扩束镜出射的光接近于平行光，起到了准直的作用。

激光扩束的方法主要有两种：伽利略法和开普勒法，如图 22-2 和图 22-3 所示。

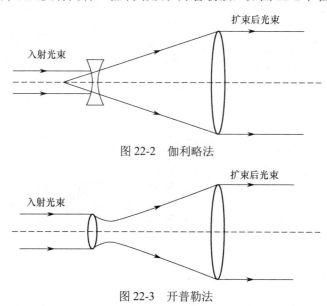

图 22-2　伽利略法

图 22-3　开普勒法

激光经过扩束镜后，输出光斑的直径被扩大，从而减小了激光束在传输过程中照射到光学器件表面上的功率密度，这样就减小了激光束通过时光学器件的热应力，起到了一定的保护作用。此外，激光束的发散角在扩束后被压缩，减少了激光的衍射，因此能够获得

较小的聚焦光斑。

4. 激光振镜的工业应用

激光扫描技术是随着激光照排机、激光打印机等的广泛应用发展起来的一项技术，现在随着技术的发展，它已应用到了其他一些领域，如光学医疗、图像传输等。振镜扫描是激光扫描技术应用最广的一种扫描方式，振镜扫描在激光打标、激光雕刻、激光微焊接、激光精确跟踪、激光演示、舞台灯光控制、生物医学、半导体加工等领域都有广泛的应用。振镜扫描，是指振镜电机带动反射镜偏转，进而带动激光光束在扫描平面上移动进行扫描。它的机械部分是由 X、Y 两个振镜组成的振镜头，每个振镜电机轴上都安装了一个反射镜片，这两个反射镜相互配合偏转不同的角度就可以带动激光束在扫描平面上扫出完整的二维图形。

激光打标技术是在激光打孔、激光热处理、激光焊接、激光切割等技术大量应用之后发展起来的新型加工技术，是一种非接触、无污染、无磨损的新型标记技术。在激光加工领域中，激光打标技术是应用最为广泛的新技术之一。激光打标技术指把高功率密度的激光光束投射到被标记物表面，使标记物表面发生化学或物理变化，留下痕迹，并且激光光束按要求在标记物表面有规律的运动，从而在标记物表面标记完整的图案。激光标记技术是计算机技术和激光技术相结合的产物，它与传统标记技术，例如电火花、机械刻划、冲压、腐蚀等相比，优点很多：标记速度快、效率高、精度高、无污染；能够实现微小标记，标记图案持久，标记图案清晰；打标时不与加工材料进行接触，工件表面不会产生机械形变，可以实时在线打标；几乎能够在所有材料表面留下标记。

【实验装置】

图 22-4 为 BEX-8203A 振镜式激光扫描实验仪。

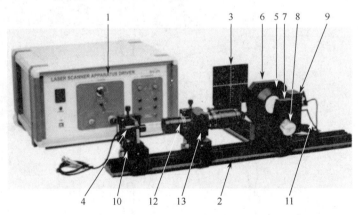

图 22-4　BEX-8203A 振镜式激光扫描实验仪

1—激光振镜扫描驱动仪；2—导轨，X 轴方向长 600mm，Y 轴方向长 300mm；3—观察屏带托板，尺寸 13cm×13cm，360° 刻度；4—半导体激光器，515nm；5—F-theta 镜头，532nm，f=160mm；6—F-theta 镜头固定架；7—XY 扫描振镜镜片组；8—XY 扫描振镜控制电机；9—XY 振镜支架；10—激光器固定调节架；11—XY 扫描头连接线；12—2—8× 扩束镜，532nm（选配）；13—扩束镜固定调节架（选配）

【实验内容】

1. 振镜式激光扫描实验仪光路的调整

（1）确保激光器和驱动电源都处于关闭状态。

（2）将激光器和观察屏按图 22-5 所示固定在导轨上。

操作视频

图 22-5　激光器、观察屏放置

（3）打开驱动电源开关，此时 X 和 Y 扫描振镜处于工作状态，X 和 Y 振镜都在初始位置（零偏角度位置）。

（4）打开激光器开关（ON）。

（5）打开软件，若软件提示"无法找到加密狗！"软件工作在演示模式，则说明 USB 线有一端未连接好，确认连接好后再重新打开软件。

（6）打开软件后，按 F3 键，选择"激光控制"选项卡，单击"测试激光"按钮，设置激光开启时间（时间设置得越大越好，如 100 万毫秒），单击"开激光"按钮，如图 22-6 所示，弹出"确认输出激光"对话框，单击"确定"按钮，此时激光器被点亮，暂停软件操作，软件定格在图 22-7 所示的界面。若还没有激光出射，请检查激光器电源是否连好，激光功率调节旋钮是否调大，激光器开关是否打开。注意：室内环境过亮会导致光斑看不清楚，此时请降低室内环境亮度。

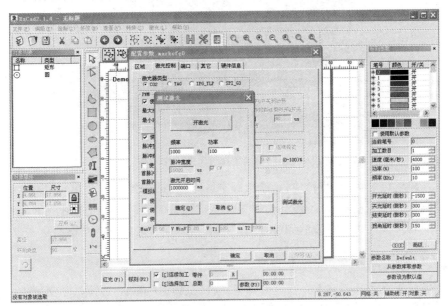

图 22-6　开激光初始界面

（7）通过调节激光器固定架（上下左右）旋钮使光斑中心与观察屏（0，-15）重合，前后移动观察屏，观察激光光斑在移动过程中是否重合，若出现偏移，通过调节激光器固定架（对角线上）的旋钮使光斑重合。

图 22-7 开激光后软件暂停界面

（8）移去观察屏，将 XY 扫描振镜固定在两导轨交接处位置，托板固定 600mm 导轨上，托板的中心刻线和300mm 导轨的中间对齐，观察激光光斑是否处于 X 振镜中心位置，若不在中心位置，调节激光器固定架（上下左右）旋钮使光斑中心处于 X 振镜中心位置。注意：此时不能调节激光器固定架对角线上的旋钮。

（9）如图 22-8 所示，将 F-theta 透镜紧靠 XY 扫描振镜固定在 300mm 导轨上，将观察屏固定在透镜的工作距离位置（f=160mm 的 F-theta 透镜工作距离为 170mm，工作距离的就是将观察屏放置在平场透镜的焦平面位置），此时光斑应位于观察屏中心位置，若不在中心位置，需要重新确认激光器出射光斑是否垂直，所有的锁紧螺钉是否已拧紧，XY 扫描振镜托板的中心刻线是否和 300mm 导轨的中间对齐，观察屏是否固定在透镜的工作距离位置。注意：不放置扩束镜时，可将激光器移近振镜，观察屏上可以得到一个相对较小的光斑。

图 22-8 观察屏固定在透镜的工作距离位置

（10）（装置包含扩束镜时）将扩束镜固定在激光器和 XY 振镜之间，调整扩束镜固定架的调节螺钉（上下左右），使激光出射光斑从扩束镜中心通过，此时观察屏上的光斑仍基本处于中心位置，会有略微的偏移。至此，所有装置固定完成，光路调整完成。

2. XY 扫描中心偏差测定及校准

在调整好光路后，由于激光器、扩束镜、XY 振镜、F-theta 透镜与观察屏中心调等高同轴时，都会存在微小的偏轴差，尽管在测试激光模式下将光斑调到了观察屏中心，但实际的系统扫描轴心还是会存在一定的偏离，偏差测定操作步骤如下。

为方便读数，记录及实验报告的整理，建议学生操作过程中使用 130mm×130mm 的方格纸。

（1）在观察屏上固定 130mm×130mm 的方格纸。

（2）已有参数设置不变，在软件中绘制一个矩形（如 20mm×20mm），中心位于原点。

（3）勾选"连续加工"复选框，单击"标刻"按钮（按 F2 键），软件提示"标刻中"，此时开始扫描图形，调节激光功率调节旋钮，使出射激光光斑亮度适中，观察所扫描的图像，在方格纸上记录矩形图的四个顶点，读取数值，并记录在表 22-1 中。

表 22-1　坐标偏移值测量

矩形四角与中心点坐标	实际观察屏坐标	坐标偏移值
左上		
右上		
左下		
右下		
中心坐标 $[(x_1+x_2+x_3+x_4)/4,(y_1+y_2+y_3+y_4)/4]$		
偏转角度 $[\tan^{-1}(y_2-y_1/x_2-x_1)]$		

（4）中心校准：扫描过程中如发现图形有偏转，依据表 22-1 的读数，可以先矫正偏转，再矫正中心位置。按 F3 键，在图 22-9 所示的配置参数对话框中，设置角度、区域尺寸，将实际计算所得的坐标偏移值和偏转角度分别输入偏移 X、偏移 Y、角度框中（注意输入的偏移值和实际所测的偏移值是相反的），单击"确定"按钮，重复步骤（3），观察扫描图像。若仍存在偏移，则继续微调，直至矩形中心和观察屏中心一致，记录设置的偏移值。

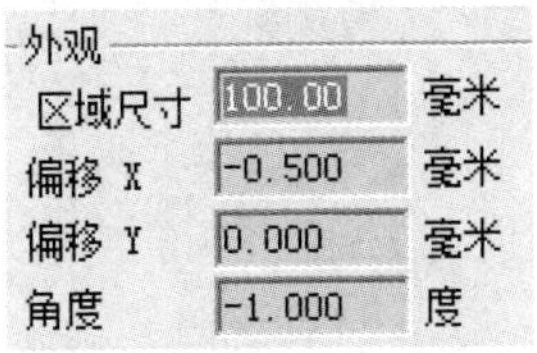

图 22-9　偏差值设置

【注意事项】

1. 振镜易碎，使用时请小心操作。
2. 振镜表面有灰尘、脏污时，切勿用手或纸巾擦拭，可以用橡胶吹气球吹去灰尘等。
3. 连线完成后，切勿大幅移动驱动仪或振镜部件，避免损坏连接线。
4. 激光器的出射光斑大小出厂时已调整好，禁止学生调试。
5. 调节时发现螺钉已拧到调节极限时，切勿用力再拧，以免损坏调节装置。

【结果分析】

确定激光振镜调整方法，并给出修正参数。

【思考讨论】

1. 如何调节得到最佳激光图像？步骤和方法是什么？
2. 激光振镜有哪些应用？

3．为什么将激光振镜应用于打标机已经成为激光打标的主流和发展方向？

【参考文献】

[1]　谢小云. 我国激光振镜行业现状及发展趋势[J]. 商讯，2020(05)：138-139.

[2]　李桂存，方亚毡，纪荣祎，等. 基于二维振镜与位置灵敏探测器的高精度激光跟踪系统[J]. 中国激光，2019，46(07)：206-212.

[3]　刘琛. 高速扫描振镜控制系统设计研究[D]. 太原：中北大学，2018.

[4]　井峰. 数字式振镜控制系统的研究[D]. 西安：中国科学院西安光学精密机械研究所，2012.

实验二十三　空间复杂结构矢量光场的产生与调制实验

电子课件

振幅、相位、频率、偏振态是光场的基本特性。通过振幅、相位和偏振态对光场的传输和演化进行调控，充分发挥光波所有的可调自由度，对光学信息的传播和处理有着至关重要的影响。我们以涡旋光束、光束横截面具有不同偏振态分布的矢量光束、自修复弯曲光束（caustic 矢量光场）的实验为例，介绍不同振幅、相位和偏振态的空间分布对光场及其偏振态分布的传输和演化的影响和操控，学习调控的基本原理，掌握如何通过振幅、相位和不同偏振态分布对光场及其偏振态分布的传输和演化进行调控，为更复杂的光场调控技术和应用打下基础。光场调控技术是现代光学和技术创新的基础，最近 20 年已经产生了一系列的物理概念创新和应用技术突破，通过本系列实验的操作和学习，理解和掌握光场调控的基本概念和实验技术。

【实验目的】

1．了解涡旋光束、自修复弯曲光束、矢量光束的产生原理，掌握空间位相、偏振态分布的调制方法。

2．实验产生涡旋光束、自修复弯曲光束、矢量光束，观察三种光束的传输特性。熟悉不同振幅、相位和偏振态的空间分布对光场的传输和演化的影响和操控。

3．利用正交的偏振分量的相干叠加产生不同偏振态分布的矢量光束。

【实验原理】

1．偏振光的基本概念

光是电磁波，光波的电矢量 **E**、磁矢量 **H** 和光波的传播方向三者相互垂直，如图 23-1 所示。由于电磁波对物质的作用主要是电场，故在光学中把电场强度 $\vec{E}$ 称为光矢量。如果在光传播方向上，光矢量始终在同一平面内振动，则这种光称为平面偏振光或线偏振光。光矢量振动方向与传播方向所构成的面称为振动面。

由于一般光源发光机制的无序性，在垂直于光波传播方向的平面内，其光波的电矢量分布就方向和大小来说是均等对称的，这种光称为自然光。在发光过程中，有些光的振动面在某个特定方向上出现的概率最小，这种光称为部分偏振光。如图 23-2 所示，图 23-2（a）为线偏振光，图 23-2（b）为自然光，图 23-2（c）为部分偏振光。还有一些光，其振动面的取向和电矢量的大小随

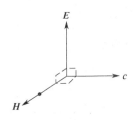

图 23-1　电矢量、磁矢量和光的传播方向

时间做有规律的变化，使电矢量末端在垂直于传播方向的平面上的轨迹呈椭圆或圆，这种光称为椭圆偏振光或圆偏振光。

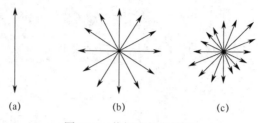

(a)　　　　　　　(b)　　　　　　　(c)

图 23-2　偏振光与自然光

2. 偏振光的调制

一列单色光波在正交的偏振方向进行相位调制后，在柱坐标系统中可以用以下方程表述：

$$E(r,\theta,z=0) = A(r,\theta)[e^{i\psi_1(r,\theta)+i\theta_0}\boldsymbol{e}_x + e^{i\delta}e^{i\psi_2(r,\theta)+i\theta_0}\boldsymbol{e}_y] \tag{23-1}$$

这里，该光波同时包含 x 和 y 偏振分量。如果 $\psi_1(r,\theta)= \psi_2(r,\theta)$，则该光波在光场的横截面的偏振态分布是一致的，如线偏振、圆偏振、椭圆偏振，具体由 x 和 y 偏振分量的位相差 δ 决定。在这种情况下，我们称它为标量光场。其表达式可以简化为

$$E(r,\theta,z=0) = A(r,\theta)e^{i\psi_1(r,\theta)+i\theta_0}\boldsymbol{e} \tag{23-2}$$

其中

$$\boldsymbol{e} = \boldsymbol{e}_x + e^{i\delta}\boldsymbol{e}_y$$

这时，我们可以通过调制它的位相分布 $\psi_1(r,\theta)$ 来调控光束的传输和演化。

（1）当 $\psi_1(r,\theta)= \psi_2(r,\theta)= n\varphi$ 时，其中 n 为整数（涡旋拓扑荷），$\varphi=\arctan(y/x)$ 为方位角。该光束是涡旋光束，光束中心产生光学位相奇点（没有光场存在于光场中心）。

（2）当 $\psi_1(r,\theta)= kx^{\alpha}$ 时，其中 α 取 3/2，7/4，9/5 等分数，该光束将是 caustic 光场，具有自修复、弱衍射、弯曲传输的特性。

如果 $\psi_1(r,\theta)\neq \psi_2(r,\theta)$，则该光波在光场的横截面的偏振态分布是不一致的，在光场的横截面上可以同时存在线偏振、圆偏振、椭圆偏振的分布，在这种情况下，我们称它为矢量光场。在实验上，我们需要对两个正交的偏振分量进行调制，然后再进行叠加产生矢量光场。在本实验中，我们对正交的左旋圆偏振和右旋圆偏振两个偏振分量进行相位调制，同时让 $\psi_1(r,\theta)= \psi_2(r,\theta)= n\varphi$，在这种情况下，产生的矢量光束在柱坐标系统中可以用以下方程表述：

$$E(r,\theta,z=0) = A(r,\theta)[e^{in\theta}\boldsymbol{e}_L + e^{-in\theta}\boldsymbol{e}_R]$$
$$= \sqrt{2}A(r,\theta)[\cos(n\theta)\boldsymbol{e}_x + i\sin(n\theta)\boldsymbol{e}_y] \tag{23-3}$$

其中，$\boldsymbol{e}_L = (\boldsymbol{e}_x + \boldsymbol{e}_y)/\sqrt{2}$、$\boldsymbol{e}_R = (\boldsymbol{e}_x - \boldsymbol{e}_y)/\sqrt{2}$ 分别表示左旋、右旋圆偏振单位矢量。

3. 产生矢束光束的原理和方法

矢量光束的产生方法可以分为主动生成和被动生成两类。主动生成法的原理是直接在激光器内生成，主要通过激光模式的选择和光束干涉。在腔内直接生成的矢量光束的光束质量普遍较好，但其本身对各元件之间的相互调节要求较为精确。被动生成法的原理则是通过空间分区相位延迟器、空间可变亚波长光栅、液晶器件等进行光束干涉。

图 23-3 所示的是一种利用 4f 光学系统产生矢量光束的实验装置，该装置由激光器（laser）、扩束镜、准直镜、偏振片（P1、P2）、空间光调制器（SLM）、透镜（L1、L2）、空间滤波器（F）、四分之一波片（λ/4）、光栅（G）、CCD 相机等构成。

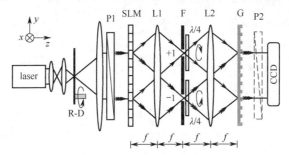

图 23-3　利用 4f 光学系统产生矢量光束的实验装置示意图

入射光场为线偏振光束，通过空间光调制器（SLM）的振幅传输函数为

$$t(x,y) = [1 + \gamma\cos(2\pi f_0 x + \delta)]/2 \tag{23-4}$$

其中，δ 是附加相位分布，f 和 γ 分别是空间频率和全息图（HG）的调制深度。当 x 方向的线偏振光经过空间光调制器（SLM）之后，生成的 ±1 阶光束将被附加相位 δ，最后再通过空间滤波器（F）之后的四分之一波片，生成的±1 阶衍射波可以表示为

$$E^{\pm 1} = [E_L^{\pm 1}, E_R^{\mp 1}] = A_0[e^{\pm i\delta}\vec{e}_L, e^{\mp i\delta}\vec{e}_R] \tag{23-5}$$

其中 A_0 为常量，δ 为空间光调制器（SLM）上的附加相位，$\vec{e}_L$ 和 $\vec{e}_R$ 分别表示左圆偏振和右旋圆偏振单位矢量。±1 阶光束经过 Ronchi 光栅叠加可以得到：

$$E = E^{+1} + E^{-1} = [E_\rho, E_\varphi] = A_0[\cos\delta\vec{e}_x, \sin\delta\vec{e}_y] \tag{23-6}$$

e_x 和 e_y 分别表示 x 偏振和 y 偏振单位矢量。可以通过设定不同的 δ 生成不同的矢量光束。若

$$\delta = m\varphi + \varphi_0$$

则取 m 和初始相位 φ_0 为不同的值，就可以生成不同的矢量光束，其中的 m 为拓扑变量，φ 为入射光束在横截面上的方位角，φ_0 为入射光束的初始方位角。图 23-4 表示的是当 m 和初始相位 φ_0 取不同值时，在实验过程中所生成的不同的矢量光束，图 23-4（左）为当 $m=1$ 时，$\varphi_0 = 0$，$\pi/4$，$\pi/2$ 和 $3\pi/4$ 时生成的光束偏振和光强分布；图 23-4（右）为当 $\varphi_0 = 0$，$m=2,3,5$ 时生成的光束。

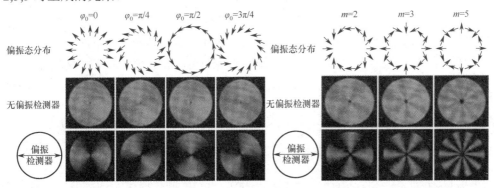

图 23-4　生成的矢量光束光强分布图

【实验装置】

氦氖激光器，空间光调制器，小孔滤波器，Ronchi 光栅，偏振片，透镜，底座、支架、带刻度导轨、CCD 相机、台式计算机一台。

图 23-5 为实验装置示意图，图中 1 是氦氖激光器，2 是扩束镜，3 是准直镜，4 是空间光调制器，5 是傅里叶透镜，6 是四分之一波片（带小孔滤波器），7 是傅里叶透镜，8 是 Ronchi 光栅，9 是偏振片，10 是 CCD 相机，11—14 是底座及支架，15 是扩束准直系统，16 是带刻度导轨，17 是 4f 光学系统。

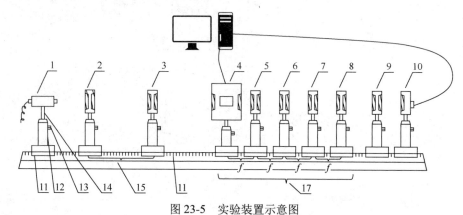

图 23-5　实验装置示意图

【实验内容】

1. 光路调整

首先将氦氖激光器（10）通过调节旋钮（13）及接杆（14）调至适当高度，之后调节扩束准直系统（15）使出射的激光光斑均匀且水平，再调节 4f 光学系统之间的间距（相邻器件的距离都为 f）。最后调节 CCD 的高度至适当位置，检测光斑强度分布。上述所述器件都可以在带刻度的导轨（16）上自由滑动。

2. 产生涡旋光束，观察其光场分布和演化特性

具有位相奇点的涡旋光束，在光学通信、粒子微操纵、STED 显微镜等领域具有广泛的应用。了解它的实验产生方法和基本传输特性是非常重要的内容。通常采用螺旋相位板来产生涡旋光束。如图 23-6 所示，利用空间光调制器（SLM）来产生螺旋相位，获得不同阶次的涡旋光场，检测和分析它的光场在不同产生距离的演化规律。

选择不同拓扑荷相位的全息图，导入空间光调制器。当激光器中出射的光束通过扩束准直系统（17）后，得到出射光很均匀的光斑，接着射出的高质量光束入射到显示不同拓扑荷全息图的空间光调制器中，可得到不同拓扑荷的涡旋光场，通过空间滤波器后，在 CCD 上记录光场分布图像，并进行分析。

3. 产生自修复弯曲光束，观察其传输特征

衍射作为光波的一种基本现象，影响着光波和光脉冲在自由空间和介质中的传输，

1987 年 Durnin 等在理论上和实验上论证了无衍射 Bessel 光束，此后，Bessel 光束在理论上和实验上得到了广泛的研究和应用。2007 年 Christodoulides 等通过引进指数调制因子，在实验室首次产生了有限能量的弱衍射 Airy 光束。在一定的传输距离内，弱衍射 Airy 光束仍能保持理想 Airy 光束的特性，如弱衍射、横向加速、自修复等特性。这里，我们利用 caustic 理论，通过特定的空间位相分布，获得不同弯曲轨道传输的弱衍射、横向加速、自修复光束，如图 23-7 所示。

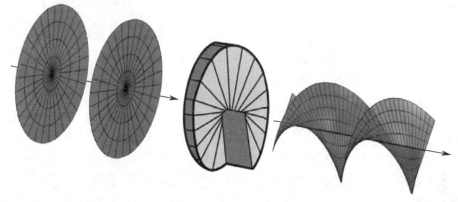

图 23-6　涡旋光束生成图

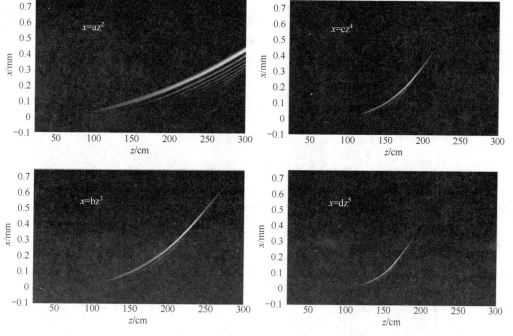

图 23-7　自修复弯曲光束生成图

将实验内容 2 中不同拓扑荷相位的全息图，替换为 caustic 位相调制的全息图，导入空间光调制器。其他保持不变，可观察得到不同弯曲轨道传输的弱衍射、横向加速、自修复光束，并在不同传输距离处用 CCD 记录光场分布图像，进行偏振分析。

4．产生矢量光束，测量不同偏振分量的分布和演化

通常情况下，光的偏振是均匀分布的（如线偏振、椭圆偏振和圆偏振），相应的光场称为标量光场。近年来，通过波前重构或特别设计和改进激光谐振腔，获得了矢量光场，即在同一时刻同一波前上偏振态分布非均匀的光场，如柱状矢量光束（典型的有径向矢量光束、旋向矢量光束），以及在同一波前上同时存在线偏振、椭圆偏振、圆偏振的混合偏振态分布的矢量光场。图 23-8 是几种矢量光场的偏振态分布示意图。

径向偏振　　　角向偏振　　　混合偏振

图 23-8　几种矢量光场的偏振态分布示意图

这里，我们基于矢量光场产生的基础预备理论，采用空间光调制器（SLM），在 4f 光学系统的实验条件下，对两个正交的圆偏振进行不同的位相拓扑荷调制，生成偏振态分布可调的柱对称矢量光场并研究其特性。

在实验内容 2 的基础上，在空间光调制器装置后放置 4f 光学系统，调节 4f 光学系统中各光学器件对应的滑块距离，使之彼此间距均为透镜的焦距 f，通过空间滤波片获得不同正负阶次的涡旋光束，进行正交偏振调制，通过 4f 光学系统后的光束，经过 Ronchi 光栅合束，可得到矢量光束。用 CCD 记录不同阶次的矢量光场分布图像，并进行分析。

5．产生 caustic 弯曲轨道传输的自修复光束矢量光场，分析光场振幅和偏振态的演化

在以上实验基础上，我们进一步对两个正交的不同位相拓扑荷调制的圆偏振进行径向 caustic 位相调制，产生弯曲轨道传输的自修复光束矢量光场，实验示意图如图 23-9 所示，研究分析其传输特性，包括振幅、偏振态演化的传输特性。

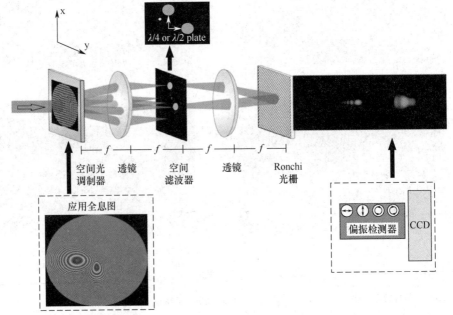

图 23-9　弯曲轨道传输的自修复光束矢量光场产生示意图

实验步骤：在实验内容 4 的基础上，将不同拓扑荷相位的全息图替换为相应 caustic 位相和不同拓扑荷相位调制的全息图，导入空间光调制器。其他保持不变，可得到不同弯

曲轨道传输的弱衍射、横向加速、自修复的矢量光场。并在不同传输距离处用 CCD 记录光场分布图像，并采用偏振片进行不同偏振分量的演化分析。

【注意事项】

1. 由于激光能量高，实验过程中应避免眼睛直视激光源，实验者应当佩戴防护眼镜；禁止用手直接触摸透镜镜片，若不慎污染镜片，应用专业的擦拭纸擦拭干净。

2. 在导轨上移动光学器件时，不要用力过猛，CCD 相机在使用的过程中应避免强激光直接照射以免损坏仪器。

3. 实验中，空间光调制器预设的全息光栅的空间频率应尽量与合束的 Ronchi 光栅的空间频率匹配，以提高生成的矢量光束的质量，另外微调 Ronchi 光栅的前后位置也能达到频率匹配的目的。

【结果分析】

1. 记录阶次 n 与光强最大值的半径数据于表 23-1 中，分析不同阶次（拓扑荷）的涡旋光束的光场分布变化情况。

表 23-1　阶次 n 与光强最大值的半径数据记录表

阶次（拓扑荷）n								
光强最大值的半径								

2. 记录传输距离、光强最大值的位置数于表 23-2 中，分析自修复弯曲光束的光强最大值随传输距离变化的情况。

表 23-2　传输距离光强最大值的位置数据记录表

传输距离								
光强最大值的位置								

3. 记录 x 偏振分量、y 偏振分量、左旋圆偏振分量、右旋圆偏振分量图像（CCD 图像记录），分析不同阶次（拓扑荷）的矢量光场、不同偏振分量的分布情况。

【思考讨论】

1. 请用光场相干干涉叠加的原理来定性解释光束弯曲传输的现象。

2. 涡旋光场的中心是否有光场存在？涡旋光场的中心是个光学奇点，它是否有确定的空间位相？

3. 矢量光场的中心是否有光场存在？在什么情况下会有光场存在？

【参考文献】

[1] ZHAN Q. Cylindrical vector beams: from mathematical concepts to applications[J]. Advances in Optics and Photonics, 2009, 1(1): 1-57.

[2] GREENFIELD E, SEGEV M, WALASIK W, RAZ O. Accelerating light beams along arbitrary convex

trajectories[J]. Physical Review Letters, 2011, 106： 213902.

[3]　WANG X L, DING J, NI W J, et al. Generation of arbitrary vector beams with a spatial light modulator and a common path interferometric arrangement[J]. Optics Letters, 2007, 32(24)： 3549-3551.

[4]　CHEN R P, CHEN Z, CHEW K H, et al. Structured caustic vector vortex optical field： manipulating optical angular momentum flux and polarization rotation[J]. Scientific Reports, 2015, 5： 10628.

[5]　CHEN R P, CHEN Z, GAO Y, et al. Flexible manipulation of the polarization conversions in a structured vector field in free space[J]. Laser & Photonics Reviews, 2017, 11(6)： 1700165.

实验二十四　GPS 声呐定位实验

振动频率高于 20kHz 的声波称为超声波。超声波具有方向性强、反射性强和功率大的特点，因此超声技术的应用几乎遍及工农业生产、医疗卫生、科学研究及国防建设等方面。利用超声波作为定位技术也是蝙蝠等生物作为防御及捕捉猎物的手段。超声波是一种弹性机械波，它在水中可实现远距离传播，所以声呐、超声波鱼群探测仪等得到了广泛的研究和应用，近来在机器人的障碍探测方面也应用相当普遍。

声呐技术已有超过 100 年的历史，它于 1906 年由英国海军刘易斯·尼克森发明。他发明的第一部声呐仪是一种被动式的聆听装置，主要用来侦测冰山。1915 年，法国物理学家保罗·朗之万（Paul Langevin）与其合作者发明了第一部用于侦测潜艇的主动式声呐设备。尽管后来压电式变换器取代了他们一开始使用的静电变换器，但他们的工作成果仍然影响了未来的声呐设计。本实验介绍的水下超声定位演示仪利用渡越时间测距及方向角检测法进行定位，运用单片机进行处理和控制，利用自编的软件进行实验数据的处理和分析，从而使学生通过实验进一步认识到水下超声定位的原理。

Paul Langevin（1872—1946）

【实验目的】

1．了解声呐原理，用超声波定位目标。
2．利用时差法测量声速和距离。

【实验原理】

1．测量仪的电路结构

水下超声定位仪的电路结构组成如图 24-1 所示，整个系统由 89C51 系列单片机控制。启动测量时，由单片机每隔 20ms 发出数个 1MHz 的超声波，驱动超声波发射器的功率电路发射出超声脉冲，同时启动单片机的计时器。当脉冲到达被测目标时，发生反射，经水的传播被超声波接收器接收，再由放大电路进行滤波放大，使单片机产生中断，计数停止，数码显示器将测得的时间显示出来并由单片机将该数据进行存储，同时可从换能器的旋转盘上读取方向角度值，由此实现定位的功能。

2．超声波的定位原理

超声波探测物体的位置是通过同时测距和测角来实现的。超声波测距的方法较多，例如渡越时间测距法、声波幅值测距法、相位测距法。它们有各自的特点，但用得最多的是渡越时间测距法，本仪器采用的就是超声波渡越时间测距法。其工作原理如下：检测从超声波发射器发出的超声波，经水介质的传播到接收器的时间，即渡越时间。渡越时间与水中的声速 v 相乘，就是声波传输的距离。由于在该仪器中，计算机程序已将传输时间除以 2，因此数码显示器显示的时间就是探测器到被测物的时间 t，其探测到的距离 l 如下式所示。

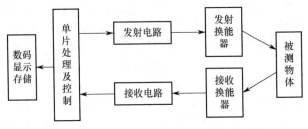

图 24-1 水下超声定位仪的电路结构图

$$l = vt \tag{24-1}$$

对式（24-1）两边微分可得

$$\mathrm{d}l = v\mathrm{d}t + t\mathrm{d}v \tag{24-2}$$

式（24-2）说明，超声波测距传感器的测试精度是由渡越时间和声速两个参数的精度决定的。如将 v 视为常量，则式（24-2）可简化为

$$\mathrm{d}l = v\mathrm{d}t = v / f \tag{24-3}$$

式（24-3）表明，计时电路的计时频率越高，传感器的测试精度越高，因此我们在设计时把计时频率设计为 24MHz，时间分辨率为 0.5μs。超声波的传播速度受介质温度影响最大，超声波速度 v 与环境温度 T 的关系可由以下经验公式给出：

$$v = 4 \times 331.4 \times \sqrt{(T + 273.16) / 273.16} \tag{24-4}$$

同时，该温度下的速度 v 也可利用逐差法通过实测的方法来求得，而目标的角度测量可直接从换能器的方向旋转刻度盘读取。

对目标进行定位，知道目标相对参考点处于什么位置，可以用直角坐标描述目标位置，也可以用极坐标描述目标位置，本实验用极坐标来描述目标位置，如图 24-2 所示，知道了 l 和 Φ 就确定了目标方位。实验模拟装置由圆柱体容器以及安装在容器壁上的探测传感器等附件组成。被测物 1 挂在具有丝杆装置、可沿容器半径方向作径向移动的横梁 2 上，即被测物可位于横梁任一位置。同时横梁 2 可以绕容器中心 O 旋转，3 是换能器与可读取方向角度值 Φ 的旋转盘。我们设计的仪器横梁转动角度 θ 的变动范围是 $-90° \sim +90°$，换能器转动角度 Φ 的范围

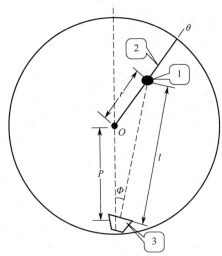

图 24-2 实验装置的结构与坐标关系

也是 $-90° \sim +90°$，被测物沿圆柱半径方向可以在 0～18.0cm 之间变化。

3. 实验数据的计算

首先，在初始时刻，当换能器置于 $\Phi = 0°$ 时，仪器横梁也处在 $\theta = 0°$ 位置，即两者在同一直径上，此时可以利用经验公式（24-4）求取 v（亦可利用逐差法测出超声波的波速）。利用测量仪测出回波的时间 t_P，从而可求出探测器到圆柱体容器中心的长度 $P = vt_P$，从而完成仪器的定标。然后，利用被测物 1、换能器 3 的位置与角度以及圆柱体容器中心 O 三点构成的三角形，根据余弦定理可得

$$r' = \sqrt{P^2 + l^2 - 2Pl\cos\Phi} \tag{24-5}$$

$$\theta' = \pi - \arccos[(P^2 + r' - l^2) / 2r'P] \tag{24-6}$$

其中，r' 和 θ' 表示了根据实测所得到的实验值。为了使实验者在实验中便于比较，在软件中确定被测物可以做三种形式的运动，因此在软件开发时我们设定了直线段、圆弧、抛物线三种标准曲线。只要在开始实验时，确定好被测物的运动轨迹、起始点与终点坐标、角度步长 $\Delta\theta$ 和长度步长 Δr，该软件即可给出该被测物运动轨迹上每个测量点坐标的理论值 r 与 θ。实验者在实验完成后，将所得实验结果输入计算机，该软件即可自动用列表与绘图的方式给出实验结果（r'，θ'）与理论值（r，θ）的相对误差及运动轨迹图。

【实验装置】

GPS 水下超声定位仪一套，示波器（选配）。

【实验内容】

1. 定标，求传感器到圆柱体容器中心的长度 P

测量实验室的温度，利用式（24-4）算出在当前温度下声波在水中的传播速度；或者当 Φ 和 θ 为 0° 时，被测物每移动 10.0mm 测量一次时间，至少测量 10 次，然后用逐差法通过实测的方法来求得该温度下的速度 v。将仪器中所带的薄铜片挂在圆柱体容器中心处的螺钉上，测量时间，计算长度 P。

2. 运动轨迹追踪

确定好被测物的运动轨迹、起始点与终点坐标、角度步长 $\Delta\theta$ 和长度步长 Δr，用软件即可给出该被测物运动轨迹上每个测量点坐标的理论值 r 与 θ，将被测物每放置一个位置测量一次时间和角度 Φ。利用被测物、换能器的位置与角度以及圆柱体容器中心三点构成的三角形，根据余弦定理求得 r' 和 θ'。

【结果分析】

记录实验室的温度。自拟表格记录所有的定标实验数据。表格的设计要便于用逐差法计算相应位置的差值。

1. 被测物做圆周运动

运动轨迹坐标的理论值 (r_i, θ_i) 和根据实测结果利用软件计算所得的实验值 (r_i', θ_i') 填

入表 24-1，绘出实验与理论计算所得的运动轨迹。

表 24-1　直线运动测量结果

编号 i	1	2	3	4	5	6	7	8
r_i/cm								
r_i'/cm								
$(\Delta r / r) \times 100\%$								
θ_i/rad								
θ_i'/rad								
$\Delta\theta/\theta/\times 100\%$								

2. 被测物沿圆周运动

运动轨迹坐标的理论值 (r_i, θ_i) 和根据实测结果利用软件计算所得的实验值 (r_i', θ_i') 填入表 24-2。绘出实验与理论计算所得的运动轨迹，参数坐标转变为直角坐标。

表 24-2　圆周运动测量结果

编号 /i	1	2	3	4	5	6	7	8
r_i / cm								
r_i' / cm								
$(\Delta r / r) \times 100\%$								
θ_i / rad								
θ_i' / rad								
$(\Delta\theta / \theta) \times 100\%$								

【思考讨论】

1. 在实验中，如果由远到近改变被测物到探测器之间的距离，会发现测量结果与理论值的相对误差变大，试分析其原因。

2. 你能否在该仪器的基础上开发出一种能利用超声探测器成像的仪器？

【附录】

1. GPS 水下超声定位实验仪的使用说明

GPS 水下超声定位实验仪（图 24-3）利用仪器发射超声波，然后接收超声波的回波来探测目标的距离。由于仪器发出的超声波电信号频率高达兆赫兹量级，声波的指向性很好，这样就可以得到方位，从而确定目标的位置。

（1）发射输出连接发射传感器，接收输入连接接收传感器，接收输出连接示波器，示波器时间衰减放在 100μs 挡，幅值衰减放在 0.1V 挡，探头衰减放在×10 挡。

图 24-3　水下超声定位仪实物照片

（2）按下电源开关，蓝色发光二极管亮，LED 显示窗口如果显示"0"，表示接收传感器没有接收到回波。转动方向杆，超声波碰到目标，显示窗口会显示某一值，表示有回波，同时在示波器上可以观测到回波信号，示波器上得到的时间是显示窗口显示时间的两倍。

（3）时间和方位角存储：按一下"存储"按钮，微处理器自动将时间存入。存入时间后，微处理器控制的蓝色发光二极管和红色发光二极管交替亮一下，表示存入正常。按一下"角度"按钮，红色发光二极管亮，LED 显示窗口显示"0"。读出方向杆上的角度值，通过数字和点按键输入，输入值不能超过四位，否则自动清零。输入错误，也可以用"清除"按钮改正，认为角度值正确，按一下"存储"按钮，微处理器自动将角度值存入。存入角度值后，微处理器控制的蓝色发光二极管和红色发光二极管交替亮一下，表示存入正常，同时微处理器自动将第 N 次存储值存入（一次时间和一次角度算一次存入值）。

（4）检查功能的使用：在测量回波时间的状态下，蓝色发光二极管亮，按一下"检查"按钮，LED 显示窗口显示"0"，等待输入检查哪一次，输入的检查次数要小于存入的次数，否则微处理器将不予处理。输入检查次数正确，微处理器处理，先显示检查次数，同时蓝色发光二极管和红色发光二极管全亮；再显示时间，蓝色发光二极管和红色发光二极管交替亮一下；最后显示角度值，蓝色发光二极管和红色发光二极管交替亮一下，如果无任何按钮按下，微处理器重复显示刚才的值。如果一直按下"检查"按钮，微处理器自动往上显示检查次数、时间、角度值，直到最大的存储值。

（5）退出检查功能：在 LED 显示窗口显示"0"，或者微处理器重复显示刚才的值的情况下，一直按下"清除"按钮，回到测量回波时间的状态下。仪器在使用过程中遇到突然断电的情况，数据将丢失。

2. 数据处理软件使用说明

1）定标

可以选择温度法或者逐差法中的任何一种方式。

（1）温度法：输入环境温度就可以求出超声波的波速，然后输入由显示器显示的圆柱中心到探测器的时间，并按一下"计算"按钮就可得到 P 的长度，即探测器到圆柱中心的距离。

（2）逐差法：实验者自己定义增量步长。每增加一个步长，就得到一个定标时刻值，把此时间值输入并按一下"储存"按钮，定标时间输完后，再输入由显示器显示的圆柱中心到探测器的时间，按一下"计算"按钮就可得到 P 的长度，即探测器到圆柱中心的距离。

2）确定三曲线方程

（1）一般直线：输入起始点和终点的极径和极角，并按"确定"按钮，就得到曲线方程。

（2）圆弧曲线：输入极径并按"确定"按钮，就得到曲线方程。

（3）沿半径方向直线：输入起始点和终点极径以及极角，并按"确定"按钮，就得到曲线方程。

3）数据的测量

（1）一般直线：输入角度步长，并按"理论数据"按钮，就可显示理论值，根据理论数据显示的极径和极角来确定实验时被测物的位置，然后输入每次测量所得到的探测时间和探测角度，并按"存储"按钮，直到输完所有的实验值，再按"实验数据"按钮，接下来再按"误差数据"按钮，于是显示了试验数据和误差数据，最后按"确定"按钮，进入描曲线的环境中，实验者可以选择工具栏中相应的描曲线图标，分别得到理论曲线、实验曲线、理论和实验曲线。

（2）圆弧曲线：输入起始点和终点极角和角度步长，接下来的步骤同一般直线。

（3）沿半径方向直线：输入长度步长，接下来的步骤同一般直线。

4）打印

可先在定标的菜单栏选择打印预览或工具栏中的打印预览图标，适当调节大小，然后选择工具栏中的打印图标进行打印。此软件可打印理论曲线、实验曲线、理论和实验曲线以及数据表格。

说明：软件中提到的极径(r)是指圆柱形仪器沿半径方向的线段；极角(θ)是指圆柱形仪器外壁的刻度值，其范围为$-90°\sim90°$。

【参考文献】

隋成华. 大学物理实验[M]. 上海：上海科学普及出版社，2012.

实验二十五　超声光栅及应用实验

　　1922 年布里渊（Leon Nicolas Brillouin）曾预言，当高频声波在液体中传播时，如果有可见光通过该液体，可见光将产生衍射效应。这一预言在 10 年后被验证，这一现象被称作声光效应。1935 年，拉曼（Raman）和奈斯（Nath）对这一效应进行了研究，发现在一定条件下，声光效应的衍射光强分布类似于普通的光栅，所以也称为液体中的超声光栅。后来，由于激光技术和超声波技术的发展，声光效应得到了广泛的应用，如制成声光调制器和偏转器，可以快速而有效地控制激光束的频率、强度和方向，它在激光技术、光信号处理和集成通信技术等方面有着非常重要的应用。

Leon Nicolas Brillouin
（1889—1969）

【实验目的】

1．了解声光效应的原理。
2．掌握利用声光效应测定液体中声速的方法。

【实验原理】

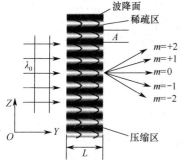

图 25-1　超声光栅的实验原理图

　　在透明介质中，有一束超声波沿着 OZ 方向传播，另一束平行光垂直于超声波传播方向（OY 方向）入射到介质中，当光波从声束区中出射时，就会产生衍射现象。

　　实际上，由于声波是弹性纵波，它的存在会使介质（如纯水）密度 ρ 在时间和空间上发生周期性变化，如图 25-1 所示。即

$$\rho(z,t) = \rho_0 + \Delta\rho \sin\left(\omega_s t - \frac{2\pi}{\Lambda}z\right) \qquad (25\text{-}1)$$

式中，z 为沿声波传播方向的空间坐标，ρ 为 t 时刻 z 处的介质密度，ρ_0 为没有超声波存在时的介质密度，ω_s 为超声波的角频率，Λ 为超声波波长，$\Delta\rho$ 为密度变化的幅度。因此介质的折射率随之发生相应变化，即

$$n(z,t) = n_0 + \Delta n \sin\left(\omega_s t - \frac{2\pi}{\Lambda}z\right) \qquad (25\text{-}2)$$

式中，n_0 为平均折射率，Δn 为折射率变化的幅度。

　　考虑到光在液体中的传播速度远大于声波的传播速度，可以认为在液体中由超声波所形成的疏密周期性分布，在光波通过液体的这段时间内是不随时间改变的，因此，液体的

折射率仅随位置 z 改变，即

$$n(z) = n_0 - \Delta n \sin\left(\frac{2\pi}{\Lambda}z\right) \tag{25-3}$$

由于液体的折射率在空间有这样的周期性分布，当光束沿垂直于声波的方向通过液体后，光波波阵面上不同部位经历了不同的光程，波阵面上各点的相位为

$$\varphi = \varphi_0 + \Delta\varphi = \frac{\omega n_0 L}{c} - \frac{\omega L \Delta n}{c}\sin\left(\frac{2\pi}{\Lambda}z\right) \tag{25-4}$$

式中，L 为声波宽度，ω 为光波角频率，c 为光速。

通过液体压缩区的光波波阵面将落后于通过稀疏区的波阵面。原来的平面波阵面变得褶皱了，其褶皱情况由 $n(z)$ 决定，如图 25-1 所示，可见载有超声波的液体可以看成一个位相光栅，光栅常数等于超声波波长。声光衍射可分为以下两类。

（1）当 $L \leqslant \Lambda^2/2\pi\lambda_0$（$\lambda_0$ 为真空中的光波波长）时，就会产生对称于零级的多级衍射，即拉曼—奈斯（Raman-Nath）衍射。此时和平面光栅的衍射几乎没有区别，满足下式的衍射光均在衍射角 ϕ 的方向上产生极大光强：

$$\sin\phi = \frac{m\lambda_0}{\Lambda} \quad (m=0,\pm1,\pm2,...) \tag{25-5}$$

（2）当 $L \geqslant \Lambda^2/2\pi\lambda_0$ 时，声光介质相当于一个体光栅，产生布拉格（Bragg）衍射，其衍射光强只集中在满足布拉格公式（$\sin\varphi_B = m\lambda_0/2\Lambda, m=0,\pm1,\pm2,...$）的一级衍射方向上，且 ±1 级不同时存在。实现布拉格衍射需要高频（几十兆赫兹）超声源，实验条件较为复杂。

本实验采用拉曼—奈斯衍射装置，光路图如图 25-2 所示。

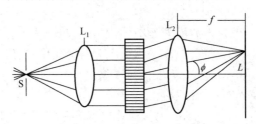

图 25-2　超声光栅的光路图

实际上由于 ϕ 很小，可以近似认为：

$$\sin\phi_m = L_m / f \tag{25-6}$$

其中，L_m 为衍射零级光谱线至第 m 级光谱线的距离，f 为 L_2 透镜的焦距，所以超声波的波长

$$\Lambda = \frac{m\lambda_{光}}{L_m}f \tag{25-7}$$

超声波在液体中的传播速度

$$v = \Lambda\upsilon \tag{25-8}$$

式中 υ 为信号源的振动频率。

【实验装置】

超声光栅实验仪（数字显示高频功率信号源，内装压电陶瓷片 PZT 的液槽），钠灯，测微目镜，透镜及可以外加的液体（如矿泉水）。

【实验内容】

（1）点亮钠灯，照亮狭缝，并调节所有器具同轴等高（装置见图 25-3）。

（2）液槽内充好液体后，连接液槽上的压电陶瓷片与高频功率信号源上的连线，将液槽放置到载物台上，且使光路与液槽内超声波传播方向垂直。

（3）调节高频功率信号源的频率（数字显示）和液槽的方位，直到视场中出现稳定而且清晰的左、右各二级以上对称的衍射光谱（最多能调出 ±4 级），再细调频率，使衍射的谱线出现间距最大，且最清晰的状态，记录此时的信号源频率。

（4）用测微目镜对矿泉水（液体）的超声光栅现象进行观察，测量各级谱线到相邻一级的位置读数，注意旋转鼓轮的方向应保持一致，防止产生空程误差（螺距差）。利用式（25-8）求出超声波的波长。

图 25-3　超声光栅装置

【结果分析】

1. 测量各级谱线到相邻一级的位置读数，记录于表 25-1 中。

表 25-1　谱线位置记录表

超声波频率 υ _____Hz，L_2 透镜的焦距 f _____。

谱线 m	测微目镜读数 X	$L_m=(X_m-X_{-m})/2$
+4		
−4		
+3		
−3		
+2		
−2		
+1		
−1		

2．计算出声速平均值，并求百分比误差。（20℃时，$\lambda_{光}=589.3\text{nm}$，水中标准声速 $v_S=1480.0\text{m/s}$。）

【思考讨论】

1．实验时可以发现，当超声波频率升高时，衍射条纹间距加大，反之则减小，这是为什么？

2．由驻波理论知道，相邻波腹间和相邻波腹节间的距离都等于半波长，为什么超声波光栅常数等于超声波的波长呢？

3．超声光栅与平面衍射光栅有何异同？

实验二十六　PN 结特性和玻尔兹曼常数测量实验

电子课件

半导体 PN 结的物理特性是半导体物理学和电子学的重要基础内容之一，而 PN 结温度传感器则有灵敏度高、线性较好、热响应快和体小轻巧、易集成化等优点。玻尔兹曼（Ludwig Edward Boltzman）是一个奥地利物理学家，在统计力学的理论方面有重大贡献。玻尔兹曼常数是有关于温度及能量的一个物理常数。利用本实验的仪器，可研究 PN 结扩散电流与电压的关系，了解此关系遵循玻尔兹曼分布规律；并可较准确地测出物理学重要常数——玻尔兹曼常数；也可测量 PN 结电压 U_{be} 与热力学温度 T 的关系，求得半导体 PN 结用作传感器时的灵敏度 S，并近似求得 0K 时硅材料的禁带宽度，使学生深入了解 PN 结的物理特性及实际应用。

Ludwig Edward Boltzman
(1844—1906)

【实验目的】

1. 通过测绘 PN 结正向电压随正向电流的变化曲线求得玻尔兹曼常数。
2. 测量 PN 结电压随温度变化的灵敏度。
3. 测量在 0K 时半导体（硅）材料的禁带宽度。

【实验原理】

1．PN 结伏安特性与玻尔兹曼常数测量

由半导体物理学可知，PN 结的正向电流—电压关系满足：

$$I = I_0\left(\mathrm{e}^{\frac{eU_{be}}{kT}} - 1\right) \tag{26-1}$$

式（26-1）中，I 是通过 PN 结的正向电流，I_0 是不随电压变化的常数，T 是热力学温度，e 是电子的电量，U_{be} 为 PN 结正向电压降。由于在常温 $T=300K$ 时，$kT/e \approx 0.026V$，而 PN 结正向电压降约为十分之几伏，则 $\mathrm{e}^{\frac{eU_{be}}{kT}} \gg 1$，于是有

$$I = I_0\mathrm{e}^{\frac{eU_{be}}{kT}} \tag{26-2}$$

即 PN 结正向电流随正向电压按指数规律变化。若测得 PN 结 $I\text{-}U$ 关系值，则利用式（26-2）可以求出 e/kT。在测得温度 T 后，把电子电量 e 作为已知量代入，就可以求得玻尔兹曼常数，测得的玻尔兹曼精确值为 $k=1.38065\times10^{-23}J/K$。

为了精确测量玻尔兹曼常数，不用常规的加正向压降测正向微电流的方法，而采用可

调精密微电流源，可以有效避免测量微电流的不稳定，还能准确地测量正向压降。

在实际测量中，二极管的正向 $I\text{-}U$ 关系虽然能较好满足指数关系，但求得的常数 k 往往偏小。这是因为通过二极管的电流不只是扩散电流，还有其他电流，它一般包括三个部分：

（1）扩散电流，它严格遵循式（26-2）。

（2）耗尽层复合电流，它正比于 $e^{\frac{eU_{be}}{2kT}}$。

（3）表面电流，它是由 Si 和 SiO_2 界面中杂质引起的，其值正比于 $e^{\frac{eU_{be}}{mkT}}$，一般 $m>2$。

因此，为了验证式（26-2）及求出准确的 e/k 常数，不宜采用硅二极管，而应采用硅晶体管接成共基极线路，因为此时集电极与基极短接，集电极电流中仅仅是扩散电流。复合电流主要在基极出现，测量集电极电流时，将不包括复合电流。

2. PN 结的结电压 U_{be} 与热力学温度 T 关系测量

PN 结通过恒定小电流（通常电流 $I=1000\mu A$），由半导体物理知识可知 U_{be} 和 T 的近似关系：

$$U_{be} = ST + U_{go} \tag{26-3}$$

式（26-3）中，$S\approx-2.4V/℃$ 为 PN 结温度传感器灵敏度。由 U_{go} 可求出温度 0K 时半导体材料的近似禁带宽度 $E_{go}=eU_{go}$。硅材料的 E_{go} 约为 1.20eV。

实验预习请上物理实验中心网站，观看 PN 结温度特性与伏安特性的研究的虚拟仿真实验，界面如图 26-1 所示。

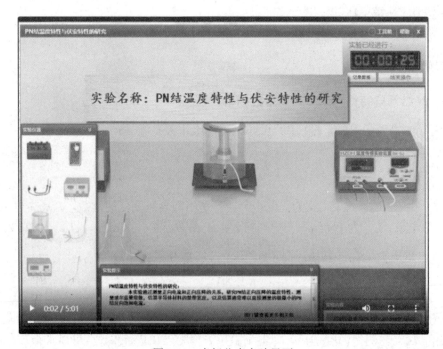

图 26-1　虚拟仿真实验界面

【实验装置】

PN结特性和玻尔兹曼常数实验仪（BEM-5714）与温控电源（BEM-5051）如图26-2所示。

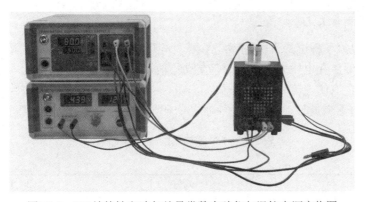

操作视频

图26-2 PN结特性和玻尔兹曼常数实验仪与温控电源实物图

【实验内容】

1. 实验系统连接与检查

（1）参照图26-3接线，并仔细检查，确保连接正确。

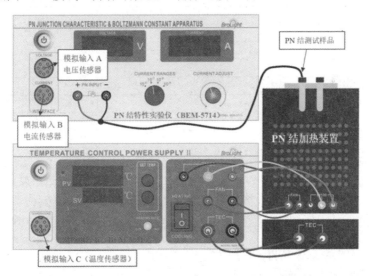

图26-3 实验接线图

（2）连接样品：选择待测PN结样品，先将样品插入PN结加热装置的任一插孔中，再将样品的2个电极分别连接到实验仪"PN INPUT"2个对应的接线柱上（注意"同色相连"）。

（3）设置温控电源II的温控开关处于中间位置，此时既不加热，也不制冷，温度即室温。

（4）打开2个电源开关，各数字表即有显示。若发现数字乱跳或溢出，则应检查信号电缆插头是否插好或检查待测 PN 结、测温元件连线是否正常。正常情况下，在室温时 PN 结的电压应为 0.2～0.7V，实时温度表显示的温度应为室温。

2. 测量玻尔兹曼常数

1）室温下测量 I_F-U_{be} 曲线

实验仪的电流量程选择开关置 10^{-7}A 挡，调节电流旋钮将 I_F 电流值调到 5（该值显示于电流表中），然后在电压表中读取对应的 U_{be} 值，并记录在表 26-1 中。增加 I_F 电流值，连续测量 10 组左右的电流、电压数据。

注意：室温下测量时，温控装置不加热、不制冷，温控开关处于中间 "O" 位置。

表 26-1　PN 结电压随电流变化情况

温度：＿＿ ℃

$I_F/$（$\times 10^{-7}$A）	U_{be}/V	$\ln I_F$
5		
10		
20		
30		
40		
50		
100		
200		
300		
400		
500		
600		
700		
800		

2）其他温度下测量 I_F-U_{be} 曲线

按温度设定按键，设定温度到所需值（如 50℃），加热速率切换开关置于慢挡（按钮弹出状态，SLOW 挡），温控开关按到上面位置 "HEATING"（加热），待 "实时温度显示" 窗口（"PV" 窗口）所显示的数值稳定在设定值以后，重复以上测量并分析比较测量结果。

3）其他电流量程下测量 I_F-U_{be} 曲线*

实验仪的电流量程选择开关置于其他挡位（如 10^{-6}A、10^{-7}A、10^{-8}A、10^{-9}A 挡），重复以上测量并分析比较测量结果。

4）分析与计算玻尔兹曼常数

根据
$$I = I_0 e^{\frac{eU_{be}}{kT}}$$

得 $\ln I - \ln I_0 = \dfrac{eU_{be}}{kT}$，即 $U_{be} = \dfrac{kT}{e}\left(\ln I - \ln I_0\right)$。

可见，U_{be} 与 $\ln I$ 呈线性关系，斜率为 kT/e。

用 Excel 表格画出 PN 结正向电压 U_{be} 与正向电流 I_F 的关系曲线（I_F-U_{be} 曲线），了解 PN 结的正向电流随正向电压变化的趋势；然后画出正向电压 U_{be} 与 $\ln I$ 的关系曲线，线性拟合出其斜率，进而求得玻尔兹曼常数 k，并与公认值（$k=1.38065\times10^{-23}$J/K）进行比较。

3. 测 PN 结正向压降随温度变化的灵敏度及半导体材料的禁带宽度

通过测量 U_{be}-T 曲线，求被测 PN 结正向压降随温度变化的灵敏度 S（mV/℃），估算半导体（硅）材料的禁带宽度。（注意：本实验采用降温曲线记录 U_{be}-T 数据，因为降温过程比加热过程更加稳定，温度变化速率比较慢，加热装置到 PN 结样品的热量传导比较充分，实验结果也就更为准确。）

（1）将实验仪的电流量程选择开关置 10^{-6}A 挡，调节电流旋钮将 I_F 电流值调到 100（该值显示于电流表中，即 100μA）。按温度设定按键，设定温度到所需值（如 90℃），加热速率切换开关置于快挡（按钮按下状态，FAST 挡），温控开关按到上面位置"HEATING"（加热），待"实时温度显示"窗口（"PV"窗口）所显示的数值到达设定值以后，关闭温控开关（温控开关处于中间"O"位置），停止加热。此时，PN 结样品的温度会缓慢下降，由于刚开始温度下降速率比较快，温度变化比较迅速，所以我们从 80℃开始记录数据，并记录在表 26-2 中。

表 26-2　电压随温度的变化情况

正向电流 I_F：___μA；注：T（K）$=T$（℃）$+273$K。

T/℃	T/K	U_{be}/V
80		
75		
70		
65		
60		
55		
50		
45		
40		
35		
30		

（2）计算被测 PN 结正向压降随温度变化的灵敏度 S（mV/℃）。以 T（℃）为横坐标，U_{be}(V) 为纵坐标，作 U_{be}-T 曲线，其斜率就是 S。

（3）估算 0K 时被测 PN 结（硅）材料的禁带宽度。

根据

$$U_{be} = ST + U_{go}$$

将以上求得的灵敏度 S、测得的任意一组 U_{be} (V) 和温度 T (K)（注意单位为 K）代入上式，即可求得 U_{go}，进而由 $E_{go}=eU_{go}$ 求得禁带宽度 E_{go}。将实验所得的 E_{go} 与公认值 $E_{go}=1.205$eV 比较，求其误差。注意：1eV $= 1.6022\times10^{-19}$J，$e= 1.6022\times10^{-19}$ C。

【注意事项】

1. 在连接任何导线之前，请确认所有电源都处于关闭状态，所有的电压（电流）调节旋钮都逆时针旋到底。

2. 本实验采用降温曲线记录 U_{be}-T 数据，因为降温过程比加热过程更加稳定，温度变化速率比较慢，加热装置到 PN 结样品的热量传导比较充分，实验结果也就更为准确。

3. 在整个实验过程中降温速率比较慢，预计整个过程需要 30 分钟完成，如果室温较高，接近室温的时候温度下降非常缓慢，为了节省等待时间，可以测试到 40℃就停止实验数据记录。

4. 若需要加热器迅速降温，则可将加热速率切换开关置于快挡（按钮按下状态，FAST挡），温控开关按到下面 "COOLING"（制冷）位置。

【结果分析】

1. 画出 I_F-U_{be} 曲线，计算玻尔兹曼常数 k。

2. 画出 U_{be}-T 曲线，求被测 PN 结正向压降随温度变化的灵敏度 S（mV/℃），估算半导体（硅）材料的禁带宽度。

【思考讨论】

1. 解释在实际测量中用二极管的正向 I-U 关系求得的玻尔兹曼常数偏小的原因。

2. 该实验装置如何实现弱电流的测量？

3. 测量 PN 结正向压降随温度变化的灵敏度 S(mV/℃)时，采取 ΔU、T 的数据测量方法，有什么好处？

【参考文献】

[1] 魏怀鹏，张志东. 近代物理实验教程[M]. 天津：天津大学出版社，2010.
[2] 张天喆，董有尔. 近代物理实验[M]. 北京：科学出版社，2004.

【附录】

使用无线电压传感器测量和分析 PN 结特性实验

（需配 PASCO-无线电压传感器 PS-3211 和 Capstone 数据采集软件）

1. 实验准备

硬件设置：

注意：连接导线前，请确认所有电源开关处于关闭状态。

（1）按要求连接导线，如图 26-2 所示。注意：2 个电压传感器先不要连接到仪器上。

（2）把 PN 结样品插入加热井中。

2．测量玻尔兹曼常数

通过画出 I_F-U_{be} 曲线，计算玻尔兹曼常数。

（1）启动 PASCO Capstone 软件。

（2）单击"硬件设置"按钮，此时在硬件设置窗口中，没有任何硬件信息。

（3）用 USB 数据线连接无线电压传感器 A 到计算机 USB 端口，此时硬件设置窗口如图 26-3 所示。

（4）用 USB 数据线连接无线电压传感器 B 到计算机 USB 端口，此时硬件设置窗口如图 26-4 所示。

图 26-3　PASCO Capstone 软件硬件设置窗口界面 1 图

图 26-4　PASCO Capstone 软件硬件设置窗口界面 2 图

（5）设置 2 个电压传感器的属性：单击图 26-4 中 2 个无线电压传感器的属性设置按钮按钮，弹出图 26-5 所示的对话框，将"电压范围设置"选择"±15 伏 V"，然后单击"立即将传感器归零"来消除传感器的零位漂移，最后单击"确定"保存设置。设置完成后，单击"硬件设置"按钮隐藏该窗口。注意：2 个无线电压传感器都需要做上述设置。

（6）双击右侧工具条中的"表格"和"图表"图标，创建一个含 2 个图表和 2 个表格的界面。

（7）因为电压传感器采集到的数据是电压值，需要在软件上做一个换算：单击"计算器"按钮，编辑 Ube=[电压，通道 A：(伏 V)]，单位设置为"V"；编辑 IF=[电压，通道 B：(伏 V)]*1000，单位设置为"*10^-7A"，最后单击"计算器"按钮，隐藏该对话框，如图 26-6 所示。

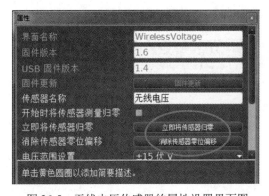

图 26-5　无线电压传感器的属性设置界面图

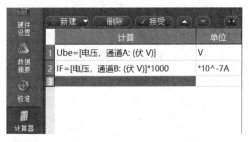

图 26-6　无线电压传感器计算器编辑界面图

（8）单击图 26-7 中表格 1 中的"选择测量"按钮，表格第一列选择"Ube(V)"，表格第二列选择"IF(*10^-7A)"。单击表格 1 工具条的"创建关于选定列数据的新计算"，插入一列可计算的数据列，单击"计算 1"选择重命名为"LnI"，并输入其计算公式：LnI=ln([IF

(*10^-7A)]*10^-7)。

　　单击表格 2 中的"选择测量"按钮，表格 2 第一列选择"新建"→"用户输入的数据"，修改其名字为"Slope"（斜率），表格 2 第二列选择"新建"→"用户输入的数据"，修改其名字为"T"，单位为"K"。单击表格 2 工具条的"创建关于选定列数据的新计算" 按钮，插入 2 列可计算的数据列，单击"计算 2"选择重命名为"k"，单位为"*10^-23 J/K"，并输入其计算公式：k=16022*[Slope (单位)]/[T (K)]。单击"计算 3"选择重命名为"Error"，单位为"%"，并输入其计算公式：Error=([k (*10^-23J/K)]-1.381)/1.381*100。

　　单击图表 1 中的纵坐标"选择测量"，选择"Ube(V)"，单击横坐标时间（秒 s），选择"IF(*10^-7A)"。单击图表 2 中的纵坐标"选择测量"，选择"Ube(V)"，单击横坐标时间（秒 s）→选择"Ln I(单位)"。设置完成如图 26-7 所示。

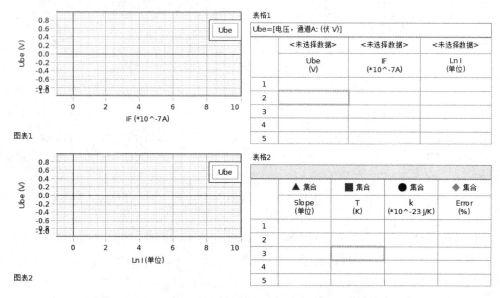

图 26-7　PASCO Capstone 软件电压与电流关系测量设置界面图

（9）设置 2 路数据的通用采样率为 10Hz，如图 26-8 所示。

图 26-8　PASCO Capstone 软件选择测量设置界面图

（10）室温下测量时，温控装置不加热、不制冷，温控开关处于中间 "O" 位置。

（11）打开所以电源开关，实验仪的电流量程选择开关置 10^{-7}A 挡，调节电流旋钮将 I_F 电流值调到 5（该值显示于电流表中）。

（12）用八针转红黑线连接实验仪的"VOLTAGE"数据接口和无线电压传感器 A 的电压输入端口（红黑插座端口）。用八针转红黑线连接实验仪的"CURRENT"数据接口和无线电压传感器 B 的电压输入端口（红黑插座端口）。

（13）再次检查连线无误，然后单击软件记录按钮。

（14）缓慢旋转电流旋钮，逐步升高电流，当电流值调到 1000 后，单击软件"停止"按钮。此曲线即为正向电压对正向电流的曲线，记录下此时的温度值。注意：电流调节旋钮刚开始的时候一定要旋转得非常缓慢，等电流值超过 100 以后可以适当转得快些，因为电流小的时候电压变化非常迅速，所以开始的时候转得慢可以多采集一些数据点，也可以测量得更为精准。

（15）得到的实验结果为电压和电流的关系。

（16）单击图 26-8 中图表 2 工具条中的曲线拟合工具"将选定的曲线拟合应用于活动数据/选择要显示的曲线拟合"按钮，选择"线性 mx+b"拟合，获得 Ube-LnI 曲线的斜率 Slope。

（17）将获得的斜率 Slope 数值和温度填到表格 2 中，软件会自动计算玻尔兹曼常数 k 和误差，结果如图 26-8 所示。

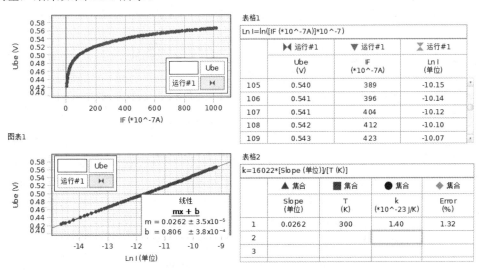

图 26-8　PASCO Capstone 软件数据处理界面图

（18）最后，如果需要改变不同的参数做实验（例如温度），可以重复以上测量步骤。

3. 测量 PN 结正向压降随温度变化的灵敏度及半导体材料的禁带宽度

通过画出 U_{be}-T 曲线，求被测 PN 结正向压降随温度变化的灵敏度 S（mV/℃），估算半导体（硅）材料的禁带宽度。

注意：本实验采用降温曲线记录 U_{be}-T 数据，因为降温过程比加热过程更加稳定，温度变化速率比较慢，加热装置到 PN 结样品的热量传导比较充分，实验结果也就更为准确。

（1）启动 PASCO Capstone 软件。

（2）单击"硬件设置"按钮，此时在硬件设置窗口中，没有任何硬件信息。

（3）用 USB 数据线连接无线电压传感器 A 到计算机 USB 端口，此时硬件设置窗口如图 26-3 所示。

（4）用 USB 数据线连接无线电压传感器 B 到计算机 USB 端口，此时硬件设置窗口如图 26-4 所示。

（5）设置 2 个电压传感器的属性：单击上图中 2 个无线电压传感器的属性设置按钮，弹出图 26-5 所示对话框，将"电压范围设置"选择"±15V"，然后单击"立即将传感器归零"来消除传感器的零位漂移，最后单击"确定"按钮保存设置。设置完成后，单击"硬件设置"按钮隐藏该窗口。注意：2 个无线电压传感器都需要做上述设置。

（6）双击右侧工具条中的"表格"和"图表"图标，创建一个含 1 个图表和 2 个表格的页面。

（7）因为电压传感器采集到的数据是电压值，需要在软件上做一个换算：单击"计算器"按钮，编辑 Ube=[电压，通道 A：(伏 V)]，单位设置为"V"；编辑 T=[电压，通道 B：(伏 V)]*100，单位设置为"℃"，最后单击"计算器"按钮，隐藏该对话框。如图 26-9 所示。

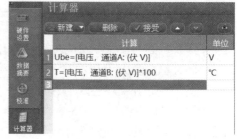

图 26-9　PASCO Capstone 软件无线电压传感器计算器编辑界面图

（8）单击表格 1 中的"选择测量"按钮，表格第一列选择"Ube(V)"，表格第二列选择"T(℃)"。单击表格 1 工具条的"创建关于选定列数据的新计算"按钮，插入一列可计算的数据列，单击"计算 1"按钮选择重命名为"TK"，并输入其计算公式 TK=[T (℃)]+273。

单击表格 2 工具条中的"在右侧插入空列"按钮，变成 3 列。单击表格 2 中"选择测量"按钮，表格 2 第一列选择"新建"→"用户输入的数据"，修改其名字为"S"（斜率就是灵敏度），单位为"V/℃"；第二列选择"新建"→"用户输入的数据"，修改其名字为"Ube1"，单位为"V"。第三列选择"新建"→"用户输入的数据"，修改其名字为"TK1"，单位为 K。单击表格 2 工具条的"创建关于选定列数据的新计算"按钮，插入 2 列可计算的数据列，单击"计算 2"按钮选择重命名为"Ego"，单位为"eV"，并输入其计算公式 Ego=[Ube1 (V)]−[TK1 (K)]*[S (V/℃)]。单击"计算 3"按钮选择重命名为"Error1"，单位为"%"，并输入其计算公式 Error1=([Ego (eV)]−1.205)/1.205*100。

单击图表中的纵坐标"选择测量"按钮，选择"Ube(V)"，单击横坐标时间（秒 s），选择"TK(K)"。设置完成如图 26-10 所示。

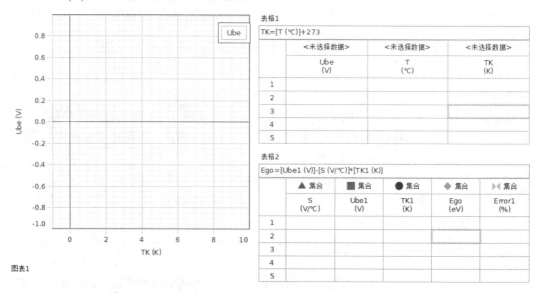

图 26-10　PASCO Capstone 软件电压与温度关系测量设置界面图

（9）设置 2 路数据的通用采样率为 1Hz 。

（10）用八针转红黑线连接实验仪的"VOLTAGE"数据接口和无线电压传感器 A 的

电压输入端口（红黑插座端口）。用八针转红黑线连接温控电源的"TEMPERATURE"数据接口和无线电压传感器 B 的电压输入端口（红黑插座端口）。

（11）打开实验仪和温控电源的电源开关，将实验仪的电流量程选择开关置 10^{-6}A 挡，调节电流旋钮将 I_F 电流值调到 100（该值显示于电流表中，即 100μA）。

（12）按温度设定按键，设定温度到所需值（如 90℃），加热速率切换开关置于快挡（按钮按下状态，FAST 挡），温控开关按到上面位置"HEATING"（加热），待"实时温度显示"窗口（"PV"窗口）所显示的数值到达设定值以后，关闭温控开关（温控开关处于中间位置"O"），停止加热。

（13）此时，PN 结样品的温度会缓慢下降，由于刚开始温度下降速率比较快，温度变化比较迅速，为了确保测量温度的准确性，我们从 80℃ 开始记录 Ube-T 数据。

（14）等待温度接近 80℃ 时，单击软件记录按钮 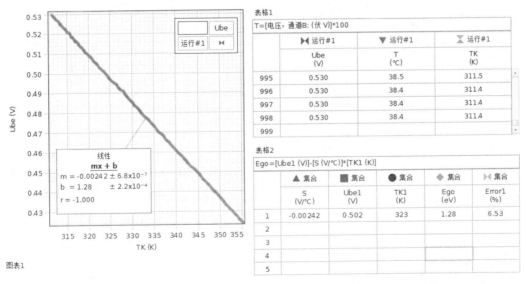。

（15）耐心等待，当温度下降到 35℃ 左右后，单击软件"停止"按钮。此时曲线即为正向电压对温度的变化曲线。注意：在整个实验过程中降温速率比较慢，预计整个过程需要 30 分钟完成，如果室温较高，接近室温的时候温度下降非常缓慢，为了节省等待时间，可以测试到 40℃ 就停止实验数据记录。

（16）单击图 26-11 中图表 1 工具条中的曲线拟合工具"将选定的曲线拟合应用于活动数据/选择要显示的曲线拟合"，选择"线性 mx+b"拟合，获得 Ube-T 曲线的斜率，即灵敏度 S（V/℃）。

（17）将以上得到的灵敏度 S、测得的任意一组 Ube1(V) 和温度 TK1 (K)（注意单位为 K）填到表格 2 中，软件会自动计算禁带宽度 Ego 和误差，如图 26-11 所示。

图 26-11 PASCO Capstone 软件电压与温度关系数据处理界面图

实验二十七　晶体生长过程观察实验

　　晶体生长是指物质在特定的物理和化学条件下由气相、液相或固相形成晶体的过程。人类在数千年前就会晒盐和制糖。维尔纳叶约在 1890 年开始试验用氢氧焰熔融氧化铝粉末，以生长宝石，这个方法一直沿用至今，仍是生长装饰品宝石的主要方法。第二次世界大战后，科学家们又发明了水热法生长人工水晶。人们还在超高压下合成了金刚石，在高温条件下生长了成分复杂的云母等重要矿物，以补充天然矿物的不足。20 世纪 50 年代初期，布顿（W.K.Burton）、卡勃雷拉（N.Cabrera）和弗兰克（F.C.Frank）合作发表了著名的 BCF 螺旋位错生长理论，使晶体生长由单纯的工艺进入科学研究的新阶段。20 世纪 50 年代，锗、硅单晶的生长成功，促进了半导体技术和电子工业的发展。20 世纪 60 年代，研制出红宝石和钇铝石榴石单晶，为激光技术打下了牢固的基础。近年来人工合成晶体实验技术迅速发展，成功地合成了大量重要的晶体材料，如激光材料、半导体材料、磁性材料、人造宝石以及其他多种现代科技所要求的具有特种功能的晶体材料。当前人工合成晶体已成为工业发展主要支柱的材料科学中的一个重要组成部分。

　　析晶现象广泛存在于自然界中，比如过饱和溶液析出溶质晶体，某些掺杂金属热处理中析出小颗粒。析晶是指物体在处于非平衡态时，会析出另外的相，该相以晶体的形式被析出。析晶在自然界和化学、制药及食品制造等许多过程中都非常重要。尤其在制造业中，几乎所有的产品都是以精细化学为基础的，例如染料、爆炸物和照相材料在制作过程中都需要析晶。因此人们通过控制析晶过程可以获得需要的产品。为了在析晶过程中获得理想尺寸、形状、晶形和化学纯度的物质，必须进行成核的控制。成核决定晶体的形态，因此观察晶体成核过程具有非常重要的意义。

【实验目的】

　　1. 认识枝晶生长的基本过程。

　　2. 观察晶体的均质和异质成核过程及其晶体组织特征，为掌握结晶理论建立感性认识。

　　3. 观察晶体生长的螺旋位错，计算台阶横向生长速率及其与驱动力的关系。

　　4. 观察手性晶体。

【实验原理】

1. 结晶过程

　　晶体物质由液态凝固为固态的过程称为结晶。结晶过程亦为原子呈规则排列的过程，包括形核和长大两个基本过程。

　　熔点较低的室温下为固体的有机晶体加热到熔点以上时，会熔融成液体。在载玻片上放上少量的有机晶体，将其放在加热套上加热，使有机晶体熔融，盖上盖玻片，在盖玻片的边缘放上一点有机晶体粉末，将其放在显微镜下观察。随着温度的降低，有机晶体很快就开始异质结晶。我们可观察到其结晶过程大致是：结晶首先开始于放有有机晶体粉末的边缘，因该处有异质核，故产生大量晶核而先形成一圈细小的等轴晶，接着形成较粗大的柱状晶。位向利于生长的等轴晶得以继续长大，形成伸向中心的柱状晶。然后形成杂乱的树枝状晶，且枝晶间有许多空隙。这是因液滴已越来越薄，晶核亦易形成，然而由于已无充足的熔体补充，结晶出的晶体填不满枝晶间的空隙，从而能观察到明显的枝晶。

2．均匀形核与非均匀形核

晶体结晶的过程是一个形核、长大的过程。晶体结晶过程的化学势 $\triangle\mu$ 为：

$$\Delta\mu = \frac{\Delta h_{m}}{T_{m}}\Delta T \tag{27-1}$$

式中，Δh_{m} 为熔化潜热，一般认为是定值；T_{m} 是晶体的熔点；ΔT 是环境温度与晶体熔点的差值。由此可见，环境温度与晶体熔点的差值越大，晶体结晶的化学势越大，晶体越容易结晶。

形核分为均匀形核和非均匀形核。当母相整个体积的元素在化学、能量和结构上都相同时，会发生均匀形核。这种形核是在整个体积内发生的，核在形成时所必须克服的势垒大小与表面能呈三次方的关系，即

$$\Delta G_{k} = \frac{16\pi\sigma^{3}}{3(\Delta G_{V})^{2}} \tag{27-2}$$

式中，σ 为晶胚单位面积表面能；ΔG_{V} 是液、固两相单位体积吉布斯自由能之差；ΔG_{k} 是临界晶核形成功，简称形核功。形核功 ΔG_{k} 同时也等于：

$$\Delta G_{k} = \Delta G_{V} = -\frac{4\pi r^{3}}{3\Omega}\Delta\mu \tag{27-3}$$

式中，r 为晶核的半径；Ω 是生长单元所具有的体积。

在晶体生长过程中的阻力是表面能（表面张力），若单位面积所具有的表面能记为 α，则此过程中 ΔG_{s} 为

$$\Delta G_{s} = 4\pi r^{2}\alpha \tag{27-4}$$

结晶过程中 ΔG 为

$$\Delta G = -\frac{4\pi r^{3}}{3\Omega}\Delta\mu + 4\pi r^{2}\alpha \tag{27-5}$$

ΔG_{s}、ΔG_{V}、ΔG 与晶核半径的关系曲线如图 27-1 所示。由于实际熔融液体中或多或少地含有某些夹杂的固体粒子，因此结晶时常常依附在液体中的外来固体质点的表面（包括铸锭的模壁）形核。此种依附于母相中某种界面上的形核过程称为非均匀形核。形核功为

$$\Delta G_{k}' = \Delta G_{k}\frac{2 - 3\cos\theta + \cos\theta^{3}}{4}$$

式中，θ 为晶核与基底面的接触角，$\Delta G_{k}'/\Delta G_{k}$ 与接触角 θ 的关系曲线如图 27-2 所示。

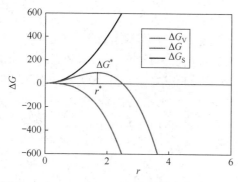

图 27-1　ΔG_s、ΔG_V、ΔG 与晶核半径的关系曲线　　图 27-2　$\Delta G_k' / \Delta G_k$ 与接触角 θ 的关系曲线

根据理论分析、实践检验，非均匀形核比均匀形核容易。

3．螺旋生长理论

Frank 等人研究了气相中晶体生长的情况，估计二维层生长所需的过饱和度不小于 25%。然而实际发现在过饱和度小于 1% 的气相中晶体也能生长。这种现象并不是层生长模型所能解释的。他们根据实际晶体结构的各种缺陷中最常见的位错现象，提出了晶体螺旋生长模型，即在晶体生长界面上，螺旋位错露头点所出现的凹角及其衍射所形成的二面凹角（图 27-3）可以作为晶体生长的台阶源，促进光滑界面上的生长。这样就解释了晶体在很低的过饱和度下能够生长的实际现象。1951 年，印度结晶学家 Verma 对 SiC 晶体表面生长螺旋纹（图 27-4）及其他大量螺旋纹的观察，证实了这个模型在晶体生长中的重要性。

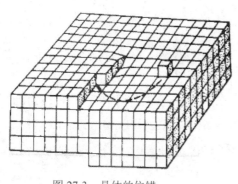

图 27-3　晶体的位错

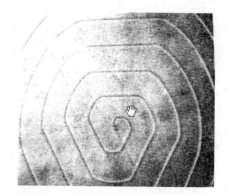

图 27-4　SiC 晶体表面的生长螺旋纹

位错的出现，在晶体的界面上提供了一个永不消失的台阶源。随着生长的进行，台阶将会以位错处为中心呈螺旋状分布。螺旋式的台阶并不随着原子面网一层层生长而消失，从而使螺旋式生长持续下去。螺旋状生长与层状生长不同的是台阶并不直线式地等速前进扫过晶面，而是围绕着螺旋位错的轴线螺旋状前进（图 27-5）。随着晶体的不断长大，最终表现在晶面上形成能提供生长条件信息的各种各样的螺旋纹。

在螺旋生长中，晶体中的螺旋位错露头点是晶体生长的台阶源。图 27-5 所示为螺旋生长的模拟，从中可以看到，随着晶体的不断生长，不断出现螺旋位错露头点，螺旋位错会不停地前进。

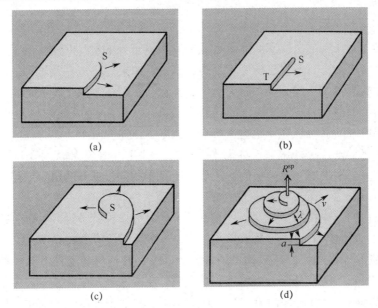

图 27-5　螺旋生长理论模型

　　如图 27-5（d）所示，a 表示台阶的高度，λ 表示台阶宽度，v 表示台阶横向扩展速率，R^{sp} 表示晶体纵向生长速率。由于实验条件的限制，本实验要测的是台阶横向扩展速率 v。用带有 CCD 的显微镜，拍摄速率采用 1 张/5s，录下螺旋状生长的碘化镉晶体的生长过程。在录下晶体生长的照片中，选取某一固定点，对比不同时间拍摄的照片，量取此点的横向生长距离，除以照片的放大倍数和时间，即可得到台阶的横向扩展速率。随着生长的继续，溶液中的溶质减少，溶剂不变，因此溶液过饱和度下降，生长的驱动力下降，此时台阶横向扩展速率也将减少。因此，可以测不同时间的台阶横向扩展速率，感受驱动力对台阶横向扩展速率的影响。

　　由于实际晶体中经常存在着螺旋位错，使晶格中出现凹角，因此质点优先在凹角处堆积。螺旋位错的晶格中台阶源永远不会因晶体生长而消失，于是，在质点堆积过程中，随着晶体的生长，位错线不断螺旋上升，形成生长螺纹。有很多螺旋位错生长的晶体，比如图 27-6、图 27-7 所示的碳化硅晶体和针状莫来石晶体，都可以看见螺旋位错生长的痕迹。

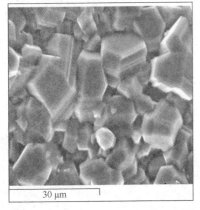

图 27-6　碳化硅晶体的螺旋位错生长

图 27-7　针状莫来石晶体的螺旋位错生长

4. 晶体的手性

什么是"手性"？这种情形就像是镜子里和镜子外的物体那样，看上去互为对应，但由于是三维结构，它们不管怎样旋转都不会重合。如果你注意观察过你的手，你会发现左手和右手看起来似乎一模一样，但无论你怎样放，它们在空间上却无法完全重合。如果你把左手放在镜子前面，你会发现你的右手才真正与左手在镜中的像是完全一样的，你的右手与左手在镜中的像可以完全重叠在一起。实际上，你的右手正是你左手在镜中的像，反之亦然。在化学中，这种现象被称为"手性"。几乎所有的生物大分子都是手性的。两种在分子结构上呈手性的物质，它们的化学性质完全相同，唯一的区别就是：在微观上它们的分子结构呈手性，在宏观上它们的结晶体也呈手性。

作为生命的基本结构单元，氨基酸也有手性之分。也就是说，生命最基本的东西也有左右之分。组成地球生命体的几乎都是左旋氨基酸，而没有右旋氨基酸。研究已经发现的氨基酸有 20 多个种类，除了最简单的甘氨酸以外，其他氨基酸都有另一种手性对映体。检验手性的最好方法就是让一束偏振光通过它，使偏振光发生左旋的是左旋氨基酸，反之则是右旋氨基酸。通过这种检验方法，人们发现了一个令人震惊的事实，那就是除了少数动物或昆虫的特定器官内含有少量的右旋氨基酸之外，组成地球生命体的几乎都是左旋氨基酸，而没有右旋氨基酸。右旋分子是人体生命的克星，因为人是由左旋氨基酸组成的生命体，它不能很好地代谢右旋分子，所以食用含有右旋分子的药物就会成为负担，甚至造成对生命体的损害。

本实验用偏光片和显微镜观察氯酸钠晶体的手性。旋转偏光片或是旋转氯酸钠晶体，则可以发现手性的晶体会出现某个角度较亮，某个角度较暗的情景。

【实验装置】

正置金相显微镜（带 CCD），载玻片，盖玻片，偏光片，加热装置，碘化镉，氯酸钠，有机晶体（phenyl salicylate，对羟基苯甲酸苯酯，$HOC_6H_4COOC_6H_5$，熔点为 $42\sim44^{\circ}C$），去离子水，药勺，烧杯，玻璃棒，滴管，培养皿，量筒。

正置金相显微镜各组成部分名称如图 27-8 所示。

【实验内容】

1. 金相显微镜的调节：采用透射光，调节物镜与载玻片的距离，使载玻片上晶体生长过程聚焦清楚。

1）照明

（1）如图 27-8 所示，接通电源，将显微镜电源开关置于"ON"（接通）状态。

（2）拨动灯源切换开关可进行反射照明和透射照明切换，然后调节调光手轮将照明亮度调到观察舒适为止（顺时针转动调光手轮，使电压升高，光亮增强。低电压状态下使用灯泡，能延长灯泡的使用寿命）。

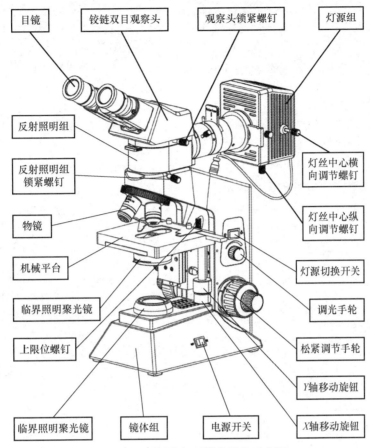

目镜　铰链双目观察头　观察头锁紧螺钉　灯源组

反射照明组

反射照明组锁紧螺钉

物镜

机械平台

临界照明聚光镜

上限位螺钉

灯丝中心横向调节螺钉

灯丝中心纵向调节螺钉

灯源切换开关

调光手轮

松紧调节手轮

Y轴移动旋钮

临界照明聚光镜　镜体组　电源开关　X轴移动旋钮

图 27-8　正置金相显微镜结构示意图

2）调焦

（1）将所要观察的样品放在载物台上，将 5X 物镜移入光路。

（2）将上限位螺钉旋到较上面，用右眼观察右目镜，并转动粗动手轮，直到视场内出现观察标本的轮廓。

（3）转动微动手轮，使标本的细节清晰，然后再将上限位螺钉锁紧。（安放样品时，应使观察表面与物镜垂直，必要时可使用橡皮泥辅助安放样品。上限位螺钉可防止调焦时物镜和样品相碰，以免损伤物镜或样品。如果在粗调焦时手感很重，不舒适或者调焦后样品很快离开焦平面，载物台自行下降，这些可通过调节粗调松紧调节手轮来解决。）

3）聚光镜对中

（1）转动聚光镜升降手轮，将聚光镜上升到最高位置。

（2）将 10X 物镜转入光路，并对标本进行对焦。

（3）旋转视场光阑调节环，将视场光阑开到最小位置。此时，在目镜中能看到视场光阑的成像。

（4）转动聚光镜升降手轮，将视场光阑的图像调至最清晰。

（5）调节聚光镜中心调节螺钉，将视场光阑的图像调整到视场中心。

（6）逐步打开视场光阑，如果视场光阑的图像一直处在视场中心并和视场内切，则表明聚光镜已正确对中。

（7）实际使用时，稍加大视场光阑，使它的图像刚好与视场外切。

4）视场光阑

视场光阑限制进入聚光镜的光束直径，从而排除外围的光线，增强图像反差。当视场光阑的成像刚好在视场外缘时，物镜能发挥最优性能，得到最清晰的成像。

（1）孔径光阑决定了照明系统的数值孔径。只有照明系统的数值孔径与物镜的数值孔径相匹配，才能获得更好的图像分辨率与反差，并能加大景深。

（2）因为显微样品的反差通常较低，在使用时，应转动手柄，使其箭头对准孔径光阑座上与物镜倍数相对应的倍率位置，即使聚光镜孔径光阑大小调到物镜数值孔径的70%～80%。

5）使用滤色片

使用滤色片，可使图像的背景光线更加适宜，以提高图像的衬度。滤色片有蓝、绿、黄、白四种颜色。

2. 用药勺和天平称取 5.00g 碘化镉于烧杯中，再用量筒量取 5ml 去离子水于烧杯中，加热到 60℃，用玻璃棒搅拌使碘化镉完全溶解，用滴管取碘化镉饱和溶液置于载玻片上。

3. 将载有碘化镉饱和溶液的载玻片置于显微镜下，采用 CCD 模式，录下螺旋生长的整个过程。

4. 在录下的照片上，选取晶体生长的某一固定点，对比不同时间拍摄的照片，量取此点的横向生长距离，除以照片的放大倍数和时间，即可得到台阶的横向扩展速率。

5. 随着生长的继续，溶液中的溶质减少，溶剂不变，因此溶液过饱和度下降，生长的驱动力下降，此时台阶横向扩展速率也将减少。因此，可以测不同时间的台阶横向扩展速率，感受驱动力对台阶横向扩展速率的影响。

6. 用药勺和天平称取 6.65g 氯酸钠于烧杯中，再用量筒量取 5ml 去离子水于烧杯中，加热到 60℃，用玻璃棒搅拌使氯酸钠完全溶解，用滴管取氯酸钠饱和溶液置于载玻片上，盖上盖玻片，在边缘位置放置少量的氯酸钠粉末，将其置于显微镜下，观察其晶体枝状生长的过程。

7. 用药勺和天平称取 6.65g 氯酸钠于烧杯中，再用量筒量取 5ml 去离子水于烧杯中，加热到 60℃，用玻璃棒搅拌使氯酸钠完全溶解，慢慢降温，使晶体析出（此过程需要较长时间，所以实验所用来观察的手性氯酸钠晶体在实验前已经由实验室制备）。用偏光片和显微镜，观察晶体的手性。

【注意事项】

1. 实验时应注意试样的清洁，不要让异物落入烧杯内，不要让异物落入载玻片上的饱和溶液中，以免影响结晶过程的观察。

2. 显微镜是精密仪器，操作时要小心，尽可能避免物理震动，切勿使药品接触镜头和镜台等。

3．将载玻片放在载物台上后，一定用压片夹夹住。

【结果分析】

1．录制碘化镉螺旋生长过程，记录数据于表 27-1 中。

2．录制氯酸钠枝状生长过程，记录数据于表 27-1 中。

表 27-1　有机晶体在玻璃片上的结晶过程

玻璃片上	结晶开始时间
同质	
异质	

3．分析温度和异质成核对结晶的影响。

4．计算台阶横向生长速率，填入表 27-2 中，并分析其与驱动力的关系。

表 27-2　碘化镉螺旋生长过程速率与驱动力的关系

不同观察时间编号	1	2	3	4
速率				

5．简述氯酸钠晶体的手性观察现象。

【思考讨论】

1．根据实验，简述结晶过程并总结结晶规律。

2．从形核的角度分析人工降雨所需的条件。

【参考文献】

[1] 臧竞存. 掺杂钨酸锌单晶的生长、性能及应用[J]. 北京工业大学学报，1998，24(3)：110-114.

[2] 石德珂. 材料科学基础[M]. 北京：机械工业出版社，1999.

[3] 德哈纳拉. 晶体生长手册（5）晶体生长模型及缺陷表征[M]. 哈尔滨：哈尔滨工业大学出版社，2013.

[4] 丰平. 材料科学与工程基础实验教程[M]. 北京：国防工业出版社，2014.

[5] 李国昌，王萍. 结晶学教程[M]. 2 版. 北京：国防工业出版社，2014.

[6] 秦善. 晶体学基础[M]. 北京：北京大学出版社，2004.

[7] 魏光普. 晶体结构与缺陷[M]. 北京：水利水电出版社，2010.

实验二十八　LED 综合特性测试实验

电子课件

发光二极管（light emission diode，LED）因具有体积小、功耗低、寿命长、反应速度快、适合量产等诸多优点，目前已替代白炽灯和荧光灯进入普通照明领域。LED 是继白炽灯、荧光灯、高强度气体放电灯（HID）后的第四代新光源，对其物理参数的测量和研究具有重大的经济效益和社会意义。

LED 是电能转换成光能的能量转换装置，其核心是 PN 结，具有一般的 PN 结伏安特性，即正向导通、反向截止、击穿等。LED 的核心材料是 III-V 族化合物，如 GaAs（砷化镓）、GaAsP（磷砷化镓）、AlGaAs（砷化铝镓）等半导体。LED 是一种直接注入电流的发光器件，其发光是半导体晶体内部受激电子从高能级回复到低能级时发射出光子的结果。大量处于高能级的粒子各自自发发射一列一列角频率为 v 的光波，其中 $v = E_g / h$，E_g 是半导体带隙宽度，h 是普朗克常数。各波列之间没有固定的相位关系，它们可以有不同的偏转方向，每个粒子所发射的光沿所有可能的方向传播，这就是通常所说的自发发射跃迁。在正向电压下，电子由 N 区注入 P 区，空穴由 P 区注入 N 区，进入对方区域的少数载流子（少子）一部分与多数载流子（多子）复合，然后就会以光子的形式发出能量，这就是 LED 发光的原理。光的波长决定光的颜色，是由形成 PN 结的材料决定的。

LED 的光学参数测定主要包括光通量测试、发光强度测试、光强分布测试和光强功率分布测试。此外，LED 的正向工作电压（一般定义注入电流 20mA）、热特性参数、外部量子效率、色度等也是需要关注的。完成以上参数的测量，基本就能够满足各方面对 LED 测试的要求。

本实验系统采用模块化的结构设计，可提供电学特性、光空间分布特性、光度色度特性、热特性共 4 个模块的特性测试实验，涵盖了 LED 的电、光、色、热及其相关联的特性参数测试。实验过程中学生可根据需要，选择系统中的某几个部件搭建实验装置，进行 LED 某方面的特性测试。测试设置和控制通过专用软件操作，在人性化的人机交互软件实验界面上，可实时测绘出 LED 的电流-电压、电流-光通量、电流-发光强度、光空间分布特性曲线。为使专业教学与实际生产紧密结合，系统测试参数的选择参照课程教学大纲并结合重要的工业参数，测试标准严格按照国内外现行权威的测试标准。

【实验目的】

1．测量 LED 正向伏安特性，掌握拐点电压、正向开启电压及工作电流的概念，并对比分析不同发光颜色的 LED 拐点电压和工作电压的异同。

2．测量 LED 反向（反向电压限制为-5V）伏安特性，了解 LED 的反向截止特性。

3．掌握 LED 发光强度、光通量、发光效率、光空间分布曲线（配光曲线）、半强度角、偏差角、常见色度参数、结温和热阻的概念及其测量方法，并对比分析不同发光颜色LED 发光强度、光通量和发光效率随电流变化的规律。

4. 掌握 CIE 1931 标准色度系统的表色方法。

5. 测量 LED 器件的电压-温度关系特性,计算 K 系数,并理解 K 系数的意义及作用。

【实验原理】

1. 伏安特性

伏安特性反映了在 LED 两端加电压时电流与电压的关系,如图 28-1 所示。在 LED 两端加正向电压,当电压较小,不足以克服势垒电场时,通过 LED 的电流很小。当正向电压超过死区电压(图 28-1 中的正向拐点)后,电流随电压迅速增长。正向工作电流指 LED 正常发光时的正向电流值,根据不同管子的结构和输出功率的大小,其值在几十毫安到 1A 之间,实验中设置最大电流为 50mA。正常工作电压指 LED 正常发光时加在二极管两端的电压。允许功耗指加于 LED 的正向电压与电流乘积的最大值,超过此值,LED 会因过热而损坏。

在 LED 两端加反向电压,只有微安级的反向电流。反向电压超过击穿电压(一般为几十伏)后,管子被击穿损坏。为安全起见,激励电源提供的最大反向电压应低于击穿电压(实验设置最大反向电压为 5V)。

反向电性能:采用恒压源供电,增加恒压源电压,监测流过 LED 的电流,当电流达到设定的反向漏电流值时,此时的电压即为反向电压,原理图如图 28-2 所示;根据设定的反向电压调节恒压源,测出流过 LED 的反向漏电流。

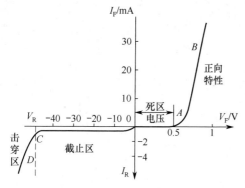

图 28-1 LED 伏安特性曲线图

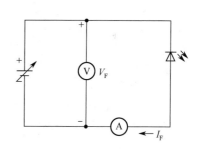

图 28-2 反向电性能测量原理图

正向电性能:正向伏安特性采用恒压源供电,增加正向恒压源电压,同时恒压源自带的电流表监测流过 LED 的电流,原理图与图 28-2 类似,电压方向改为正向即可。使用恒压源的优点是能更全面地测量 LED 的正向伏安特性,方便观察正向死区,测量拐点电压(也叫开启电压)。

2. 电流-光强关系特性

光强是描述 LED 光度学特性最为重要的参数,它表征了光源在指定方向上单位立体角内发射的光通量,在不同的空间角下,LED 将表现出不同的光强大小。国际照明委员会(CIE)专门提出了平均光强 I 的概念:照射在离 LED 某一距离处光探测器上的光通量 Φ 与照射时的立体角 Ω 所构成的比值。若探测器面积为 S,测量距离为 d,则立体角 Ω 为

S 与 d^2 的比值，详见式（28-1）。

$$I = \frac{\Phi}{\Omega} = \frac{\Phi}{S/d^2} \tag{28-1}$$

照度 $E=\Phi/S$，故 $I=d^2 \cdot E$，单位为 cd（坎德拉），实际测量时用照度计探头测量照度值 E 后再通过软件计算出发光强度。由此可见，对于发光强度值，其概念要建立在光源可视为点光源的条件下，且要求其测试条件达到"远场条件"。

从某个层面来看，平均发光强度与传统意义的发光强度的概念已没那么紧密的联系，而仅与测试条件有关。关于 LED 在近场条件下的测量，CIE 推荐了两个标准化条件：CIE 平均光强测试标准条件 A 和标准条件 B。这两个条件是这样描述的：所用的探测器面积为 1cm²，相应圆入射孔径直径为 11.3mm，LED 放置条件为面向探测器，并且要求探测器的机械中心与 LED 的机械轴重合。两个条件的区别之处是 LED 顶端到探测器的距离、立体角和平面角（全角）不同，CIE 标准条件 A 和标准条件 B 如表 28-1 所示。

表 28-1　CIE 规定 LED 平均光强测试标准条件 A 和标准条件 B

条件	测量距离/mm	探测面积/mm²	立体角/sr	平面角/（°）
条件 A	316	100	0.001	2
条件 B	100	100	0.01	6.5

图 28-3 为 LED 平均光强的测量框图，D 为被测 LED 器件，G 为电流源，PD 是包括面积为 A 的光阑 D_1 的光度探测器，D_2、D_3 为消除杂散光光阑，d 为被测 LED 器件与光阑 D_1 之间的距离。测量时，只需将被测 LED 器件按如图形式加以规定的电流，在光度测量系统测量平均 LED 光强即可。

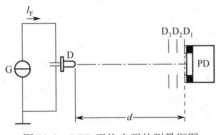

图 28-3　LED 平均光强的测量框图

3. 电流-光通量的关系

LED 光源发射的辐射通量中能引起人眼视觉的那部分，称为光通量 Φ_V，单位是流明（lm），与辐射通量的概念类似，它是 LED 光源向整个空间在单位时间内发射的能引起人眼视觉的辐射通量。

有两种方法可以用于光通量的测量，即积分球法和变角光度计法。变角光度计法是测量光通量的最精确的方法，但由于其耗时较长，所以一般用积分球法测量光通量。积分球是一个球形空腔，由内壁涂有均匀的白色漫反射层（硫酸钡或氧化镁）的球壳组装而成，被测 LED 置于空腔内。LED 器件发射的光辐射经积分球壁的多次反射，使整个球壁上的照度均匀分布，可用一置于球壁上的探测器来测量这个与光通量成比例的光的照度。球和探测器组成的整体要进行校准，使之比较符合人眼的观测效果。

光通量为 LED 向各个方向发光的能量之和，它与工作电流直接有关。随着电流的增加，LED 的光通量增大。光通量与芯片材料、封装工艺水平及外加恒流源大小有关。测得 LED 的光通量或者辐射通量后，就可以进一步经计算获得 LED 器件的发光效率或辐射效率。发光效率 ηV=ΦV/(IFVF)，其中 IF，VF 分别是 LED 的正向电流和正向电压。

积分球法测 LED 光通量原理图如图 28-4
所示，具体测量步骤为：

（1）分别将已知光通量 $\Phi_{标}$ 的标准灯和待
测 LED 光源放置于积分球光源入口处，依次记
下探测器所接收到的光通量（实际光通量）为
Φ_1 和 Φ_2 。

（2）将两次光通量值做比较，得到待测灯
的光通量计算公式为 $\Phi_{待测}=\dfrac{\Phi_2}{\Phi_1}\times\Phi_{标}$ 。

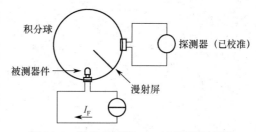

图 28-4　积分球法测 LED 光通量原理图

单点的光通量的定量测量必须严格按照上述原理测试，而这个实验的目的是观察光通
量随电流变化的关系曲线，因此需采集不同电流下的光通量值，为方便测量，实验前只需
要把积分球加照度计探头作为光通量的探测器进行校准即可。

4. LED 输出光空间分布特性

LED 的芯片结构及封装方式不同，输出光的空间分布也不一样，图 28-5 给出两种分
布特性。图 28-5 的发射强度是以最大值为基准，此时方向角定义为零度，发射强度定义
为 100%。当方向角改变时，发射强度相应改变。发射强度降为峰值的一半时，对应的角
度称为方向半值角。

LED 分 A 型管和 B 型管。A 型管出光窗口附有透镜，可使其指向性更好，如图 28-5（a）
中的曲线所示，方向半值角约为± 7°，可用于光电检测、射灯等要求出射光束能量集中
的应用环境。图 28-5（b）所示曲线为未加透镜的 LED，方向半值角约为± 50°，可用于
普通照明及大屏幕显示等要求视角宽广的应用环境。

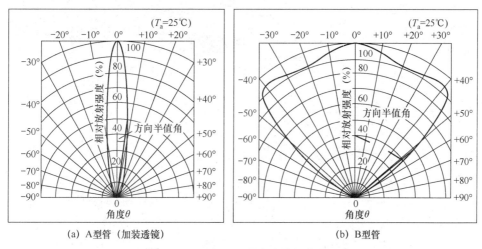

(a) A 型管（加装透镜）　　　　　　　　　　(b) B 型管

图 28-5　两种 LED 的角度特性曲线图

图 28-6 为 LED 光空间分布、偏差角、半强度角的测试原理图，D 为含角度盘的光源
夹具，用于测角和固定光源，G 为电流源，PD 是包括面积为 A 的光阑 D_1 的光度探测器，
D_2、D_3 为消除杂散光光阑，d 为被测 LED 器件与光阑 D_1 之间的距离，θ 为 Z 轴和探测器

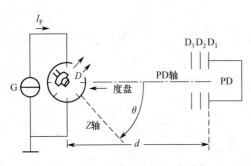

图 28-6　LED 光空间分布、偏差角、
半强度角测量原理图

轴的夹角。

具体测试步骤为：

（1）被测 LED 器件按照 CIE127 标准规定的近场测试条件和选定的形式定位，给被测器件加上规定的电流，用光度测量系统测量 LED 平均光强。

（2）给被测器件加上规定的工作电流。调整被测器件 D 的机械轴与光探测器轴重合，即 $\theta=0°$，测量光探测器的信号，把这个值归一化设置为 $I_0=100\%$。

（3）从 $0°\sim\pm90°$ 旋转度盘，光电测量系统测量各个角度时的发光强度值，得到相对强度 I/I_0 与 θ 之间的关系，即强度空间分布，再采用极坐标来画图表示，绘制 LED 发光强度配光曲线图。

（4）在图上分别读取半最大强度点对应的角度 θ_1 和 θ_2，半强度角 $\Delta\theta=|\theta_2-\theta_1|$。

（5）偏差角就是 I_{max} 和 I_0 方向之间的夹角。

在色度研究中，常使用分光光谱测量法。在分光光谱法测量色度系统中，光谱仪是重要的组成部分。在该测量系统中使用具有光谱分辨率高的光栅光谱仪等进行色度测量。用光纤光谱仪测量 LED 色度的实验装置示意图如 28-7 所示。可调恒流源与 LED 连接，用电流调节旋钮调节输出电流使 LED 正常工作。光纤光谱仪的光纤探头插入积分球光纤连接口，收集光谱信号。光纤光谱仪与计算机连接，测得的光源光谱功率由计算机进行数据处理，并计算得到色度坐标，从而计算出色温、显色指数等色度学参数。

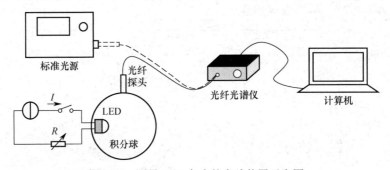

图 28-7　测量 LED 色度的实验装置示意图

在色度学测量模块中最关键的一步是准确计算待测光源的相对光谱功率分布。由于光纤光谱仪测到的光谱分布是相对光谱功率分布，与理论值存在一定的偏差。因此首先应对光谱功率分布进行强度定标。

标准光源（卤素灯，色温 2856K）用于光纤光谱仪的波长校准和强度校准。强度定标步骤：

（1）用光纤光谱仪测出标准卤素灯的实际光谱功率分布 $P_{A,i}(\lambda)$。

（2）利用普朗克公式计算出标准 A 光源（已知色温 2856K）的理论光谱功率分布 $P_{r,i}(\lambda)$。

（3）计算标准 A 光源理论光谱功率分布 $P_{r,i}(\lambda)$ 与实际测得的光谱功率分布 $P_{A,i}(\lambda)$ 的比值 $K_i(\lambda)$，该比值即光纤光谱仪的强度校正系系数。

$$K_i(\lambda) = \frac{P_{r,i}(\lambda)}{P_{A,i}(\lambda)} \tag{28-2}$$

式中，$P_{A,i}(\lambda)$ 为标准 A 光源在该 CCD 探测器上实际采样的能量分布值，$P_{r,i}(\lambda)$ 为标准 A 光源已知 T=2856K 色温下，利用普朗克公式［式（28-3）］得到的理论能量曲线数据。

$$P_{r,i}(\lambda) = C_1 \lambda^{-5} (e^{C_2/\lambda T} - 1)^{-1} \tag{28-3}$$

式中，C_1=3.7418×10^{-16}W×m^2 为第一辐射常数，C_2=1.4388×10^{-2}m×K 为第二辐射常数，λ 为波长。任意待测光源的光谱功率分布可由式（28-4）计算得到。

$$P_{x,i}(\lambda) = K_i S_i(\lambda) \tag{28-4}$$

式中，$S_i(\lambda)$ 为待测光源在 CCD 探测器上的实际采样能量分布值。

5. 结温、热阻的定义

当电流流过 LED 器件时，PN 结的温度将上升，我们把 PN 结区的温度定义为 LED 的结温。结温通常被理解为 LED 芯片的温度，其形成是由于 LED 的空穴、电子运动，一部分能量产生有效的光电效应，发出光子；另一部分以发热的形式消耗掉，从而导致 PN 结区芯片发热。

在热平衡条件下，从 LED 芯片的 PN 结（J 点）到外壳（或主要散热部分）指定的参考点（常为与附加散热器接触的最佳点或部位，C 点），两者的温度差（T_J-T_C）与该传热通道上耗散功率 P_J 的比值，称为热阻，用 $R_{th}(JC)$ 表示，它表征了 LED 的散热能力。

6. 小电流 K 系数法结温测量原理

1）测量电压温度系数 K

将被测 LED 放置于控温设备中，使其稳定在一个低温值 T_{low}（一般取室温）的测试环境温度中，给定一个不能明显使其自加热的测试电流 I_M（可以忽略其产生的热量对 LED 的影响），快速点测此时 LED 的正向电压 V_{low}，然后调节控温设备，使 LED 结温稳定到一个高温值 T_{high}，测得同一 I_M 下 LED 的正向电压 V_{high}，则系数 K 的计算公式如下：

$$K = \frac{V_{high} - V_{low}}{T_{high} - T_{low}} = \frac{\Delta V_F}{\Delta T}$$

2）电压法测结温热阻

LED 正向压降与其 PN 结的温度呈反向线性关系，该特性是电压法测结温热阻的理论依据，通过测量 LED 在不同温度下所产生的正向压降差来间接测量 LED 的结温。显然，这个过程中，PN 结既是被测对象，也是温度传感器。该方法的测量电路原理图如图 28-8 所示。

测量可分为以下步骤：

（1）待测 LED 两端加正偏置测量电流 I_M，测得正向压降 V_{F1}。

（2）用加热电流 I_H（一般取 LED 的额定电流）替换 I_M，并将之加到待测 LED 两端，加热一定时间直到 LED 芯片温度与热沉之间达到热平衡，测得正向压降 V_H，随之可计算得到耗散功率 P_H。

（3）之后迅速用 I_M（<50μs）取代 I_H，将之加到待测 LED 两端，测得正向压降为 V_{F0}。将测得的数据代入下式中：

$$\Delta V_F = \left| V_{F1} - V_{F0} \right| \tag{28-5}$$

$$T_J = T_{J0} + \Delta T_J = T_{J0} + \Delta V_F / K \tag{28-6}$$

可得到待测 LED 的结温，根据热阻的定义

$$R_{JX} = \frac{\Delta T_J}{P_H} = \frac{\Delta V_F / K}{I_H \times V_H} \tag{28-7}$$

可计算得到待测 LED 的热阻。

【实验装置】

可调恒压（流）电源（0～15V），LED 灯夹具及夹具支架，白、红、绿、蓝 LED（工作电流 20mA），电源线，USB 线，4mm 香蕉插头红黑导线，导轨，托板，光源调整平台，光阑调节架，升降调节架，观察屏，照度计及探头，积分球，光纤光谱仪（波长范围：300～800 nm），石英光纤，钨灯光源，程控脉冲电源（0～12V/20kHz），温控电源及温控箱。

【实验内容】

操作视频

1. 伏安特性曲线测试

（注意：利用软件自动采集，应选用恒压源进行正、反向伏安特性测试。）

（1）按照实验清单核对实验部件，按照图 28-9 搭建电路，连接电源线、红黑导线及 USB 线。选择白色（或红、绿、蓝）LED，正负极对应插装到夹具的正负极插口上。

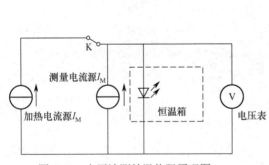

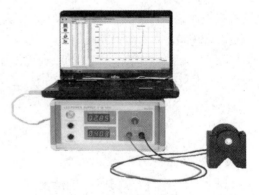

图 28-8　电压法测结温热阻原理图　　　　　　图 28-9　伏安特性曲线测试实验图

（2）将软件界面选为光电特性测试界面，选择伏安特性测试实验，将可调恒压源电压调节旋钮逆时针调节到底，打开恒压源电源开关，此时输出电压及输出电流为 0，在软件界面内单击数据采集端口，端口标志变亮，说明恒压源与计算机通信成功。

（3）软件界面测量类型设置为"正向"，在软件界面单击"采集"按钮，记录此时数显表所显示的 LED 的电压、电流数值到软件对应的图表处。

（4）继续以一定的（推荐 0.5V）间隔调节电压调节旋钮，同时注意观察 LED 是否被点亮，依次单击"采集"按钮，记录相应的电压、电流数值，直至观察到 LED 第一次亮，稍稍左右旋转电压调节旋钮，找到 LED 从不亮到"恰好"开始亮，电流表头"刚好"出现电流值的状态，在软件界面内单击"采集"按钮 。

（5）接下来应以 0.05V 的电压步长调节输出电压值，并在软件中同步采集电压、电流值，直至电流接近 20mA 时，仔细调节电压，将电流调至 20mA，单击"采集"按钮 ，接着以 0.05V 的电压步长继续实验（或随时终止"正向"测试）。注意：电流值不可超过 50mA。

（6）按逆时针方向旋转电压调节旋钮至底，软件界面测量类型设置为"反向"，同时将 LED 反向插装于夹具（或者将导线反接到电源正负极），从 0V 开始，以一定电压步长（推荐用 1V），依次采集对应电压、电流值，直至电压达到 5V 为止，保存数据，至此单灯的正、反向伏安特性测试已经完成。

（7）将恒压源调节至初始状态，依次更换红、绿、蓝 LED，重复步骤（1）～（6），在软件中新建实验界面，分别完成并保存白、红、绿、蓝四种 LED 的正、反向伏安特性测试曲线。最后可在实验界面内导入前面所做的实验结果，进行对比分析（注意导入数据之前先单击"新建"按钮，清空当前界面内的数据）。

2．电流-光强关系特性曲线测试

（1）按图 28-10 将角度盘装置放置于导轨的一端，将观察屏放置于导轨的另一端，分别锁紧其托板。将带激光笔的夹具（此夹具尺寸与光源夹具尺寸相同，激光光源在夹具中心处）放置于角度转盘中间的光源固定架处，打开激光笔，转动激光笔夹具使激光光斑出现在观察屏的水平中心线上，然后左右微调角度盘，使光斑处在中心原点处，然后固定激光笔夹具。

图 28-10　准直光路实验

（2）按图 28-11 将带有升降调节架的光阑筒放置于导轨上，微微松开光阑筒锁紧螺钉，左右微微转动光阑筒，用眼睛观察，使其大致与导轨平行，并将其锁紧；然后松开升降调节架高度调节螺钉，调整其高度与光源固定架等高。

（3）打开激光笔，观察激光光斑是否仍然处在观察屏的中心位置并且亮度没有减弱，若是，则证明激光能够顺利地从光阑筒中通过，然后再将小孔光阑放入光阑筒的出光孔的一端，再次观察激光光斑的位置与亮度，若亮度减弱过多或未出现光斑，说明光阑筒中心轴与光线偏离，需要再次用同样的方法做微小的调整，直至在观察屏中心原点处观察到足够亮的激光光斑，锁紧各锁紧螺钉，在后续的实验中不能再改变光阑筒的状态。

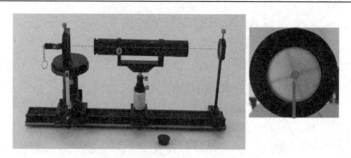

图 28-11　准直光路实验搭建图

若观察屏上未出现激光光斑，说明光阑筒中心轴与激光光线偏离，需要重新调整光阑筒的左右位置和高度，然后重复上述步骤调整即可。

（4）核对图 28-12 中所示实验部件。取下激光笔夹具，将 LED 插装于夹具上，此时应将转动盘上的刻线与中心线对齐。用实验导线连接好夹具和恒流源，将照度计探头的保护盖拧下并置于光阑筒末端，将照度计连接头插于面板的 A 端口（lux）。（注意：放置探头时轻拿轻放，避免破坏光阑筒的调整状态。）

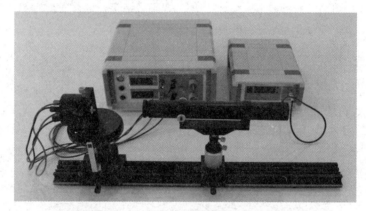

图 28-12　电流-光强测试实验搭建图

（5）将 LED 芯片位置与照度计探头位置的距离调整为 316mm（CIE127 标准推荐的光强测试标准条件 A），如图 28-13 所示，实际调整时读取两个托板上的刻线距离差为 205.5mm 即可（316mm-110.5mm=205.5mm）。

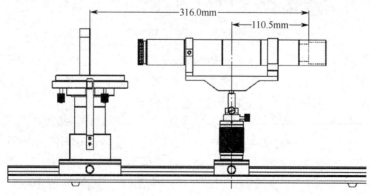

图 28-13　光路距离示意图

（6）将恒流源电流调节旋钮逆时针旋转到底，连接电源导线，连接 USB 线到计算机 USB 端口，打开恒流源电源；然后用 USB 连接线将照度计连接到计算机的 USB 端口。

（7）照度计量程的选择，具体做法为：按"Function"键，"lux"对应指示灯亮，打开电源，将电流调至 20mA（按实验最大电流范围来调节，原则上最大测量电流不要超过 40mA），将量程调为"4"挡，观察照度计是否溢出，溢出显示为"EEEE"，若溢出，再按"Range"键，依次将量程换为"3""2""1"，直至出现未溢出那一挡量程为止，并将此挡作为本次实验的照度计量程，然后将电流调节旋钮回调至最小，显示为 0。

（8）打开软件，将软件界面选为电流-光强特性测试界面，打开端口，使恒流源及照度计都与计算机正常通信。

（9）单击"采集"按钮，采集当前的电流值与光强值并显示到软件界面内，逐渐增大电流，电流步进间隔依 LED 实际测量的工作电流而定。采集每个测量电流与其对应照度计照度值，直至电流达到最大为止，最终完成 LED 电流与光强特性曲线的测量。最大电流选择原则为：工作电流（小功率 20mA，大功率 350mA）≤最大电流≤照度计量程选择用的最大电流。

（10）将恒流源调节至初始状态，依次更换红、绿、蓝 LED，重复步骤（1）～（6），在软件中新建实验界面，分别完成并保存白、红、绿、蓝四种 LED 的电流-光强特性测试曲线。最后可在实验界面内导入前面所做的实验结果，进行对比分析（注意导入数据之前先单击"新建"按钮，清空当前界面内的数据）。

3. 电流-光通量的关系曲线测试

（1）光通量的校准：将标准 LED 光通量灯（标准值已知）插装至夹具，将夹具插装至积分球光源入口，并将照度计"Function"选为光通量挡，即对应"lm"指示灯亮，将待校准照度计探头用保护盖盖上，最好放置于暗箱中，此时可认为是绝对暗环境，标准值可视为 0，将"0"输入光通量校准界面"低校准点"标准值编辑框处，然后将插装好 LED 的光源夹具放入积分球的光源入口，调节恒流源至 20mA，将此时的标准 LED 光通量值输入校准界面的"高校准点"标准值编辑框处，单击"校准"。若可观察到照度计表头值与标准 LED 光通量灯标准值一致（一般误差在 1%以内可认为是一致的），则光通量的校准就完成了。若校准误差偏大，可用同样的方法多校几次，直至光通量测量值达到校准要求。

（2）按如图 28-14 所示，分别将白、红、绿、蓝四种待测 LED 插装至夹具，将夹具插装至光源入口，将校准好的照度计探头插装至探头入口，可按伏安特性实验、电流-光强关系特性实验方法，分别在软件中采集各 LED 电流、电压、光通量数据，分别计算每组数据（电流、电压、光通量）的发光效率，并绘制电流-发光效率曲线。

4. LED 输出光空间分布特性测试

在光电特性实验中所提到的替代法准直一维光路的基础上将激光笔夹具替换为 LED 光源夹具，进行二维空间光强分布测试。

（1）～（4）具体实验步骤参照实验内容 2 电流-光强关系特性实验中的步骤（1）～（4）。（注意：与上个实验不同的是此时的恒流源无须与计算机通信，也就是恒流源上的

USB 连接线应从计算机上拔掉。）

（5）打开软件，将软件界面选为光空间分布特性测试界面，打开端口，使照度计与计算机正常通信。

（6）记下此时固定架转动盘中心线对应角度盘上的角度值 θ_0（如图 28-15 所示，$\theta_0=0$），然后将角度盘与固定架转盘共同向左或者向右旋转 90°，作为空间起始角-90°的位置。

图 28-14　光通量测试实验搭建图　　　　图 28-15　角度读取方法

（7）确认光源盒中包含圆头、草帽头、平头、平头内凹中至少三种封装形状 LED。选择其中任意一种 LED，对照正负极插孔插装到夹具上，将恒流源调节到 LED 对应的工作电流处，一般为 20mA。

（8）以-90°位置的角度作为起始状态，在软件中设置好角度步长间隔，然后按照设置的步长角度，转动角度盘连同光源固定架装盘，每转动一个步长，就在软件界面内单击采集按钮，采集当前位置的光强值，直到转动到+90°的位置为止。数据采集完成后，单击画图按钮，即可将光空间分布曲线在软件界面内描绘出来。然后单击保存按钮，保存当前的配光曲线。

（9）更换 LED，重复上述步骤，完成其他封装形状 LED 的光空间分布曲线。最后可在实验界面内导入前面所做的实验结果，分析异同（注意导入数据之前先单击"清空"按钮，清空当前界面内的数据）。

角度步长选择建议：圆头 LED 推荐 45°范围以内用 2°以内的角度步长，其余范围可随意灵活选择，草帽头 LED 推荐 60°范围以内用 5°以内的角度步长，总之，按照预计有效发光范围合理选择角度步长。

5. 色度学实验

（1）按照图 28-16 搭建电路，首先是用光纤光谱仪测量标准光源的实际光谱能量分布。点亮钨灯光源，将其放置于积分球的光源入口处，然后用光纤连接积分球的光纤出口和光纤光谱仪的光纤入口或者直接用光纤将钨灯光源连接到光谱仪的光纤入口处。

（2）用 USB 线连接光谱仪到上位机，打开软件，打开色度学测试实验的标准 A 光源测试界面，打开光谱仪端口，确认光谱仪与上位机软件通信成功。若端口打开正常，此时在软件界面内会出现标准 A 光源的实际相对光谱功率分布曲线，调节积分时间将该曲线显示在界面合适的位置，如图 28-17 所示。注意保持曲线的完整性，一定不能有溢出。保存该曲线，关闭此界面。单击"采集"按钮 ⬛，关闭当前界面，切换到色度学测量界面，进行色度测量。

图 28-16　LED 色度测量实验搭建图

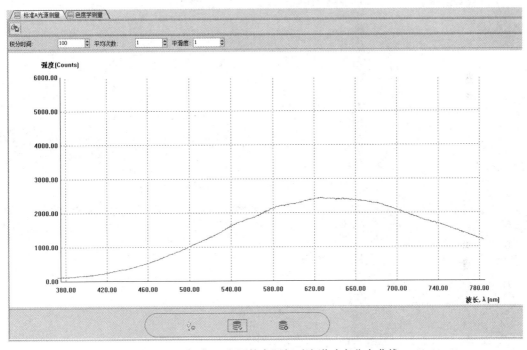

图 28-17　标准 A 光源的实际相对光谱功率分布曲线

（3）打开 USB 端口 ，单击"采集"按钮 ，再次测量标准卤素灯的实际相对光谱功率分布曲线，观察其与理论的标准黑体辐射曲线是否重合，若两条功率分布曲线基本重合，如图 28-18 所示，说明强度校准成功，也就是说，此时我们用光纤光谱仪所测到的光源的功率分布曲线与理论功率分布曲线一致。接下来才可准确地测量不同 LED 的功率分布曲线，由此计算出不同 LED 的色度学参数。

（4）保持色度测量软件界面不变，关闭标准卤素灯，将待测 LED 正确地插装在光源夹具上，并用红黑导线连接到恒流源上，调节恒流源使 LED 正常工作，一般情况下将电流调至 20mA，再将光源夹具插装到积分球光源入口处，在软件界面内即可看到待测 LED 的光谱功率分布曲线，如图 28-19 所示。在软件界面的左侧，可以得到该 LED 的色度学参数，如色温、主波长、峰值波长、带宽、显色指数等。另外，可根据需要选择 LED 进行色度学测量与研究。

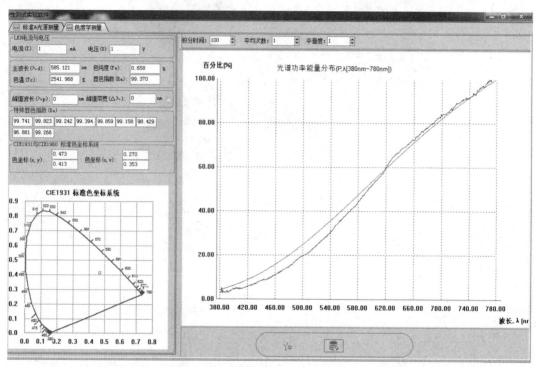

图 28-18　光纤光谱仪所测到的光源的功率分布曲线与理论功率分布曲线

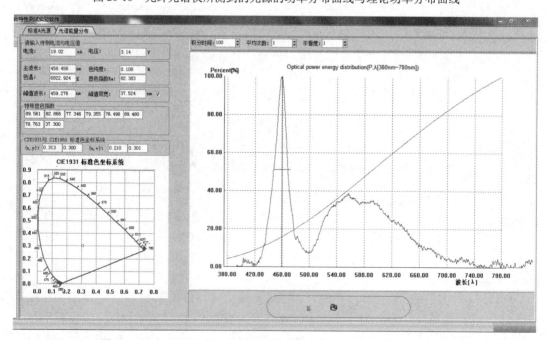

图 28-19　白光 LED 的光谱功率分布曲线与标准黑体辐射曲线对比图

6．热特性测试实验

1）脉冲电源 V_T 系数（纹波）的测量

该步骤的目的是选择正确的测试电流，LED 导通时两端的波动电压 $\triangle V=|V-\overline{V}|$ 不能超过 3mV，避免在后面测试中使用波动较大的电压给测量造成干扰。实验步骤较为简单，只需将脉冲电源各端口用导线对应连接到温控箱上，如图 28-20 所示，用 USB 线连接脉冲电源到计算机的 USB 端口，打开脉冲电源使其正常通信，在软件界面内设置测试电流值，测试电流范围为 1～50mA，然后单击采集按钮，观察 LED 结电压的波动情况，找到波动较小的测试电流范围，若需要改变电流继续测试，应清空当前的测试数据，然后再采集波动电压值。

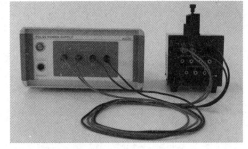

图 28-20 V_T 系数测试实验搭建图

2）小电流 K 系数的测量

按图 28-21 搭建电路。打开软件，在 K 系数测量界面内设置测试参数，如图 28-22 所示。首先单击"获取当前 LED 环境温度"按钮，温度上限默认为 100℃，稳定时间通常设为 1～3min，温度检测点个数范围为 4～7，测试电流范围为 1～50mA，通常设为纹波较小的电流范围之间的某 4 个电流，检测点温度应大于"参考点温度+50℃"，参考点温度不能超过 50℃。

图 28-21 K 系数及 LED 结温测试实验搭建图

图 28-22 K 系数测试设置条件

若当前温度 PV 高于参考点温度，将温控电源上的温控按钮拨到 Cooling 一端，降温至参考点温度后，将温控按钮拨到 Heating 一端加热，继续进行下一步的测试。若环境温度低于 PV，则将温控按钮 Heating 按下进行加热，直至到达参考点温度，待温度稳定后，根据系统提示采集各个测试电流下的电压值，采集完毕，继续加热至下一个检测点温度，再次等到温度稳定后，用同样的方法采集各个测试电流下的电压值。待数据采集完毕，单击 K 系数计算按钮，即可计算出每个测试电流下的 K 系数值。

3）结温热阻的计算测试

由于测量 K 系数时温控箱检测点温度较高，因此需要将 Cooling 按钮按下，使其冷却至室温，通常为 30℃，关闭温度控制按钮，使温控箱温度稳定一段时间后，打开结温热阻软件界面，打开数据采集端口，获取当前 LED 环境温度，将 LED 加热温度设置为 30℃，稳定时间设置为 1min，待温控表上显示温度为 30℃时，软件会提示设置测试电流、加热电流及测试电流对应的 K 系数值，数据输入完毕，单击"设置"按钮，即可进行结温热阻测试。设置过程如图 28-23 所示。

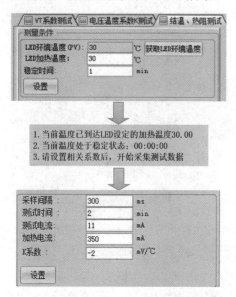

图 28-23　LED 结温测试软件设置条件

【注意事项】

1．使用恒压源做正向伏安特性测试时必须要注意的是，电流超过 50mA 时应终止测试，也就是正向电压不可过大，否则会损坏 LED。且在开启电源之前必须确保电压调节旋钮逆时针旋转到底，才能进行实验。

2．只有在电源输出为 0 时，才可进行切换电源和实验仪的挡位、更换 LED 组件、关闭电源。否则可能导致电源或仪器损坏。

3．放置探头时应轻拿轻放，避免破坏光阑筒的调整状态。

4．导入数据之前先单击"新建"按钮，清空当前界面内的数据。

5．恒流源无须与计算机通信，也就是恒流源上的 USB 连接线应从计算机上拔掉。

6．进行 V_T 测试时，测试电流至少选取 4 个，以便 K 系数测试时使用。

7．在连接任何导线之前，确认所有电源处于关闭状态，所有的电压、电流调节旋钮都应逆时针旋到底。使用正确的输入电压（AC 200～240V）。

【结果分析】

1．记录 LED 的电学参数于表 28-2 中，分析 LED 正向、反向伏安特性。

表 28-2　LED 电学参数记录表

LED 颜色	开启电压	工作电压	反向漏电流
白			
绿			
红			
蓝			

2．分析电流-光强关系特性曲线，分析光强随电流增大的变化趋势。

3．分别计算发光效率、半强度角和偏差角。

4．根据不同 LED 的色坐标，记录其在 CIE1931 标准色度图上的位置。

【思考讨论】

1．说明 LED 反向漏电流、开启电压、工作电压、光通量、色温和显色指数的概念。

2．对比开启（工作）电压，分析开启（工作）电压异同的原因。

3．根据 LED 伏安特性曲线图，分析 LED 为什么需要恒流驱动。

4．对比观察实验曲线，分析光强响应异同的原因及光强随电流的变化趋势。

5．列举几种标准测量 LED 光通量的方法名称，并表述本实验测量光通量的方法。

6．根据实验曲线，对比分析不同电流下，光通量、发光效率的变化趋势。

7．对比不同 LED 灯在不同电流下，其光通量、发光效率的异同，并解释其原因。

8．什么是配光曲线？谈谈你对配光目的的认识。

9．对比观察不同封装形状 LED 光空间分布的异同，分析光空间分布与 LED 封装透镜的关系。

10．根据你对 LED 实际应用的认识，说说窄视角、大视角、偏视角等光空间分布 LED 分别可应用到哪些实际场合。

【参考文献】

[1]　陈宇. LED 制造技术与应用[M]. 北京：电子工业出版社，2013.

[2]　郭伟玲. LED 器件与工艺技术[M]. 北京：电子工业出版社，2008.

实验二十九　铁磁材料居里温度测量实验

电子课件

　　19 世纪末，皮埃尔·居里（Pierre Curie）在自己的实验室里首次发现磁石的一个物理特性，就是当磁石加热到一定温度时，原来的磁性会消失。为了纪念他在磁性方面研究的成就，后人将铁磁性转变为顺磁性的温度称为居里温度或居里点。居里温度是表示磁性材料基本特性的物理量，它仅与材料的化学成分和晶体结构有关，几乎与晶粒的大小、取向以及应力分布等结构因素无关，因此它又称为结构不灵敏参数。

　　磁性材料是生产、生活、国防科学技术中广泛使用的材料，常用于制造电力技术中的电机、变压器，电子技术中的磁性元件和微波电子管，通信技术中的滤波器和增感器，国防科学技术中的磁性水雷和电磁炮，以及家用电器等。此外，磁性材料在地矿探测、海洋探测，以及信息、能源、生物、空间新技术中也获得了广泛的应用，近年来已成为促进高新技术发展和当代文明进步不可替代的材料。测定铁磁材料的居里温度对磁性材料、磁性器件的研究、研制以及工程技术的应用具有十分重要的意义。

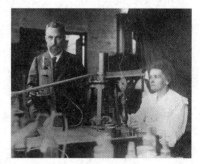
居里夫妇在实验室

　　本实验根据铁磁物质磁矩随温度变化的特性，采用交流电桥法测量铁磁物质自发磁化消失时的温度。通过对软磁铁氧体材料居里温度的测量，加深对这一磁性材料基本特性的理解。

【实验目的】

1．了解铁磁物质由铁磁性转变为顺磁性的微观机理。
2．利用交流电桥法测定铁磁材料样品的居里温度。
3．分析实验时加热速率和交流电桥输入信号频率对居里温度测试结果的影响。

【实验原理】

1. 铁磁质的磁化规律

　　由于外加磁场的作用，物质中的状态发生变化，产生新的磁场的现象称为磁性，物质的磁性可分为反铁磁性（抗磁性）、顺磁性和铁磁性三种，一切可被磁化的物质称为磁介质，在铁磁质中相邻电子之间存在着一种很强的"交换耦合"作用，在无外磁场的情况下，它们的自旋磁矩能在一个个微小区域内自发地整齐排列起来，形成的自发磁化小区域称为磁畴。在未经磁化的铁磁质中，虽然每一磁畴内部都有确定的自发磁化方向，有很大的磁性，但大量磁畴的磁化方向各不相同，因此整个铁磁质不显磁性。图 29-1 为未加磁场多晶磁畴结构示意图。当铁磁质处于外磁场中时，那些自发磁化方向和外磁场方向成小角度的磁畴，其体积随着外加磁场的增大而扩大，并使磁畴的磁化方向进一步转向外磁场方向。另一些自发磁化方向和外磁场方向成大角度的磁畴，其体积随着外加磁场的增大而缩小，这时铁磁质对外呈现宏观磁性。当外磁场增大时，上述效应相应增大，直到所有磁畴都沿外磁场排列好，介质的磁化就达到饱和（见图 29-2）。

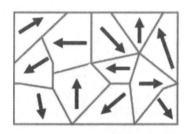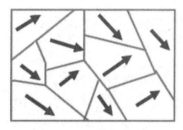

　　　图 29-1　未加磁场多晶磁畴结构　　　　　图 29-2　加磁场多晶磁畴结构

由于在每个磁畴中，元磁矩已完全排列整齐，因此具有很强的磁性。这就是铁磁质的磁性比顺磁质强得多的原因。介质里的掺杂和内应力在磁化场去掉后阻碍着磁畴恢复到原来的退磁状态，这是造成磁滞现象的主要原因。铁磁性是与磁畴结构分不开的。当铁磁体受到强烈的震动，或在高温下受到剧烈运动的影响时，磁畴便会瓦解，这时与磁畴联系的一系列铁磁性质（如高磁导率、磁滞等）全部消失。对于任何铁磁物质都有一个临界温度，高过这个温度，铁磁性就会消失，变为顺磁性，这个临界温度称为铁磁质的居里点。

在各种磁介质中最重要的是以铁为代表的一类磁性很强的物质，在化学元素中，除铁之外，还有过渡族中的其他元素（钴、镍）和某些稀土族元素（如镝、钬）具有铁磁性。常用的铁磁质多数是铁和其他金属或非金属组成的合金，以及某些包含铁的氧化物（铁氧体），铁氧体具有适应更高频率下的工作、电阻率高、涡流损耗更低的特性。软磁铁氧体中的是一种以 Fe_2O_3 为主要成分的氧化物软磁性材料，其一般分子式可表示为 $MO \cdot Fe_2O_3$（尖晶石型铁氧体），其中 M 为 2 价金属元素，其自发磁化为亚铁磁性。

磁介质的磁化规律可用磁感应强度 B、磁化强度 M 和磁场强度 H 来描述，它们满足以下关系：

$$B = \mu_0(H + M) = (\chi_m + 1)\mu_0 H = \mu_r \mu_0 H = \mu H \qquad (29-1)$$

式中，μ_0 为真空磁导率；χ_m 为磁化率；μ_r 为相对磁导率，是一个无量纲的系数；μ 为绝对磁导率。对于顺磁质，磁化率 $\chi_m > 0$，μ_r 略大于 1；对于抗磁质，$\chi_m < 0$，一般 χ_m 的绝对值在 $10^{-5} \sim 10^{-4}$ 之间，μ_r 略小于 1；而铁磁质的 $\chi_m \gg 1$，所以 $\mu_r \gg 1$。

对非铁磁性的各向同性的磁介质，H 和 B 之间满足线性关系：$B = \mu H$，而铁磁质的 μ、B 与 H 之间有着复杂的非线性关系。一般情况下，铁磁质内部存在自发的磁化强度，温度越低，自发磁化强度越大。图 29-3 是典型的磁化曲线（B-H 曲线），它反映了铁磁质的共同磁化特点：随着 H 的增大，开始时 B 缓慢增大，此时 μ 较小；而后便随 H 的增大，B 急剧增大，μ 也迅速增大；最后随着 H 的增大，B 趋向于饱和，而此时的 μ 在到达最大值后又急剧减小。图 29-3 表明了磁导率 μ 是磁场 H 的函数。从图 29-4 中可看到，磁导率 μ 还是温度的函数，当温度升高到某个值时，铁磁质由铁磁状态转变成顺磁状态，曲线突变点所对应的温度就是居里温度 T_C。

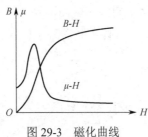
图 29-3　磁化曲线

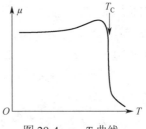
图 29-4　$\mu - T$ 曲线

2. 用交流电桥测量居里温度

铁磁材料的居里温度可用任何一种交流电桥测量。交流电桥种类很多，如麦克斯韦电桥、欧文电桥等，但大多数电桥可归结为如图 29-5 所示的四臂阻抗电桥，电桥的四个臂可以是电阻、电容、电感的串联或并联的组合。调节电桥的桥臂参数，使得 C、D 两点间的电位差为零，电桥达到平衡，则有

$$\frac{Z_1}{Z_2} = \frac{Z_3}{Z_4} \tag{29-2}$$

若要上式成立，必须使复数等式的模量和辐角分别相等，于是有

$$\frac{|Z_1|}{|Z_2|} = \frac{|Z_3|}{|Z_4|} \tag{29-3}$$

$$\varphi_1 + \varphi_4 = \varphi_2 + \varphi_3 \tag{29-4}$$

由此可见，交流电桥平衡时，除阻抗大小满足式（29-3）外，阻抗的相角还要满足式（29-4），这是它和直流电桥的主要区别。

本实验采用如图 29-6 所示的 RL 交流电桥原理电路，在电桥中输入电源由信号发生器提供，在实验中应适当选择较高的输出频率（1000Hz），ω 为信号发生器的角频率。图 29-6 中 R_1 为实验平台中的 R_a，R_2 为 R_b，均为纯电阻，测量设置时 $R_a = R_b$，图 29-6 中 L_1、L_2 为实验平台中的 L_1、L_2 两个电感线圈，图 29-6 中的 r_1 为实验平台中的 R_1（仪器内部已安装，阻值为 100Ω），结合图 29-5 和图 29-6 可知其复阻抗为

$$Z_1 = R_1, \quad Z_2 = R_2, \quad Z_3 = r_1 + j\omega L_1, \quad Z_4 = r_2 + j\omega L_2 \tag{29-5}$$

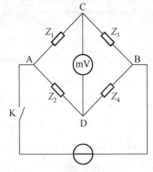
图 29-5　交流电桥的基本电路

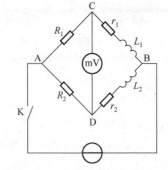
图 29-6　RL 交流电桥原理电路

体现在本实验平台仪器上，其复阻抗为

$$Z_1 = R_1 = R_a, \quad Z_2 = R_2 = R_b$$

$$Z_3 = r_1 + \mathrm{j}\omega L_1 = R_\mathrm{r}(实验平台中) + \mathrm{j}\omega L_1, \quad Z_4 = r_2 + \mathrm{j}\omega L_2 = R_\mathrm{w} + \mathrm{j}\omega L_2$$

当电桥平衡时有

$$R_\mathrm{a}(R_\mathrm{w} + \mathrm{j}\omega L_2) = R_\mathrm{b}(R_\mathrm{r} + \mathrm{j}\omega L_1) \tag{29-6}$$

得

$$R_\mathrm{r} = \frac{R_\mathrm{b}}{R_\mathrm{a}}R_\mathrm{w}, \quad L_2 = \frac{R_\mathrm{b}}{R_\mathrm{a}}L_1 \tag{29-7}$$

选择合适的电子元件相匹配，在未放入铁氧体时，可直接使电桥平衡，但当其中一个电感放入铁氧体后，电感大小发生了变化，引起电桥不平衡。当温度上升到某一个值时，铁氧体的铁磁性转变为顺磁性，C、D 两点间的电位差发生突变并趋于零，电桥又趋向于平衡，这个突变的点对应的温度就是居里温度。可通过桥路电压与温度的关系曲线求其曲线突变处的温度，并分析升温与降温时的速率对实验结果的影响。

由于被研究的对象铁氧体置于电感的绕组中，被线圈包围，因此如果加温速度过快，则传感器测试温度将与铁氧体实际温度不同（加温时，铁氧体样品温度可能低于传感器温度），这种滞后现象在实验中必须加以重视。只有在动态平衡的条件下，磁性突变的温度才精确等于居里温度。

【实验装置】

FB2020A 型居里点测试仪，样品。

【实验内容】

1. 用交流电桥测量空心线圈电感，按图 29-7 连接导线。

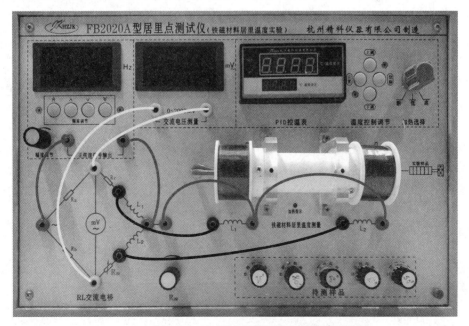

图 29-7 FB2020A 型居里点测试仪面板图

2．将"加热选择"开关置于"断"位置，右侧空心电感线圈中不要插入铁氧体待测样品。

3．接通电源，将频率调节至 1000Hz，"量程选择"按钮按下至"2000"mV 挡，令"幅度调节"旋钮处于约中间位置。

4．调节 R_w 旋钮使交流电压测量显示为 0025mV 左右，表示电桥平衡。

5．将待测样品均匀涂上导热硅脂并插入加热架右侧空心线圈中间的加热铜管，此时电桥不平衡，交流电压测量显示值变化，将数据记录到表 29-1 中。

表 29-1　铁氧体样品交流电桥输出电压与加热温度关系

T/℃	30	35	40	45	50	55	60	65	70	75
U/V										
T/℃	76	77	78	79	80	81	82	83	84	85
U/V										
T/℃	86	87	88	89	90	91	92	93	94	95
U/V										

（1）室温为_____℃。

（2）信号频率为_____Hz。

（3）测量样品：铁氧体样品，居里温度参考值为_____℃。

6．将"加热选择"开关置于"低"位置，加热器开始加热，根据当时的室温，设置一个起始加热温度，然后观察温度控制仪数字显示窗口，加热过程中，温度每升高 5℃，记录交流电压测量的读数，这个过程中要仔细观察读数，当读数每隔 5℃变化较大时，再改为每隔 1℃左右记下读数，直到将加热器的温度升高到 100℃左右为止，关闭加热器开关。

7．根据记录的数据作 V-T 图，计算样品的居里温度。

8．测量不同的样品或者分别用加温和降温的方法测量，分析实验数据。

【注意事项】

1．样品架加热时温度较高，实验时勿用手触碰，以免烫伤。

2．放入样品时需要在铁氧体样品棒上涂上导热脂，以防受热不均。

3．实验时应该将输出信号频率调节在 500Hz 以上，否则电桥输出太小，不容易测量。

4．加热器加热时注意观察温度变化，不允许超过 120℃，否则容易损坏其他器件。

5．在实验测试过程中，不允许调节信号发生器的幅度，不允许改变电感线圈的位置。

【结果分析】

1．做出铁氧体样品的居里温度测量曲线，横坐标为温度 T，纵坐标为电压 V。

2．从测量曲线上判断该铁氧体样品的居里温度。

用同样的方法，可以测量不同的样品在不同的信号频率、不同的加热速率以及升温和降温条件下的曲线。

【思考讨论】

1．铁磁物质的三个特性是什么？
2．用磁畴理论解释样品的磁化强度在温度达到居里点时发生突变的微观机理。
3．为什么测出的 $V\text{-}T$ 曲线与横坐标没有交点？

【参考文献】

魏怀鹏，张志东. 近代物理实验教程[M]. 天津：天津大学出版社，2010.

实验三十　巨磁电阻效应及应用实验

2007 年，诺贝尔物理学奖授予巨磁电阻（giant magneto resistance，GMR）效应的发现者——法国物理学家阿尔贝·费尔（Albert Fert）和德国物理学家彼得·格伦贝格尔（Peter Grunberg）。诺贝尔奖委员会说明："这是一次好奇心导致的发现，但其随后的应用是革命性的，因为它使计算机硬盘的容量从几百、几千兆字节，一跃而提高几百倍，达到几百吉字节乃至上千吉字节。"诺贝尔奖委员会还指出："巨磁电阻效应的发现打开了一扇通向新技术世界的大门——自旋电子学，其将同时利用电子的电荷以及自旋这两个特性。"GMR 作为自旋电子学的开端具有深远的科学意义。传统的电子学是以电子的电荷移动为基础的，电子自旋往往被忽略了。GMR 效应表明，电子自旋对于电流的影响非常强烈，电子的电荷与自旋两者都可能载运信息。

自旋电子学的研究和发展，引发了电子技术与信息技术的一场新的革命。目前，利用 GMR 效应制成的多种传感器已广泛应用于多种测量和控制领域。除利用铁磁膜-金属膜-铁磁膜的 GMR 效应外，由两层铁磁膜夹一极薄的绝缘膜或半导体膜构成的隧穿磁阻（TMR）效应，已显示出比 GMR 效应更高的灵敏度。除在多层膜结构中发现 GMR 效应，并已实现产业化外，在单晶、多晶等多种形态的钙钛矿结构的稀土锰酸盐中，以及一些磁性半导体中，都发现了 GMR 效应。本实验介绍多层膜 GMR 效应的原理，并通过实验让读者了解几种 GMR 模拟传感器的结构、特性及应用领域。

Albert Fert（1938—）　　　　Peter Grunberg（1939—2018）

【实验目的】

1. 了解 GMR 效应的原理。
2. 测量 GMR 模拟传感器的磁电转换特性曲线。
3. 测量 GMR 的磁阻特性曲线。
4. 测量 GMR 开关（数字）传感器的磁电转换特性曲线。
5. 用 GMR 模拟传感器测量电流。

6. 用 GMR 梯度传感器测量齿轮的角位移，了解 GMR 转速（速度）传感器的原理。

7. 通过实验了解磁记录与读出的原理。

【实验原理】

金属和合金一般都有磁电阻现象。磁电阻是指在一定磁场下电阻改变的现象。

根据导电的微观机理，电子在导电时并不是沿电场直线前进的，而是会不断和晶格中的原子产生碰撞（又称散射），每次散射后电子都会改变运动方向，总的运动是电场对电子的定向加速与这种无规散射运动的叠加。称电子在两次散射之间走过的平均路程为平均自由程，电子散射概率小，则平均自由程长，电阻率低。在电阻定律 $R=\rho l/S$ 中，把电阻率 ρ 视为常数，与材料的几何尺度无关，这是因为通常材料的几何尺度远大于电子的平均自由程（例如，铜中电子的平均自由程约为 34nm），可以忽略边界效应。当材料的几何尺度小到纳米量级，只有几个原子的厚度时（例如，铜原子的直径约为 0.3nm），电子在边界上的散射概率大大增加，可以明显观察到厚度减小，电阻率增加的现象。

电子除携带电荷外，还具有自旋特性，自旋磁矩有平行或反平行于外磁场两种可能取向。早在 1936 年，英国物理学家、诺贝尔奖获得者莫特指出，在过渡金属中，自旋磁矩与材料的磁场方向平行的电子，所受散射的概率远小于自旋磁矩与材料的磁场方向反平行的电子。总电流是两类自旋电流之和；总电阻是两类自旋电流的并联电阻，这就是所谓的两电流模型。

在如图 30-1 所示的多层膜 GMR 结构中，当无外磁场时，上、下两层磁性材料是反平行（反铁磁）耦合的。施加足够强的外磁场后，两层铁磁膜的方向都与外磁场方向一致，外磁场使两层铁磁膜从反平行耦合变成了平行耦合。电流的方向在多数应用中是平行于膜面的。

图 30-2 是图 30-1 结构的某种 GMR 材料的磁阻特性。由图 30-2 可见，随着磁场强度的增大，电阻逐渐减小，其间有一段线性区域。当外磁场已使两铁磁膜完全平行耦合后，继续增大磁场强度，电阻不再减小，进入磁饱和区域。磁阻变化率 $\Delta R/R$ 达到百分之十几，加反向磁场时磁阻特性是对称的。注意，图 30-2 中的曲线有两条，分别对应增大磁场和减小磁场时的磁阻特性，这是因为铁磁材料都具有磁滞特性。

图 30-1 多层膜 GMR 结构图

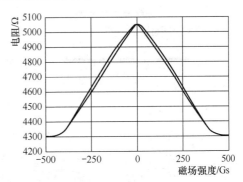

图 30-2 某种 GMR 材料的磁阻特性

有两类与自旋相关的散射对 GMR 效应有贡献。

　　其一，界面上的散射。当无外磁场时，上、下两层铁磁膜的磁场方向相反，无论电子的初始自旋状态如何，从一层铁磁膜进入另一层铁磁膜时都面临状态改变（平行→反平行或反平行→平行），电子在界面上的散射概率很大，对应于高电阻状态。当有外磁场时，上、下两层铁磁膜的磁场方向一致，电子在界面上的散射概率很小，对应于低电阻状态。

　　其二，铁磁膜内的散射。即使电流方向平行于膜面，由于无规散射，因此电子也有一定的概率在上、下两层铁磁膜之间穿行。当无外磁场时，上、下两层铁磁膜的磁场方向相反，无论电子的初始自旋状态如何，在穿行过程中都会经历散射概率小（平行）和散射概率大（反平行）两种过程，两类自旋电流的并联电阻类似两个中等阻值的电阻的并联，对应于高电阻状态。当有外磁场时，上、下两层铁磁膜的磁场方向一致，自旋平行的电子散射概率小，自旋反平行的电子散射概率大，两类自旋电流的并联电阻类似一个小电阻与一个大电阻的并联，对应于低电阻状态。

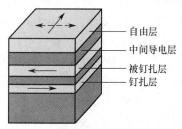

自由层
中间导电层
被钉扎层
钉扎层

图 30-3　自旋阀结构的 SV-GMR

　　多层膜 GMR 结构简单，工作可靠，磁阻随外磁场线性变化的范围大，在制作模拟传感器方面得到广泛应用。在数字记录与读出领域，为进一步提高灵敏度，出现了自旋阀结构的 SV-GMR，如图 30-3 所示。

　　自旋阀结构的 SV-GMR（spin valve GMR）由钉扎层、被钉扎层、中间导电层和自由层构成。其中，钉扎层使用反铁磁材料，被钉扎层使用硬铁磁材料，铁磁和反铁磁材料在交换耦合作用下形成一个偏转场，此偏转场将被钉扎层的磁化方向固定，不随外磁场改变。自由层使用软铁磁材料，它的磁化方向易于随外磁场转动。这样，很弱的外磁场就会改变自由层与被钉扎层磁场的相对取向，对应于很高的灵敏度。当制造时，使自由层的初始磁化方向与被钉扎层垂直，磁记录材料的磁化方向与被钉扎层的方向相同或相反（对应于 0 或 1），当感应到磁记录材料的磁场时，自由层的磁化方向就向与被钉扎层磁化方向相同（低电阻）或相反（高电阻）的方向偏转，检测出电阻的变化，就可确定记录材料记录的信息，硬盘使用的 GMR 磁头就采用这种结构。

【实验装置】

　　巨磁电阻效应及应用实验仪（包括操作面板、基本特性组件、电流测量组件、角位移测量组件和磁读写组件）。

1. 巨磁电阻效应及应用实验仪操作面板

　　巨磁电阻效应及应用实验仪操作面板如图 30-4 所示。

　　区域 1——电流表部分：作为一个独立的电流表使用。有两个挡位：20mA 挡和 2mA 挡，可通过电流量程切换开关选择合适的电流挡位。

　　区域 2——电压表部分：作为一个独立的电压表使用。有两个挡位：2V 挡和 200mV 挡，可通过电压量程切换开关选择合适的电压挡位。

　　区域 3——恒流监测部分：采用可变恒流源。

　　实验仪还提供 GMR 模拟传感器工作所需的 4V 电源和运算放大器工作所需的±8V 电源。

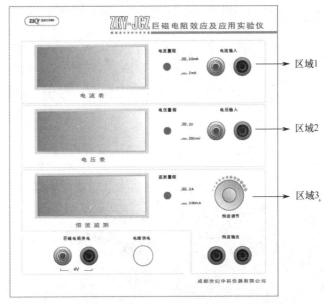

图 30-4 巨磁电阻效应及应用实验仪操作面板

2．基本特性组件

基本特性组件如图 30-5 所示，由 GMR 模拟传感器、螺线管线圈及比较电路和输入/输出插孔等组成，用来测量 GMR 的磁电转换特性、磁阻特性。GMR 模拟传感器置于螺线管线圈的中央。

螺线管线圈用于在实验过程中产生大小可调的磁场，由理论分析可知，无限长直螺线管线圈内部轴线上任意一点的磁感应强度为

$$B = \mu_0 nI \tag{30-1}$$

式中，n 为单位长度线圈匝数，I 为流经线圈的电流强度，$\mu_0 = 4\pi \times 10^{-7}\,\mathrm{H/m}$ 为真空中的磁导率。采用国际单位制时，由上式计算出的磁感应强度单位为特斯拉。

3．电流测量组件

电流测量组件如图 30-6 所示，将导线置于 GMR 模拟传感器旁，用 GMR 模拟传感器测量导线周围的磁场变化，就可确定导线中电流的大小。与一般测量电流需将电流表接入电路相比，这种非接触测量不干扰原电路的工作，具有特殊的优点。

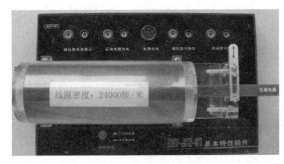

图 30-5 基本特性组件

图 30-6 电流测量组件

4. 角位移测量组件

角位移测量组件如图 30-7 所示，用 GMR 梯度传感器作为传感元件，当铁磁性齿轮转动时，齿牙干扰了梯度传感器上偏置磁场的分布，使梯度传感器输出发生变化，每转过一齿，就输出类似正弦波一个周期的波形。利用该原理可以测量角位移（或转速、速度）。汽车上的转速与速度测量仪就是利用该原理制成的。

5. 磁读写组件

磁读写组件如图 30-8 所示。磁读写组件用于演示磁记录与读出的原理。磁卡作为记录介质，当磁卡通过写磁头时可写入数据，当磁卡通过读磁头时可将写入的数据读出来。

图 30-7　角位移测量组件　　　　　　　　　　图 30-8　磁读写组件

【实验内容】

1. GMR 模拟传感器的磁电转换特性测量

用 GMR 构成传感器时，为了消除温度变化等环境因素对输出的影响，一般采用桥式结构，图 30-9 是 GMR 模拟传感器结构图。

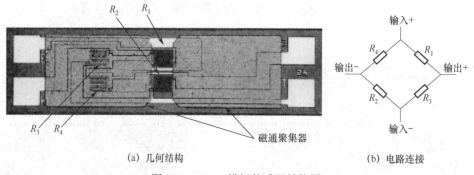

(a) 几何结构　　　　　　　　　　　　　(b) 电路连接

图 30-9　GMR 模拟传感器结构图

对于电桥结构，如果 4 个 GMR 电阻对磁场的响应完全同步，那么就不会有信号输出。图 30-9 中，将处在电桥对角位置的两个电阻 R_3、R_4 覆盖一层高磁导率的材料，如坡莫合金，以屏蔽外磁场对它们的影响，而 R_1、R_2 阻值随外磁场改变。设无外磁场时 4 个 GMR 电阻的阻值均为 R，R_1、R_2 在外磁场作用下电阻减小 ΔR，理论分析表明，输出电压为

$$U_{OUT} = U_{IN}\Delta R/(2R - \Delta R)$$

（30-2）

屏蔽层同时设计为磁通聚集器，它的高导磁率将磁力线聚集在 R_1、R_2 电阻所在的空间，进一步提高了 R_1、R_2 的磁灵敏度。

从图 30-9 中的几何结构还可见，GMR 被光刻成微米宽度迂回状的电阻条，以增大其电阻至千欧数量级，使其在较小工作电流下得到合适的电压输出。

图 30-10 是 GMR 模拟传感器的磁电转换特性曲线。图 30-11 是 GMR 模拟传感器的磁电转换特性测量原理图。

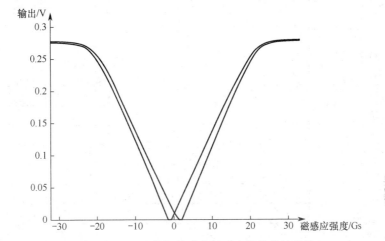

图 30-10　GMR 模拟传感器的磁电转换特性曲线

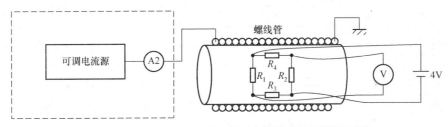

图 30-11　GMR 模拟传感器的磁电转换特性测量原理图

将 GMR 模拟传感器置于螺线管磁场中，功能切换按钮切换为"传感器测量"。实验仪的 4V 电压源接至基本特性组件"巨磁电阻供电"，恒流源接至"螺线管电流输入"，基本特性组件"模拟信号输出"接至实验仪电压表。

按表 30-1 中数据调节励磁电流，逐渐减小磁场强度，记录相应的输出电压于"减小磁场"列中。由于恒流源本身不能提供负向电流，因此当电流减小到 0mA 时，交换恒流输出接线的极性，使电流反向。再次增大电流，此时流经螺线管的电流与磁感应强度的方向为负，从上到下记录相应的输出电压。

电流减小到-100mA 时，逐渐减小负向电流，电流至 0mA 时同样需要交换恒流输出接线的极性，从下到上记录数据于"增大磁场"列中。

理论上讲，当外磁场为零时，GMR 模拟传感器的输出应为零，但由于半导体工艺的限制，4 个桥臂电阻值不一定完全相同，因此外磁场为零时输出不一定为零，在有的传感器中可以观察到这一现象。

表 30-1　GMR 模拟传感器磁电转换特性的测量（电桥电压为 4V）

磁电转换		输出电压 U/mV	
励磁电流 I/mA	磁感应强度 B/Gs	减小磁场	增大磁场
100			
90			
80			
70			
60			
50			
40			
30			
20			
10			
5			
0			
−5			
−10			
−20			
−30			
−40			
−50			
−60			
−70			
−80			
−90			
−100			

根据螺线管上标明的线圈密度，由式（30-1）计算出螺线管内的磁感应强度 B。

以磁感应强度 B 为横坐标，电压表的读数为纵坐标，作磁电转换特性曲线。

不同外磁场强度下输出电压的变化反映了 GMR 模拟传感器的磁电转换特性，同一外磁场强度下输出电压的差值反映了材料的磁滞特性。

2．GMR 磁阻特性测量

将基本特性组件的功能切换按钮切换为"巨磁阻测量"，此时被磁屏蔽的两个电桥电阻 R_3、R_4 短路，而 R_1、R_2 并联。将电流表串联到电路中，测量不同磁场时回路中电流的大小，就可计算磁阻。测量原理如图 30-12 所示。

将 GMR 模拟传感器置于螺线管磁场中，功能切换按钮切换为"巨磁阻测量"，实验仪的 4V 电压源串联电流表后接至基本特性组件"巨磁电阻供电"，恒流源接至"螺线管电流输入"。

按表 30-2 中数据调节励磁电流，逐渐减小磁场强度，记录相应的磁阻电流于"减小磁场"列中。由于恒流源本身不能提供负向电流，因此当电流减小到 0mA 时，交换恒流输出接线的极性，使电流反向。再次增大电流，此时流经螺线管的电流与磁感应强度的方向为负，从上到下记录相应的输出电压。

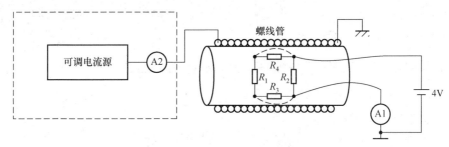

图 30-12　磁阻特性测量原理图

表 30-2　GMR 磁阻特性的测量（磁阻两端电压为 4V）

励磁电流 I/mA	磁感应强度 B/Gs	减小磁场		增大磁场	
		磁阻电流 I/mA	磁阻 R/Ω	磁阻电流 I/mA	磁阻 R/Ω
100					
90					
80					
70					
60					
50					
40					
30					
20					
10					
5					
0					
−5					
−10					
−20					
−30					
−40					
−50					
−60					
−70					
−80					
−90					
−100					

电流减小到-100mA 时，逐渐减小负向电流，当电流为 0mA 时，同样需要交换恒流

输出接线的极性，从下到上记录数据于"增大磁场"列中。

由欧姆定律 $R=U/I$ 计算磁阻。

以磁感应强度 B 为横坐标，磁阻 R 为纵坐标，作磁阻特性曲线。

不同外磁场强度下磁阻的变化反映了 GMR 的磁阻特性，同一外磁场强度下磁阻的差值反映了材料的磁滞特性。

3. GMR 开关（数字）传感器的磁电转换特性曲线测量

将 GMR 模拟传感器与比较电路、晶体管放大电路集成在一起，就构成了 GMR 开关（数字）传感器，结构如图 30-13 所示。

比较电路的功能是：当电桥电压低于比较电压时，输出低电平；当电桥电压高于比较电压时，输出高电平。选择适当的 GMR 电桥并调节比较电压，可调节 GMR 开关（数字）传感器开关点对应的磁场强度。

图 30-14 是 GMR 开关（数字）传感器磁电转换特性曲线。当磁场强度的绝对值从低增加到 12Gs 时，开关打开（输出高电平），当磁场强度的绝对值从高减小到 10Gs 时，开关关闭（输出低电平）。

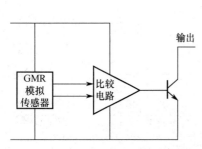

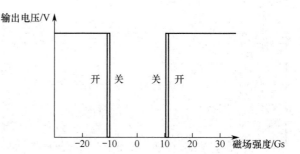

图 30-13　GMR 开关（数字）传感器结构图　　图 30-14　GMR 开关（数字）传感器磁电转换特性曲线

将 GMR 模拟传感器置于螺线管磁场中，功能切换按钮切换为"传感器测量"。实验仪的 4V 电压源接至基本特性组件"巨磁电阻供电"，"电路供电"接口接至基本特性组件对应的"电路供电"，恒流源接至"螺线管电流输入"，基本特性组件"开关信号输出"接至实验仪电压表。

从 50mA 逐渐减小励磁电流，当输出电压从高电平（开）转变为低电平（关）时记录相应的励磁电流于表 30-3"减小磁场"列中。当电流减小到 0mA 时，交换恒流输出接线的极性，使电流反向。再次增大电流，此时流经螺线管的电流与磁感应强度的方向为负，当输出电压从低电平（关）转变为高电平（开）时记录相应的负值励磁电流于表 30-3"减小磁场"列中。将电流调至-50mA。

逐渐减小负向电流，当输出电压从高电平（开）转变为低电平（关）时记录相应的负值励磁电流于表 30-3"增大磁场"列中，当电流减小到 0mA 时，同样需要交换恒流输出接线的极性。当输出电压从低电平（关）转变为高电平（开）时记录相应的正值励磁电流于表 30-3"增大磁场"列中。

表 30-3 GMR 开关（数字）传感器的磁电转换特性测量记录表

（高电平=_____V，低电平=_____V）

减小磁场			增大磁场		
开关动作	励磁电流 I/mA	磁感应强度 B/Gs	开关动作	励磁电流 I/mA	磁感应强度 B/Gs
关			关		
开			开		

以磁感应强度 B 为横坐标，电压读数为纵坐标，作 GMR 开关（数字）传感器的磁电转换特性曲线。

利用 GMR 开关（数字）传感器的开关特性可制成各种接近开关，当磁性物体（可在非磁性物体上贴上磁条）接近传感器时就会输出开关信号。GMR 开关（数字）传感器已广泛应用在工业生产及汽车、家电等日常生活用品中，其控制精度高，在恶劣环境（如高低温、振动等）下仍能正常工作。

4．用 GMR 模拟传感器测量电流

从图 30-10 可见，GMR 模拟传感器在一定的范围内输出电压与磁场强度呈线性关系，且灵敏度高，线性范围大。我们可以方便地将 GMR 模拟传感器制成磁场计，测量磁场强度或其他与磁场相关的物理量。作为应用示例，我们用 GMR 模拟传感器来测量电流，如图 30-15 所示。

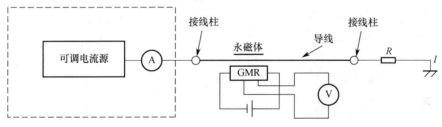

图 30-15 GMR 模拟传感器测量电流原理图

由理论分析可知，通有电流 I 的无限长直导线，与导线距离为 r 的一点的磁感应强度为

$$B = \frac{\mu_0 I}{2\pi r} \tag{30-3}$$

磁场强度与电流成正比，在 r 已知的条件下，测得 B，就可知 I。

在实际应用中，为了使 GMR 模拟传感器工作在线性区，提高测量精度，还常常预先给传感器施加固定已知磁场（称为磁偏置），其原理类似于电子电路中的直流偏置。

将实验仪的 4V 电压源接至电流测量组件"巨磁电阻供电"，恒流源接至"待测电流输入"，电流测量组件"信号输出"接至实验仪电压表。

将待测电流调节至 0mA。

将偏置磁铁转到远离 GMR 模拟传感器，调节磁铁与传感器的距离，使输出电压约为 25mV。

将电流增大到 300mA，按表 30-4 中数据逐渐减小待测电流，从左到右记录相应的输

出电压于"减小电流"行中。由于恒流源本身不能提供负向电流,因此当电流减小到 0mA 时,交换恒流输出接线的极性,使电流反向。再次增大电流,此时电流方向为负,记录相应的输出电压。

表 30-4　用 GMR 模拟传感器测量电流

待测电流 I/mA			300	200	100	0	−100	−200	−300
输出电压 U/mV	低磁偏置（约 25mV）	减小电流							
		增大电流							
	适当磁偏置（约 150mV）	减小电流							
		增大电流							

逐渐减小负向待测电流,从右到左记录相应的输出电压于"增大电流"行中。当电流减小到 0mA 时,交换恒流输出接线的极性,使电流反向。再次增大电流,此时电流方向为正,记录相应的输出电压。

将待测电流调节至 0mA。

将偏置磁铁转到接近 GMR 模拟传感器,调节磁铁与传感器的距离,使输出电压约为 150mV。

用与低磁偏置时同样的实验方法测量适当磁偏置时待测电流与输出电压的关系。

以电流 I 为横坐标,电压 U 为纵坐标,分别画出 4 条曲线。

由测量数据及画出的图形可以看出,当适当磁偏置时线性较好,斜率（灵敏度）较高。由于待测电流产生的磁场远小于偏置磁场,磁滞对测量的影响也较小,因此根据输出电压的大小就可确定待测电流的大小。

用 GMR 模拟传感器测量电流时不用将测量仪器接入电路,不会对电路工作产生干扰,既可测量直流电流,又可测量交流电流,具有广阔的应用前景。

5．GMR 梯度传感器的特性及应用

将 GMR 电桥两对对角电阻分别置于集成电路两端,4 个电阻都不加磁屏蔽,可构成 GMR 梯度传感器,如图 30-16 所示。

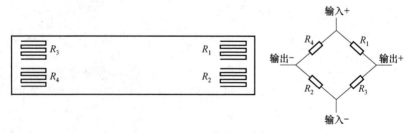

图 30-16　GMR 梯度传感器结构图

GMR 梯度传感器若置于均匀磁场中,由于 4 个桥臂电阻阻值变化相同,因此电桥输出为零。如果磁场存在一定的梯度,各 GMR 电阻感受到的磁场不同,磁阻变化不一样,那么就会有信号输出。

下面以检测齿轮角位移为例（见图 30-17）,说明其应用原理。

将永磁体置于传感器上方，若齿轮是铁磁材料，则当永磁体产生的空间磁场在齿牙不同位置时，会产生不同的梯度磁场。

a 位置时，输出为零。

b 位置时，R_1、R_2 感受到的磁场强度大于 R_3、R_4，输出正电压。

c 位置时，输出回归零。

d 位置时，R_1、R_2 感受到的磁场强度小于 R_3、R_4，输出负电压。

于是，在齿轮转动过程中，每转过一个齿牙便产生一个完整的波形输出。这一原理已普遍应用于转速（速度）与位移监控，并在汽车及其他工业领域得到了广泛应用。

将实验仪 4V 电压源接角位移测量组件"巨磁电阻供电"，角位移测量组件"信号输出"接实验仪电压表。

逆时针慢慢转动齿轮，当输出电压为零时，记录起始角度，以后每转 3° 记录一次角度与电压表的读数于表 30-5 中。转动 48°，齿轮转过 2 齿，输出电压变化 2 个周期。

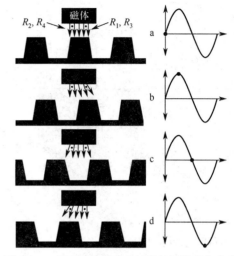

图 30-17 用 GMR 梯度传感器检测齿轮角位移

表 30-5 齿轮角位移的测量

转动角度 $\alpha/(°)$																
输出电压 U/mV																

以齿轮实际转过的度数 α 为横坐标，以电压 U 为纵向坐标作图。

根据实验原理，思考 GMR 梯度传感器能用于车辆流量监控吗？

6. 磁记录与读出

磁记录是当今数码产品记录与储存信息的最主要方式，由于 GMR 的出现，存储密度有了成百上千倍的提高。

在当今的磁记录领域，为了提高记录密度，读、写磁头是分离的。写磁头是绕线的磁芯，线圈中通过电流时产生磁场，在磁性记录材料上记录信息。读磁头利用磁记录材料上不同磁场时电阻的变化读出信息。磁读写组件用磁卡作为记录介质，磁卡通过写磁头时可写入数据，通过读磁头时可将写入的数据读出来。

读者可自行设计一个二进制数，按二进制数写入数据，然后将读出的结果记录下来。

将实验仪的 4V 电压源接磁读写组件"巨磁电阻供电"，"电路供电"接口接至基本特性组件对应的"电路供电"，磁读写组件"读出数据"接至实验仪电压表。

将需要写入与读出的二进制数记入表 30-6 的第 2 行。

将磁卡插入，"功能选择"按键切换为"写"状态。缓慢移动磁卡，根据磁卡上的刻度区域切换"写0""写1"。

将"功能选择"按键切换为"读"状态，移动磁卡至读磁头处，根据刻度区域在电压表上读出电压，记录于表 30-6 的第 4 行。

表 30-6　二进制数的写入与读出

十进制数								
二进制数								
磁卡区域号	1	2	3	4	5	6	7	8
读出电压								

此实验演示了磁记录与磁读出的原理与过程。（由于测试卡区域的两端数据记录可能不准确，因此实验中只记录中间的 1～8 号区域的数据。）

【注意事项】

1．由于 GMR 模拟传感器具有磁滞现象，因此在实验中恒流源只能单方向调节，不可回调，否则测得的实验数据将不准确。实验表格中的电流只是作为一种参考，实验时以实际显示的数据为准。

2．测试卡组件不能长期处于"写"状态。

3．实验过程中，实验环境不得处于强磁场中。

【结果分析】

分析不同外磁场强度下磁阻的变化及同一外磁场强度下磁阻的变化，分别计算变化差值。

【思考讨论】

1．什么是 GMR 效应？

2．GMR 效应的微观机制是什么？

3．磁阻元件的阻值变化为什么受温度的影响比较大？

4．除了本实验列举的应用，举例说明 GMR 效应还有哪些应用？

【参考文献】

[1] 刘要稳. 巨磁电阻效应及其应用和发展[J]. 科学，2008，60(4)：18-21.

[2] 吴春姬，纪红，徐智博，等. 巨磁电阻效应实验仪[J]. 物理实验，2015，35(3)：33-36.

[3] 吴杨，娄捷，陆申龙. 锑化铟磁阻传感器特性测量及其应用研究[J]. 物理实验，2011，21(10)：46-48.

[4] 钱政. 巨磁电阻效应的研究与应用[J]. 传感技术学报，2003，12(4)：516 - 520.

[5] 张欣，陆申龙，时晨. 巨磁电阻效应及应用设计性物理实验的研究[J]. 大学物理，2008，27(11)：1-4.

[6] 周勋，梁冰清，唐云俊，等. 磁电阻效应的研究进展[J]. 物理实验，2000，20(9)：13-16.

[7] 邹红玉. 巨磁电阻特性的研究及其在物理实验教学上的应用[J]. 大学物理，2012，31(2)：37-41.

[8] 张朝民. 巨磁电阻效应及在物理实验中的应用[J]. 实验室研究与探索，2009，28(1)：52-55.

[9] 张欣，陆申龙，时晨. 巨磁电阻效应及应用设计性物理实验的研究[J]. 大学物理，2008，27(11)：1-4.

[10] 魏奶萍. 巨磁电阻效应实验数据处理[J]. 广西物理，2016(0z1)：36-40.

[11] 庄明伟，王小安，徐图，等. 基于巨磁电阻效应的多功能测量仪[J]. 物理实验，2012，32(1)：18-20.

[12] 倪敏，许美新，时晨. 新型磁电阻效应实验仪研制及应用[J]. 实验技术与管理，2012，29(5)：76-79.

[13] 夏成杰，周子贤，王锦辉. 巨磁电阻抗效应实验研究[J]. 大学物理，2011，30(9)：55-57.

[14] 康伟芳. 巨磁电阻传感器的特性比较及其实验应用[J]. 武汉理工大学学报（信息与管理工程版），2009，31(3)：425-428.

[15] 张翔，钱政，陈从强，等. 巨磁电阻传感器的特性测试与应用前景分析[J]. 微纳电子技术，2007，44(7)：165-167.

实验三十一　传感器系统综合实验

电子课件

传感器系统实验仪是用于检测仪表类课程教学实验的多功能教学仪器,其特点是集被测体、各种传感器、信号激励源、处理电路和显示器于一体,可以组成一个完整的测试系统,能完成包含光、磁、电、温度、位移、振动、转速等内容的测试实验。通过这些实验,实验者可对各种不同的传感器及测量电路原理和组成有直观的感性认识,并可在仪器上举一反三开发出新的实验内容。传感器系统综合实验可帮助实验者巩固和消化课堂所学理论内容,掌握常用传感器的工作原理和使用方法,掌握非电量检测的基本方法和选用传感器的原则,熟悉各种传感器与检测技术的关系,以及各类传感器在工程中的实际应用,拓宽知识领域,锻炼实践技能,培养独立处理问题和解决问题的能力,培养科学的工作作风。

THQSR-3 型传感器系统综合实验装置采用完全模块式结构,分为主机和实验模块两部分。主机由实验工作台,传感器综合系统,高稳定交、直流信号源,温控电加热源,旋转源,精密位移台架(由进口精密导轨组成,以确保纯直线性位移),振动机构,显示仪表,电动气压源,数据采集处理和通信系统,实验软件等组成。每个实验模块中均包含一种或一类传感器及实验所需的电路和执行机构,可按实验要求灵活组合,也可按照实验要求增加新的传感器与模块种类或实验项目。

【实验目的】

1. 了解霍尔传感器的原理与应用。
2. 了解铂热电阻的特性与应用。
3. 掌握 PN 结测量温度的方法。
4. 了解光敏电阻的基本原理、特性及应用。
5. 了解硅光电池的原理和特性。

【实验原理】

1. 霍尔效应及位移测试

霍尔效应从本质上讲是运动的带电粒子在磁场中受洛伦兹力作用而引起的偏转。当带电粒子(电子或空穴)被约束在固体材料中时,这种偏转就导致在垂直电流和磁场方向上产生正负电荷的聚积,从而形成附加的横向电场,即霍尔电场 E_H。如图 31-1 所示的半导体样品,若在 x 方向通以电流 I_S,在 z 方向加磁场 B,则在 y 方向即试样 A-A′电极两侧就开始聚集异号电荷而产生相应的附加电场。电场的指向取决于试样的导电类型。对如图 31-1(a)所示的 N 型样品,霍尔电场为逆 y 方向,对如图 31-1(b)所示的 P 型样品,霍尔电场则沿 y 方向。即有

$$E_H(y) < 0 \Rightarrow (\text{N型}), \quad E_H(y) > 0 \Rightarrow (\text{P型})$$

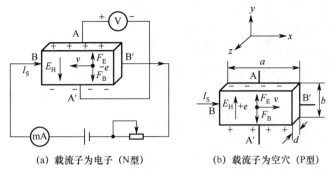

（a）载流子为电子（N型）　　　　　　（b）载流子为空穴（P型）

图 31-1　霍尔效应实验原理示意图

显然，霍尔电场 E_H 阻止载流子继续向侧面偏移，当载流子所受的横向电场力 eE_H 与洛仑兹力相等时，样品两侧电荷的积累就达到动态平衡，则

$$eE_H = evB \tag{31-1}$$

其中，E_H 为霍尔电场，是载流子在电流方向上的平均漂移速度。

设样品长为 a，宽为 b，厚度为 d，载流子浓度为 n，则

$$I_S = nevbd \tag{31-2}$$

由式（31-1）、式（31-2）可得

$$U_H = E_H b = \frac{1}{ne}\frac{I_S B}{d} = R_H \frac{I_S B}{d} \tag{31-3}$$

即霍尔电压 U_H（电极之间的电压）与 $I_S B$ 成正比，与试样厚度 d 成反比。比例系数 $R_H = 1/ne$ 称为霍尔系数，它是反映材料霍尔效应强弱的重要参数。只要测出 $U_H(V)$ 以及知道 $I_S(A)$、$B(T)$ 和 $d(m)$，可按下式计算 $R_H\ (m^3/C)$：

$$R_H = \frac{U_H d}{I_S B} \tag{31-4}$$

根据霍尔效应，霍尔电势 $U_H = K_H IB$，其中 K_H 为灵敏度系数，由霍尔材料物理性质决定，当通过霍尔组件的电流 I 一定，霍尔组件在一个梯度磁场中运动时，式（31-4）就可以用来进行位移测量。

2. 霍尔测速

利用霍尔效应表达式 $U_H = K_H IB$，在被测转盘上装上 N 个磁性体，转盘每转一周，霍尔传感器受到的磁场变化 N 次。转盘每转一周，霍尔电势就同频率相应变化。输出电势通过放大、整形和计数电路就可以测出转盘的转速。

3. 铂热电阻温度特性

利用导体电阻随温度变化的特性，当热电阻用于测量时，要求其材料电阻温度系数大，稳定性好，电阻率高，电阻与温度之间最好有线性关系。当温度变化时，感温元件的电阻值随温度而变化，这样就可将变化的电阻值通过测量电路转换电信号，即可得到被测温度。

4. PN 结温度特性

理想 PN 结的正向电流 I_F 和正向压降 U_F 存在如下近似关系：

$$I_F = I_s e^{\frac{eU_F}{kT}} \tag{31-5}$$

其中，e 为电子电荷；k 为玻尔兹曼常数；T 为绝对温度；I_s 为反向饱和电流。I_s 是一个和 PN 结材料的禁带宽度以及温度等有关的系数，可以证明

$$I_s = CT^\gamma e^{-\frac{eU_s(0)}{kT}} \tag{31-6}$$

其中，C、γ 是与结面积、掺杂浓度有关的常数；$U_S(0)$ 为绝对零度时 PN 结材料的导带底和价带顶的电势差。

将式（31-6）代入式（31-5），且两边取对数得

$$U_F = U_S(0) - \left(\frac{k}{e}\ln\frac{C}{I_F}\right)T - \frac{kT}{e}\ln T^\gamma = U_I + U_{nI} \tag{31-7}$$

其中，$U_I = U_S(0) - \left(\frac{k}{e}\ln\frac{C}{I_F}\right)T$，$U_{nI} = -\frac{kT}{e}\ln T^\gamma$。

式（31-7）是 PN 结温度传感器的基本方程。令 $I_F=$ 常数，则正向压降只随温度而变化。

在恒流供电的条件下，PN 结的 U_F 对 T 的关系取决于线性项 U_I，即正向压降几乎随温度的升高而线性下降，这就是 PN 结测温的根据。

5. 光敏电阻特性

光敏电阻的工作原理是基于光电导效应。在无光照时，光敏电阻具有很高的阻值，在有光照时，当光子的能量大于材料的禁带宽度时，价带中的电子吸收光子能量后跃迁到导带，激发出电子–空穴对，使电阻降低。入射光越强，激发出的电子–空穴对越多，电阻值越低；光照停止后，自由电子与空穴复合，导电性能下降，电阻恢复原值。光敏电阻通常是用半导体材料 CdS（硫化镉）或 CdSe（硒化镉）等制成的。图 31-2 为光敏电阻原理结构图。它由涂于玻璃底板上的一薄层半导体物质构成，半导体上装有梳状电极。由于存在非线性，因此光敏电阻一般用在控制电路中，不适于用作测量元件。

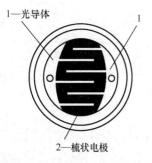

1—光导体
2—梳状电极

图 31-2　光敏电阻原理结构图

LED 输出光功率 P 与驱动电流 I 的关系由 $P=\eta E_p I/e$ 确定，其中，η 为发光效率，E_p 为光子能量，e 为电子电荷常数。

输出光功率与驱动电流呈线性关系，因此本实验用一个驱动电流可调的红色超高亮度 LED 作为实验光源。

光敏电阻已置于机械安装板上的暗室内，其两个引脚引出到底面板上。暗室的另一端装有 LED，通过驱动电流控制暗室内的光照度。

6. 声光双控 LED 实验

利用声波在声场中的物理特性和相关效应而研制的声波传感器，能将声音信号转换成电信号。它的工作原理是：当膜片受到声波的压力，并随着压力的大小和频率的不同而振动时，膜片极板之间的电容量就发生变化。与此同时，极板上的电荷随之变化，从而使电

路中的电流也相应变化，负载电阻上也就有相应的电压输出，从而完成了声电转换。

光敏电阻的工作原理是基于光电导效应。在无光照时，光敏电阻具有很高的阻值。在有光照时，电阻率降低。入射光越强，电阻值越低。光照停止后，自由电子与空穴复合，导电性能下降，电阻恢复原值。

利用这两种传感器组成的声光检测系统在安防、楼宇等领域有着广泛的应用。本实验模拟楼道灯的声光双控系统实验原理图如图 31-3 所示。

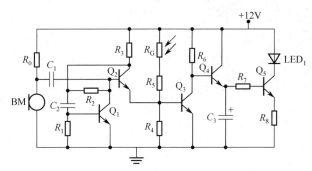

图 31-3 声光双控系统实验原理图

当光敏电阻 R_G 处于光照环境时，R_G 为低阻态，Q_3 导通，Q_4 截止，Q_5 截止，LED_1 不亮。当光敏电阻 R_G 处于无光照环境时，R_G 为高阻态，由于 C_2 的隔离作用，Q_1 截止，Q_2 导通，Q_3 导通，Q_4 截止，Q_5 截止，LED_1 不亮；此时若 BM 拾取到声波信号，则信号经过 R_2、C_2 为 Q_1 提供基极偏置，Q_1 导通，Q_2 截止，Q_3 截止，Q_4 导通，Q_5 导通，LED_1 亮，同时对 C_3 充电，声音停止后，C_3 开始放电，LED_1 延时 10s 左右熄灭。

7．硅光电池特性

硅光电池属于光电二极管的一种，主要利用物质的光电效应，即物质在一定频率的光照射下，释放出光电子的现象。当光照射半导体材料的表面时，会被这些材料内的电子所吸收，如果光子的能量足够大，那么吸收光子后的电子可挣脱原子的束缚而溢出材料表面，这种电子称为光电子，这种现象称为光电子发射，又称为外光电效应。当外加偏置电压与结内电场方向一致，PN 结及其附近被光照射时，就会产生载流子（即电子-空穴对）。结区内的电子-空穴对在势垒区电场的作用下，电子被拉向 N 区，空穴被拉向 P 区而形成光电流。当入射光强度变化时，光生载流子的浓度及通过外回路的光电流也随之发生相应的变化。这种变化在入射光强度很大的动态范围内仍能保持线性关系。

当没有光照射时，光电二极管相当于普通的二极管。其伏安特性是

$$I = I_s(e^{\frac{eV}{kT}} - 1)$$

式中，I 为流过二极管的总电流，I_s 为反向饱和电流，e 为电子电荷，k 为玻尔兹曼常量，T 为工作绝对温度，V 为加在二极管两端的电压。对外加正向电压，I 随 V 呈指数增长，称为正向电流；对外加反向电压，在反向击穿电压之内，反向饱和电流基本上是个常数。

当有光照时，流过 PN 结两端的电流可由下式确定：

$$I = I_s\left(e^{\frac{eV}{kT}} - 1\right) + I_p$$

式中，I 为流过光电二极管的总电流，I_s 为反向饱和电流，e 为电子电荷，k 为玻尔兹曼常量，V 为 PN 结两端电压，T 为工作绝对温度，I_p 为产生的反向光电流。

图 31-4　传感器仿真实训软件

实验预习请在物理实验中心网站操作传感器仿真实训软件，如图 31-4 所示。

【实验装置】

霍尔传感器、测微头、分压器、电桥、差动放大器、数显电压表、0～24V 直流电源、转动源、频率/转速表、智能调节仪、热敏电阻 PT100（两个）、温度源、电压放大器、PN 结温度传感器、光敏电阻、直流稳压电源、恒流源、声控变换器、硅光电池。

【实验内容】

1. 霍尔传感器的位移特性实验

（1）将霍尔传感器安装到传感器固定架上，传感器引线接到对应的霍尔插座上。按图 31-5 接线，输出接直流数显电压表。将差动放大器增益调节电位器调到中间位置。

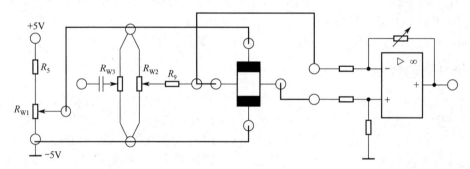

图 31-5　霍尔传感器直流激励接线图

（2）开启电源，直流数显电压表选择 2V 挡，将测微头的起始位置调到 10mm 处，手动调节测微头的位置，先使霍尔片基本在磁钢的中间位置（数显表大致为 0），固定测微头，再调节 R_{W2} 使数显表显示为零。

（3）分别向左、右不同方向旋动测微头，每隔 0.2mm 记下一个读数，直到读数近似不变，将读数填入表 31-1 中。

表 31-1　测微头的位置与电压的关系

X/mm											
U/mV											

2. 霍尔传感器的测速实验

（1）根据图 31-6 进行安装，霍尔传感器已安装在传感器支架上，且霍尔组件正对着转盘上的磁钢。

（2）将"+5V"与"GND"接到底面板上转动源传感器输出部分，U_{O2} 为"霍尔"输出端，U_{O2} 与接地端接到频率/转速表（切换到测转速位置）。

（3）将"0～24V 可调稳压电源"与"转动源输入"相连，用数显电压表测量其电压值。

（4）打开实验台电源，调节可调电源（0～24V）驱动转动源，可以观察到转动源转速的变化，待转速稳定后（稳定时间约为 1min），将相应驱动电压下得到的转速值记录于表 31-2 中。也可用示波器观测霍尔元件输出的脉冲波形。

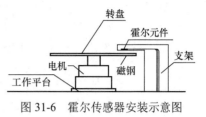

图 31-6　霍尔传感器安装示意图

表 31-2　驱动电压与转速的关系

驱动电压 U/V	+6V	+8V	+10V	+12V	+14V	+16V	+18V	+20V
转速 r/min								

3．铂热电阻温度特性测试实验

（1）重复温度控制实验，将温度控制在 50 ℃，在另一个温度传感器插孔中插入另一个铂热敏电阻温度传感器 PT100。

（2）将 PT100 的两个颜色相同的接线端短路（三线式 PT100 需短接），然后接至底面板温度传感器的热敏电阻处。

（3）按图 31-7 接好差动放大器和电压放大器，将电压放大器的输出接至直流电压表。

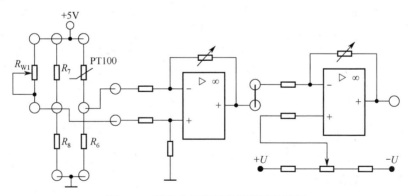

图 31-7　铂热电阻温度特性测试接线图

（4）打开直流电源开关，将差动放大器的输入端短接，将两个增益电位器都调到中间位置，调节调零电位器，使直流电压表显示为零。

（5）拿掉短路线，按图 31-7 接线，将温度传感器的"PT100"接入电路。将桥路的中间两端接到差动放大器的输入端。调节电位器 R_{W1}，使直流数显电压表显示为零。记下电压放大器输出端的电压值。

表 31-3　铂热电阻温度传感器 PT100 温度与输出电压的关系

$T/℃$	50	55	60	65	70	75	80	85	90	95	100	105	110	115	120
U/V															

（6）改变温度源的温度，每隔 5℃ 记录输出的 U 值于表 31-3 中，直到温度升至 120 ℃。

4．PN 结温度特性测试实验

（1）重复智能调节仪温度控制实验接线，将 PN 结温度传感器插入温度源，并将 PN 结接线端接到底面板温度传感器的 PN 结处。

（2）按图 31-8 接好差动放大器和电压放大器，电压放大器的输出端接直流电压表，电压表选择 20V 挡。

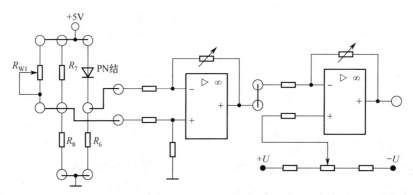

图 31-8　PN 结传感器接线原理图

（3）打开直流电源开关，将差动放大器的输入端短接，将两个增益电位器都调到中间位置，调节调零电位器，使直流电压表显示为零。

（4）将底面板温度传感器的 PN 结按图 31-8 接入电路。调节电位器 R_{W1}，使直流数显示电压表显示为零。改变智能调节仪的设定值，每隔 5 ℃ 记录输出 U 值于表 31-4 中，直到温度升至 120℃。

表 31-4　PN 结温度与输出电压的关系

$T/℃$													
U/V													

5．光敏电阻特性测试实验

（1）将恒流源输出端接光敏电阻传感器部分的 LED，并将直流毫安表的"内、外测"开关调到"内测"，电流大小通过"输出调节"旋钮调节，用万用表测量光敏电阻阻值 R_G。

（2）开启实验台电源，调节 LED 驱动电流的大小，观察万用表上 R_G 显示值的变化，并将电流与光敏电阻阻值 R_G 记录于表 31-5 中。

表 31-5　光敏电阻阻值与输入光信号强度的关系

I/mA													
R_G/Ω													

6. 声光双控 LED 实验

（1）将光敏电阻与红色 LED 指示灯接到声控变换器上，将声电模块中的话筒接入声控变换器的输入端。

（2）当光敏电阻模块驱动 LED 不接恒流源时，光敏电阻无光照（模拟楼道内较暗），当有声音发出时，LED 点亮。

（3）将恒流源调到 10mA 并接到光敏电阻模块的驱动 LED，光敏电阻接收光照（模拟楼道内较亮），不管有无声音，LED 均不亮。

7. 硅光电池特性测试实验

（1）硅光电池已置于机械安装板上的暗室内，其两个引脚引到面板上。将恒流源输出接到硅光电池部分的 LED 两端。

（2）图 31-9 为硅光电池特性测试原理图，按图 31-10 接线，将直流毫安表的"内、外测"开关调到"内测"，选取面板上的 R_{W2} 与 R_{W3} 并联代替图 31-9 中的 R_L 作为硅光电池的负载。

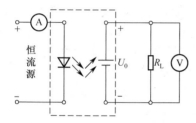

图 31-9　硅光电池特性测试原理图　　　　图 31-10　硅光电池特性测试面板接线图

（3）调节恒流源的输出，观察电流表与电压表的数值变化并记录于表 31-6 中。

表 31-6　硅光电池输出与输入光信号强度的关系

I/mA										
U_0/mV										

【注意事项】

1．在本实验中，采用的是硅材料 PN 结，温度测量范围为-50～150℃。

2．面板震动可能会使导线接触不良，影响实验效果，因此应以击掌等方式完成实验，不要敲击桌面。

【结果分析】

1．根据表 31-1 的实验数据，作 U-X 曲线，计算不同线性范围时的灵敏度和非线性误差。

2．根据表 31-2 的实验数据，作 U-r（转速）曲线。

3．根据表 31-3 的实验数据，作 U-T 曲线，分析 PT100 的温度特性曲线，计算其非线性误差。

4．根据表 31-4 的实验数据，作 U-T 曲线，分析 PN 结温度传感器的温度特性曲线，计算其非线性误差。

5．根据表 31-5 的实验数据，作 R_G-I 曲线。

6．根据表 31-6 的实验数据，作 I-U_0 曲线。

【思考讨论】

1．霍尔电压是如何形成的？它的极性与磁场方法有什么关系？

2．光敏电阻元件在生产和生活中有哪些应用？

3．根据观察到的实验现象，思考小区楼道灯的工作原理是否与其一致。

【参考文献】

[1] 井怿斌，杨宇超. 简析霍尔传感器在电梯现场数据采集中的应用[J]. 科技创新与应用，2020，(03)：175-176.

[2] 周志敏. 太阳能 LED 路灯设计与应用[M]. 北京：电子工业出版社，2009.

[3] 陈玉丹，吕修伟，杨云涛，等. 声光双控光伏发电 LED 广场装饰灯的设计[J]. 中国科技信息，2013，(10)：184-185.

[4] 周朕，卢佃清，史林兴. 硅光电池特性研究[J]. 实验室研究与探索，2011，(11)：36-39.

[5] 代如成，郭强，王中平，等. 硅光电池实验设计[J]. 物理实验，2019，(01)：15-18.

实验三十二　蒸汽冷凝法制备纳米微粒实验

纳米科学技术（Nano-ST，简称"纳米科技"）是 20 世纪 80 年代末期诞生并正在迅速发展的技术。纳米微粒或纳米晶粒的直径在 1～100nm 之间，纳米材料的尺度与光波波长、德布罗意波长，以及超导态的相干长度或透射深度等物理特征尺寸相当或更小，宏观晶体的周期性边界条件不再成立，导致材料的声、光、电、磁、热、力学等特性呈现小尺寸效应。例如，各种金属纳米颗粒几乎都显现黑色，表明光吸收显著增加；许多材料存在磁有序向无序转变，导致磁学性质异常的现象；声子谱发生改变，导致热学、电学性质显著变化。纳米科技正是指在纳米尺度上研究物质的特性和相互作用，以及利用这些特性的科学技术。经过近 20 年的急速发展，纳米科技已经形成纳米物理学、纳米化学、纳米生物学、纳米电子学、纳米材料学、纳米力学和纳米加工学等学科领域，成为 21 世纪重要的高新技术之一，在这个领域世界各国都投入了大量的人力和物力。该技术已对物理、化学、材料、电子、机械、冶金、军事、能源、医药等众多领域产生了重大影响，成为推动社会生产力发展的巨大动力。

在整个纳米科技的发展过程中，纳米微粒的制备和微粒性质的研究是最早开展的。时至今日，纳米科技研究的领域正迅速扩大和深入。要进入纳米科技领域的学习，最好从纳米微粒的制备与测量开始。

【实验目的】

1. 学习和掌握利用蒸汽冷凝法制备金属纳米微粒的基本原理和实验方法，研究微粒尺寸与惰性气体气压之间的关系。

2. 学习利用电子成像法、X 射线衍射峰宽法或其他方法测量微粒的粒径。

【实验原理】

利用宏观材料制备纳米微粒，通常有两种方法：一种是由大的宏观材料逐渐变小，形成纳米颗粒，即所谓粉碎法或从上到下法；另一种是由小变大，即由原子气通过冷凝、成核、生长过程，形成原子簇进而长大为微粒，称为聚集法或从下到上法。由于各种化学反应过程的介入，实际上已发展出了多种制备方法。粉碎法包括高能球磨法、烧结法、非晶晶化法等；化学液相法包括共沉淀法、水热法、冻结干燥法、溶胶-凝胶法等；气相法（聚集法）包括蒸汽冷凝法、等离子体蒸发、等离子体 CVD、磁控溅射法、真空蒸镀、激光诱导化学气相沉积等。在各类制备方法中，最早被采用并进行较细致实验研究的是蒸汽冷凝法，如图 32-1 所示，图中 A 为原材料的蒸汽，B 为初始成核，C 为形成纳米微晶，D 为长大了的纳米微粒，E 为惰性气体，气压约为千帕，F 为纳米微粒收集器，G 为真空罩，H 为加热钨丝，I 为电极。蒸汽冷凝法制备金属超细微粒具有如下特征：高纯度，粒径分布窄，良好结晶和清洁的表面，粒度易于控制等。

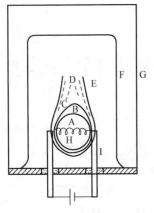

图 32-1　蒸汽冷凝法制备纳米微粒的原理

首先利用抽气泵对系统进行真空抽吸，并利用惰性气体进行置换。惰性气体为高纯 Ar、He 等，有些情形也可以考虑用 N_2。经过几次置换后，将真空反应室内保护气的气压调节至所需的参数范围，通常为 0.1～10kPa，与所需粒子粒径有关。当原材料被加热至蒸发温度时（此温度与惰性气体压力有关，可以从材料的蒸汽压温度相图查得），原材料蒸发成气相。气相的原材料原子与惰性气体的原子（或分子）碰撞，迅速降低能量，从而骤然冷却。骤然冷却使得原材料的蒸汽中形成很高的局域过饱和，非常有利于成核。图 32-2 显示了成核速率随过饱和度的变化。成核与生长过程都是在极短的时间内发生的，图 32-3 给出了总自由能随核生长的变化，一开始自由能随着核生长半径的增大而变大，但是一旦核的尺寸超过临界半径，它将迅速长大。首先形成原子簇，然后继续生长成纳米微晶，最终在收集器上收集到纳米粒子。为理解均匀成核过程，可以设想另一种情形，即抽掉惰性气体使系统处于高真空状态。如果此时对原材料加热蒸发，则材料蒸汽在真空中迅速扩散并与器壁碰撞，从而冷却，此过程就是典型的非均匀成核，它主要由容器壁的作用促进成核、生长并淀积成膜。而在制备纳米微粒的过程中，由于成核与生长过程几乎是同时进行的，因此微粒的大小与饱和度 P/P_e 密切相关，具体与如下几项因素有关：①气体的压强，即压强越小，碰撞概率越低，原材料原子的能量损失越小，P_e 降低较慢；②气体的原子量或分子量，即原子量或分子量越小，一次碰撞的能量损失越小；③原材料的蒸发速率，即蒸发速率越快，P/P_e 越大，蒸发速率又与加热功率及原材料的质量有关；④收集器与蒸发源的距离，即距离蒸发源越远，微粒生长时间越长；⑤气体物质的量与蒸发出的金属原子物质的量之比，即气体物质的量不能远小于或大于金属蒸气原子物质的量。实际操作时可根据上述几方面的因素调节 P/P_e，从而控制微粒的分布尺寸。

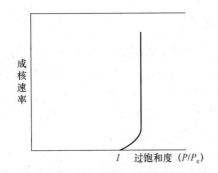

图 32-2　成核速率随过饱和度的变化

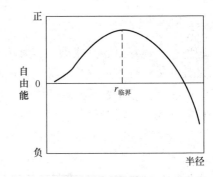

图 32-3　总自由能随核生长的变化

许多物理测量方法可以用于检测微粒的尺寸分布或平均粒径（见表 32-1）。

在表 32-1 所列的各种方法中，最常用的是电子成像法（TEM）和 X 射线衍射峰宽法。但是随着 TEM 技术的发展，TEM 有可能成为更常用的测量手段。这里只介绍 TEM 和 X

射线衍射峰宽法。

表 32-1　微粒尺寸的检测方法

测量方法	测量功能	适用的尺寸范围	使用的主要仪器
离心沉降法	等效直径	>25nm	高速离心机，分光光度计或暗场法光学系统
气体吸附法（容量法或重量法）	比表面积	尺寸：约 $1\sim10$nm 比表面积：$0.1\sim1000\text{m}^2/\text{g}$	BET 吸附装置或重量法装置
光散射法	平均直径	约>3nm	拉曼光谱仪
X 射线衍射峰宽法	晶粒平均尺寸	约<500nm 常用于<50nm	X 射线衍射仪
小角度 X 射线散射线	晶粒平均尺寸	约<100nm	X 射线衍射仪
TEM	直接观察粒子形貌并测量粒径尺寸	约>2nm	透射电子显微镜
扫描隧道显微镜法（STM）	形貌与尺寸	宽范围	扫描隧道显微镜
穆斯堡尔谱法	粒径分布	—	穆斯堡尔谱仪
光子相关谱法	—	—	光子相关谱仪

1. TEM

TEM 提供直接观测粒子尺寸的方法。为进行 TEM 观察，需要利用有碳膜的铜网取样。有两种取样方法：

（1）在制备纳米微粒的真空室内预置有碳膜的电镜用铜网，铜网与蒸发源之间设一挡板。蒸发时让挡板瞬间移开后即行复位，铜网上将收集到适量的纳米粒子。

（2）将少量制备好的纳米粉放入装有纯净乙醇（或其他纯净易挥发液体）的小试管中，进行超声处理以形成悬浮液。取一小滴液体滴在有碳铜网上，待其挥发后使用。

将此有纳米微粒的铜网置入透射电子显微镜内进行观察，并尽可能多拍一些有代表性的照片。然后由这些照片来测量粒径，并给出粒子数与粒径的分布图。

TEM 的最大优点是能够直接观察粒子的形貌及尺寸。但是 TEM 观测的仅是少量的粒子，而且用第 1 种取样方式得到的是铜网所在处的粒子，用第 2 种取样方式时，粒子尺寸沿高度方向可能有梯度，所取液滴内的微粒也不一定能完全代表全部微粒的粒径。另外 TEM 测量到的是微粒的颗粒度而不是晶粒度。

2. X 射线衍射峰宽法

X 射线衍射峰宽法适用于微粒晶粒度的测量，针对纳米微粉，测得的是平均晶粒度。但是按照 Scherrer 关系，有两方面的因素可以引起峰线变宽。一方面晶粒细小引起衍射线峰线宽化，另一方面晶格应变、位错、杂质，以及其他缺陷都可以导致峰线宽化。所以尽管理论上这种衍射线宽化可以适用于 500nm 以下的晶粒范围，但实际上只有当晶粒小于约 20nm 时，因晶粒细小引起的宽化效应才能压倒因其他因素引起的宽化效应。也有文献指出，当晶粒小于 50nm 时，测量值已与实际值相近。

衍射线半高强度处的衍射线增宽度 B 与晶粒尺寸 d 之间的关系为

$$d = K\lambda / B\cos\theta \qquad (32\text{-}1)$$

式中，λ 为 X 射线波长，θ 为布拉格角，K 为形状因子。已有文献给出 K 为 0.95～1.15。具体测量时用一晶粒大于 $1\mu m$ 的同种材料进行对比，将待测纳米微粒样品衍射线半高峰宽值减去对比样品的半高峰宽值，即得到上式中的 B。

【实验装置】

1. 系统组成

蒸汽冷凝法微粒的制备实验利用南京大学恒通科技开发公司研制的 HT218 型纳米微

粒实验制备仪进行，该实验制备仪主要由真空系统、加热系统、测量系统组成。图 32-4 为 HT218 型纳米微粒实验制备仪实物图。

2. 主要技术参数

真空度：<0.01kPa。

气体压力测量范围：0.01～120kPa。

加热功率：0～200W。

功率测量：三位半数字显示。

电源：220V，50Hz。

3. 使用方法

图 32-5 为 HT218 型纳米微粒实验制备仪工作原理及面板图，其中 E 为气体压力传感器，F

图 32-4　HT218 型纳米微粒实验制备仪实物图

为微粒收集器，G 为真空罩，H 为钨丝，I 为铜电极，P 为真空室底盘，V_1 为惰性气体阀门，V_2 为空气阀门，V_e 为电磁阀，S_1 为电源总开关，S_2 为抽气单元开关，M_1 为气体压力表，M_2 为加热功率表。G 置于仪器顶部真空橡皮圈的上方。平时 G 内保持一定程度的低气压，以维护系统的清洁。当需要制备微粒时，打开 V_2 让空气进入真空室，使得真空室内外气压相近，即可掀开真空罩。真空罩下方 P 的上部倒置了一个玻璃烧杯 F，用作纳米微粒的收集器。两个铜电极 I 之间可以接上随机附带的 H。铜电极接至蒸发速率控制单元，若在真空状态下或低气压惰性气体状态下启动该单元，则钨丝上通过电流并可获得 $1000\,^\circ\!C$ 以上的高温。P 开有 4 个孔，孔的下方分别接有 E，以及阀门 V_1、V_2 和电磁阀 V_e 的管道。E 连接真空度测量单元，并在 M_1 上直接显示实验过程中真空室内的气体压力。V_1 通过一管道与仪器后侧惰性气体接口连接，实验时可利用 V_1 调整气体压力，亦可借助 V_e 调整压力。V_2 的另一端直通大气，主要为打开钟罩而设立。V_e 的另一端接至抽气单元并由该单元实行抽气的自动控制，以保证抽气的顺利进行并排除真空泵油倒灌进入真空室。蒸发控制单元的加热功率控制旋钮置于仪器面板上。调节 M_2 显示加热功率。

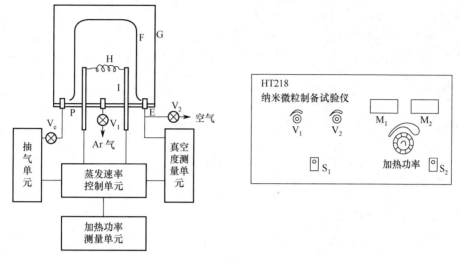

图 32-5　HT218 型纳米微粒实验制备仪工作原理及面板图

【实验内容】

1．准备工作

（1）检查仪器系统的电源接线、惰性气体连接管道是否正常。惰性气体最好用高纯Ar，亦可考虑使用化学性质不活泼的高纯 N_2。

（2）利用脱脂白绸布蘸取纯酒精，仔细擦净真空罩，以及罩内的底盘、电极和烧杯。

（3）将螺旋状钨丝接至铜电极上。

（4）从样品盒中取出铜片（用于纳米铜粉制备），在钨丝上挂一片，罩上烧杯。

（5）罩上真空罩，关闭 V_1（顺时针方向旋到底）、V_2，将加热功率旋钮沿逆时针方向旋至最小，合上 S_1。此时真空度显示器显示出与大气压相当的数值，而加热电压、电流显示为零。

（6）合上 S_2，此时抽气单元开始工作，V_e 自动接通，真空室内压力下降。下降至一定值且真空压力不再变化时，调节"压力指示调零"使压力表指示为零。

（7）打开 V_1，此时惰性气体进入真空室，气压随之变大。

（8）熟练掌握上述抽气与供气的操作过程，直至可以按实验的要求调节气体压力。

（9）准备好备用的干净毛刷和收集纳米微粉的容器。

2．制备铜纳米微粒

（1）关闭 V_1、V_2，对真空室抽气，使气压至 0.05kPa 左右。

（2）利用 Ar（或 N_2）冲洗真空室。打开 V_1 使 Ar（或 N_2）进入真空室，边抽气边进气（Ar 或 N_2）约 5min。

（3）关闭 V_1，观察真空度稳定至 0.13kPa 左右。

（4）沿顺时针方向缓慢旋转加热功率旋钮，观察加热电压或电流，同时关注钨丝。随着加热功率的逐渐增大，钨丝逐渐发红进而变亮。当温度达到铜片（或其他材料）的熔点时铜片熔化，并由于表面张力的原因，会浸润至钨丝上。测量此时加热电压和加热电流。

（5）继续加大加热功率，可以见到用作收集器的烧杯表面变黑，表明蒸发已经开始。随着蒸发，钨丝表面的铜液越来越少，最终全部蒸发，此时应立即将加热功率调至最小。

（6）关上真空泵。

（7）打开 V_2 使空气进入真空室，当压力与大气压最接近时，小心地移开真空罩，取下作为收集罩的烧杯。用刷子轻轻地将一层黑色粉末刷至烧杯底部，再倒入备好的容器中，贴上标签。收集到的细粉就是纳米铜粉。

（8）在 $2\times0.13kPa$、$5\times0.13kPa$ 及 $10\times0.13kPa$ 条件下，重复上述实验步骤进行制备，并记录每次蒸发时的加热功率，观察每次制备时蒸发情况有何差异。

3．纳米微粉粒径检测

（1）利用 X 射线衍射仪进行物相分析，确定晶格常数并与大晶粒的同种材料进行对比。

（2）比较纳米粉与大晶粒同种材料的衍射线半高峰宽，判断不同气压下制备的材料的晶粒平均尺寸。给出气压与晶粒尺寸之间的关系。

（3）有条件的读者可进行 TEM 观察，选取有代表性的电镜照片做出微粒尺寸与颗粒数分布图。

【注意事项】

1．钨丝很脆、易断，挂铜或清理时要小心。

2．钨丝易氧化，当真空度不高时，不要加热钨丝。

3．真空泵对大气抽气容易喷油，开泵前要罩上钟罩，并关闭阀门。

4．调节阀（放气阀和换气阀）内橡皮容易损坏，关闭应轻，旋到底即可。

5．关机时应先关真空泵开关，再关总电源。

6．若需制备其他金属材料的纳米微粒，则可参照铜微粒的制备。但熔点太高的金属难以蒸发，而铁、镍与钨丝在高温下易发生合金化反应，只宜闪蒸，即快速完成蒸发。

【结果分析】

确定铜微粒的尺寸，分析不同气压下制备的微粒尺寸与气压的关系。

【思考讨论】

1．真空系统为什么应保持清洁？

2．为什么对真空系统的密封性有严格要求？如果漏气，那么会对实验有什么影响？

3．为什么要使用纯净 Ar 或 N_2 对系统进行置换、清洗？

4．为什么实验制得的铜微粒呈现黑色？

5．在不同气压下蒸发时，加热功率与气压之间呈什么关系？为什么？

6．在不同气压下蒸发时，微粒"黑烟"的形成过程有什么不同？为什么？

【参考文献】

[1]　杨广彬. Cu 纳米微粒的制备及其摩擦学行为研究[D]. 河南：河南大学，2011.

[2]　宋晓敏. 蒸汽冷凝法制备纳米微粒实验的教学探讨[J]. 实验技术与管理，2011，28(10)：42-45.

[3]　熊平，傅伟，彭飞武，等. 磁性纳米铁微粒的制备方法研究[J]. 金属功能材料，2007，14(1)：33-36.

[4]　尹艳红，刘维平. 纳米微粒的特性、制备及评估综述[J]. 广东有色金属学报，2006，16(2)：113-115.

[5]　张金才，王敏，戴静. 纳米微粒制备技术[J]. 无机盐工业，2005，37(11)：7-10.

[6]　张姝，赖欣，毕剑，等. 纳米材料制备技术及其研究进展[J]. 四川师范大学学报（自然科学版），2001，24(5)：516-519.

[7]　孙志强，崔春翔，李国彬，等. 纳米材料合成与制备综述[J]. 新技术新工艺，2000，(11)：39-41.

实验三十三　表面等离子体共振实验

电子课件

自从 20 世纪 60 年代开始进行表面等离子体共振（surface plasmon resonance，SPR）问题研究以来，经过半个世纪的发展，SPR 传感技术在化学、生物、环境、食品卫生、医疗和制药等领域得到越来越广泛的应用，已经成为一种新型的光电检测技术。SPR 是一种物理光学现象，由入射光波和金属导体表面的自由电子相互作用而产生。当金属的折射率和光疏介质的折射率发生细微变化时，将会改变谐振吸收峰的位置。气体和液体的折射率随温度、浓度、成分等物理量的变化而变化，SPR 技术就是利用上述原理对金属表面的被分析物进行检测分析的。它具有抗电磁干扰性好、灵敏度和分辨率高等特点，适用于微量、痕量的检测。

【实验目的】

1. 了解全反射中消逝波的概念。
2. 观察 SPR 现象，研究共振角随液体折射率的变化关系。
3. 进一步熟悉和了解分光计的调节和使用。

【实验原理】

当光线从光密介质照射到光疏介质，在入射角大于某个特定的角度（临界角）时，会发生全反射现象。但在全反射条件下，光的电场强度在界面处并不立即减小为零，而会渗入光疏介质中产生消逝波。因为消逝波的存在，在界面处发生全内反射的光线，实际上在光疏介质中产生大小约为半个波长的位移后才返回光密介质。若光疏介质很纯净，不存在对消逝波的吸收或散射，则全反射的光强并不会衰减。反之，若光疏介质中存在能与消逝波产生作用的物质时，全反射光的强度将会被衰减，这种现象称为衰减全反射。

如果在两种介质界面之间存在几十纳米的金属薄膜，那么全反射时产生的消逝波的 P 偏振分量将会进入金属薄膜，与金属薄膜中的自由电子相互作用，激发出沿金属薄膜表面传播的表面等离子体波。SPR 原理如图 33-1 所示。

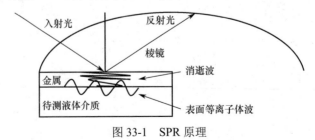

图 33-1　SPR 原理

在棱镜与电介质之间存在厚度为几十纳米的金属薄膜，通过棱镜入射到棱镜/金属膜

/电介质界面上的 P 偏振光，如果入射角大于全反射的临界角，那么入射光被强烈反射，只有一部分以消逝波形式渗透到金属膜。对于某一特定入射角，消逝波平行于金属膜/电介质界面的分量与表面等离子体波的波矢（或频率）完全相等，两种电磁波模式会强烈耦合，消逝波在金属膜中透过并在金属膜与待测物质界面处发生等离子体共振，导致这部分入射光的能量被表面等离子体波吸收，能量发生转移，反射光强度显著降低，这种现象称为 SPR。共振时刻，界面处的全反射条件将被破坏，呈现衰减全反射现象，从而使全反射的反射光能量突然下降，在反射谱上出现共振吸收峰，即反射率出现最小值。此时入射光的角度或波长称为 SPR 的共振角或共振波长。参考曲线如图 33-2 所示。

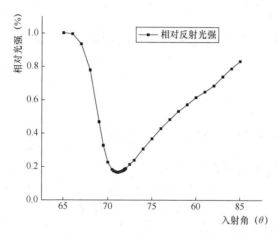

图 33-2　SPR 传感器测得的反射系数曲线

当发生共振时，SPR 的共振角与液体折射率的关系可表示为

$$n_0 \sin(\theta_{sp}) = \sqrt{\frac{\mathrm{Re}\,\varepsilon_1 n_2^2}{\mathrm{Re}\,\varepsilon_1 + n_2^2}} \tag{33-1}$$

其中，θ_{sp} 为共振角，n_0 为棱镜折射率，n_2 为待测液体折射率，$\mathrm{Re}\,\varepsilon_1$ 为金属介电常数的实部。

根据待测液体折射率和共振角之间的关系，结合分光计的精度和角度读数的方便性，在入射光波长固定的情况下，通过改变入射角度，精确地找到待测溶液所对应的共振角，从而求出液体的折射率。

【实验装置】

SPR 实验装置如图 33-3 所示。其主要由分光计转盘、激光二极管、偏振片、硅光电池、电介质等组成。

【实验内容】

1. 调整分光计转盘

调整分光计转盘的平行光管部件、望远镜部件，分别与载物台中心轴垂直。详见分光计使用说明书。

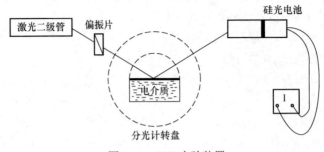

图 33-3　SPR 实验装置

2. SPR 传感器中心调整

（1）调整完分光计转盘后，撤下平行光管的狭缝装置，将激光光源装入平行光管内，拧紧固定螺钉；撤下分光计的望远镜，将光电探头装入分光计的望远镜套筒内，拧紧固定螺钉；同时拧去分光计的两个物镜。

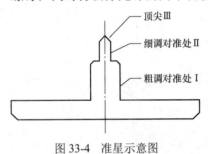

图 33-4　准星示意图

（2）将二维水平调节架放到载物台上，固定好调节架后，在调节架中心放上准星，如图 33-4 所示。首先开始粗调，调节载物台并锁紧螺钉，使激光光斑至图示 I 处，转动游标盘一圈，观察激光光斑是否一直射在 I 上，如果不是，则说明激光光线和准星不在一个平面上，分以下两种情况调节：

① 当转动游标盘一圈，激光光斑始终处于准星某一侧时，则说明激光光线有偏移，微调平行光管光轴水平调节螺钉，使激光光斑射在 I 上。

② 当转动游标盘一圈，激光光斑处于准星不同侧时，说明准星不处于分光计中心位置，采用渐近法（与调节分光计中十字光斑方法相同），调节二维调节架的两颗微调螺钉，使激光光斑射在 I 上。

（3）调节平行光管光轴高低调节螺钉，使激光光斑射在 II 上，再转动游标盘一圈，观察激光光斑是否一直射在 II 上，如果不是，则说明激光光线和准星仍不在一个平面上，调节方法与步骤（2）一致；调节完毕，继续调节平行光管光轴高低调节螺钉，使激光光斑射在 III 上，转动游标盘一圈，观察顶尖 III 处光斑是否一直处于最亮状态，如果不是，则继续调节，调节方法与步骤（2）一致。

（4）当激光光斑一直过准星时，中心调节完毕。移去准星，放入 SPR 传感器，为接下来读数方便，转动度盘，使度盘 0° 对准游标盘 0°，调整 SPR 传感器，使光 0° 入射，拧紧游标盘止动螺钉。拧紧转座与度盘止动螺钉，松开游标盘止动螺钉，从此刻开始度盘始终保持不动。将游标盘转回至度盘 65° 位置处锁定，测量前准备调节完毕。

3. 测量共振角

保持度盘和游标盘不动，转动支臂，观察光功率计读数，记录其中的最大读数，保持度盘不动，转动游标盘 1°，使入射角为 66° 后固定，再转动支臂记录最大读数。以此类推，以每次转动 0.5° 来增加入射角，记录检流计最大读数，直至入射角为 88°。

改变液体浓度，重复测量 6 次。

【结果分析】

1．数据表格自拟。
2．画出相对光强与入射角的关系曲线。
3．确定共振角，计算液体的折射率。
4．改变液体的浓度，重复测量。
5．画出共振角与液体浓度变化的关系图并加以分析。

【思考讨论】

请举例说明 SPR 技术在化学、生物、环境、食品卫生、医疗和制药等领域的应用。

【参考文献】

[1] 蔡霞，隋成华，李燕，等. 基于分光计的表面等离子体共振实验[J]. 物理实验，2009，29(5)：5-8.
[2] 郭守月，单士军，邓灵福. SPR 棱镜传感器测量液体折射率的原理[J]. 物理实验，2006，11：39-42.
[3] 李秀丽，陈艳玲，赵军丽，等. 表面等离子体共振生物传感器研究进展[J]. 药物分析杂志，2005，25(11)：1399-1402.
[4] 崔大付，张璐璐，王于杰. 表面等离子体谐振生化分析仪的研制与发展[J]. 现代科学仪器，2007，2：3-7.
[5] 程慧，黄朝峰. SPR 生物传感器及其应用进展[J]. 中国生物工程杂志，2003，23(5)：46-49.
[6] 赵南明，周海梦. 生物物理学[M]. 北京：高等教育出版社，2000.
[7] 王海明，钱凯先. 表面等离子共振技术在生物分子相互作用研究中的应用[J]. 浙江大学学报（工学版），2003，37(3)：354-361.

实验三十四　表面等离子体实验

等离子体技术是一个具有全球性影响的新技术，近年来以极为迅猛的势头进入各个领域，除已广泛应用于焊接、切割、喷涂、氮化、冶金、化工等领域外，还在微电子、光电子、光记录、磁记录、平板显示、磁流体发电、材料的表面处理、薄膜和超细超纯微粉的制备等多个领域使用。磁控溅射技术、多弧离子镀技术等 PVD 技术都是等离子体技术在表面科学的应用。本实验只介绍双层辉光离子渗金属技术。

双层辉光离子渗金属技术（也称为 Xu-Tec 技术）是我国学者徐重教授在研究和开发离子渗氮技术的基础上发明的具有自主知识产权的一项等离子体表面改性技术。此项发明先后获得美国、加拿大、英国、澳大利亚、瑞士、比利时、法国等多个国家的专权利；1992 年获国家发明二等奖，1994 年被国家科学技术委员会及 863 计划确定为我国 15 项"重大关键技术项目"之一。该技术具有创新性、先进性和实用性，处世界领先水平。该技术已成功地将 W、Mo、Cr、Ni、Ti、Al、Ta 等多种元素渗入以钢铁及有色金属为基体的表层，而且也可很方便地进行 W-Mo、Co-Ni、W-Mo-Cr-V、Cr-Ni-Al 等二元或多种元素共渗，从而形成具有各种特殊性能的合金化层。人们在理论上也进行了渗层组织形成条件及其机制、渗层中合金元素的扩散机制、不等电位空心阴极放电特性、渗层相组成及相结构的分析等方面的研究；在工业应用方面也做了大量工作，已将双层辉光离子渗金属技术成功地应用于手用钢锯条，形成了试年产 1000 万支的生产线，并已投入生产。大型的渗金属炉也已制造成功，并在大型钢板、排气阀门、钢窗附件、耐蚀泵零件等产品上进行了工艺试验，均取得了成功。经过十多年的试验研究，双层辉光离子渗金属技术逐渐成熟，为表面等离子体技术和表面冶金的研究开辟了一条崭新的途径。

徐重（1937—）

【实验目的】

1. 掌握双层辉光离子渗金属技术的基本原理。
2. 了解双层辉光离子渗金属技术设备的基本结构。
3. 掌握双层辉光离子渗金属技术的工艺过程。
4. 了解双层辉光离子渗金属技术的应用。

【实验原理】

1. 辉光放电

辉光放电属于低气压放电，工作压力低于 10mbar，在置有板状电极的封闭玻璃管内充入低压（约几毫米汞柱）气体或蒸气，当两极间电压较高（约 1000V）时，稀薄气体中的残余正离子在电场中加速,有足够的动能轰击阴极,产生二次电子,经簇射过程产生更多的带电粒子,使气体导电,当粒子由激发态降回到基态时,会以光的形式放出能量。辉光放电的特征是电流强度较小(约几毫安),温度不高,故电管内有特殊的亮区和暗区,呈现发光现象。

辉光放电时,在放电管两极电场的作用下,电子和正离子分别向阳极、阴极运动,并堆积在两极附近形成空间电荷区。因正离子的漂移速度远小于电子,故正离子空间电荷区的电荷密度比电子空间电荷区大得多,使得整个极间电压几乎全部集中在阴极附近的狭窄区域内。这是辉光放电的显著特征,而且在正常辉光放电时,两极间电压不随电流变化。在阴极附近,二次电子发射产生的电子在较短距离内尚未得到足够使气体分子电离或激发的动能,所以紧接阴极的区域不发光。而在阴极辉光区,电子已获得足够的能量,碰撞气体分子使之电离或激发发光。其余暗区和辉区的形成也主要取决于电子到达该区的动能以及气体的压强(电子与气体分子的非弹性碰撞会失去动能)。

辉光放电的基本作用是维持气体电离,工作气体一般为惰性气体。

辉光放电中的电流包括离子和电子的迁移。电子从带负电荷的阴极移动到带正电荷的阳极;离子从阳极运动到阴极。放电的离子是通过电子撞击低气压的气体原子使之电离而产生的,或通过电子碰撞被蒸发粒子而产生的。

由于能量不同,因此并非每次电子与原子间的碰撞都能造成原子电离,一般把造成气体原子电离的碰撞次数与总碰撞次数的比值 W 称为碰撞电离概率。而把电离的原子数与全体原子数的比值称为离化率。在实际工作中,我们总是设法提高离化率。

1)影响离化率的因素

设 λ_e 表示电子在气体中运动的平均自由程,则一个电子在 1cm 路程中,与气体原子相互碰撞的平均次数可用电子与气体原子相互碰撞的有效面积 Q_e 表示:

$$Q_e = \frac{1}{\lambda_e} \qquad (34\text{-}1)$$

由气体分子运动论的计算方法可以导出:

$$Q_e = \frac{1}{4\sqrt{2}} \frac{S}{K} \frac{P}{T} \qquad (34\text{-}2)$$

式中,S 为气体原子的截面积(cm^2),K 为玻尔兹曼常数(1.38×10^{-23}J/K),P 为气体的压力(10^{-1}Pa),T 为气体的热力学温度(K),Q_e 为电子与气体原子进行弹性碰撞、激发和电离三种过程的总截面。

图 34-1 给出了几种气体的碰撞电离概率 W 随碰撞电子能量的不同而变化的曲线。从图中看出,当电子的能量从 0eV 增加到 100~200eV 时,W 近似直线增加。W 达到最大值后就开始下降。

碰撞电离概率 W 随电子能量变化的开始阶段可用近似公式表示:

$$W = c(U - U_i) \qquad (34\text{-}3)$$

当 W 达到最大值后可近似表示为

$$W = a(U - U_i)e^{-\frac{U-U_i}{b}} \qquad (34\text{-}4)$$

式中,a、b、c 为经验常数,e=2.7183 为自然对数的底。

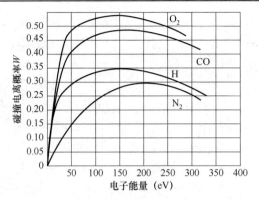

图 34-1　电子能量与碰撞电离概率关系曲线

Q_{ei} 称为电子与气体原子碰撞的电离的有效截面。它表示加速电子在气体中通过 1cm 的路程所能产生的离子数。

$$Q_{ei} = Q_e W = \frac{1}{4\sqrt{2}} \frac{S}{K} \frac{P}{T} W \qquad (34\text{-}5)$$

对许多气体来讲，当电子的能量在 50～150eV 时，碰撞电离概率最大，离化率最大，当电子能量为几千电子伏特时，离化率会低 1～2 个数量级。

要提高离化率必须采取以下措施：

- 设法提高碰撞电子的密度。
- 碰撞电子的能量要低（在 50～200eV）。
- 电子在气体中行走的路程要长，使电子在气体中完成的电离总数达到最大。
- 适当提高放电区的气压，降低温度。

在实际生产中都已考虑了上述因素，如三极器溅射就是为了增加发射低能电子的电极，磁撞溅射就是通过相互垂直的电磁场加强对二次电子的控制，使行走路程变长。

2）气体放电的伏安特性曲线

图 34-2 为典型气体放电伏安特性曲线，图中 AB 段为非自持放电，是依靠空间存在的自然辐射照射阴极引起的电子发射和气体的空间电离。B 点后为非自持放电过渡到自持放电，BC 段为自持的暗放电，有微弱的发光，B 点对应于击穿电压。若电路中的限流电阻不大，则电压 U 提升到 U_Z 后放电立即过渡到 E 点，即 U 突然下降，而 I 突然上升，并发出较强的辉光。回路中串有很大的电阻（$10^6\Omega$ 以上），则可能逐点测出 CE 段，这是由于自持暗放电 BC 到辉光放电 EG 的过渡区很不稳定。只要放电回路中的电流略有增加，电压很快向 E 点转移。当电流增加到 E 点后，放电间隙中特定外貌的发光情况是阴极表面有一部分发光，即只有一部分阴极表面发射电子，这部分叫阴极斑点。随放电电流的增加，阴极斑点面积按正比例增加，而电压保持不变。一直到阴极斑点覆盖整个阴极表面后再使 I 增加，则 U 也增加，一般把 EF 段称为正常辉光区，而 FG 段为反常辉光区，离子镀、溅射镀大部分使用反常辉光放电阶段，若增加放电电流，则电量增大，打到阴极上的正离子数和能量增加，使阴极温度上升，当升到足以产生强烈的热电子发射时，放电发生质的变化，由辉光放电过渡到弧光放电，空心阴极放电离子镀（HCD）就是利用弧光放电区。在实际的放电中 U-I 特性曲线取决于许多因素，如气体的种类和压力，电极材料、

形状和尺寸，电子仪表状态，放电器中的电源、电压功率和限流电阻的大小等。辉光放电状况及参数如图34-3所示。

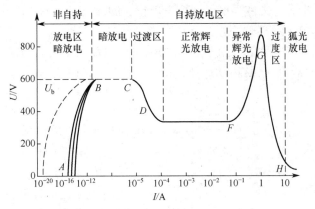

图 34-2　典型气体放电伏安特性曲线

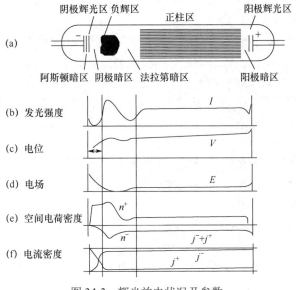

图 34-3　辉光放电状况及参数

3）辉光放电空间区域分布

正常辉光放电可以分为阴极区、负辉区、法拉第暗区、正柱区和阳极区。阴极区又分为阿斯顿暗区、阴极辉光区和阴极暗区。阴极发出的电子或在放电空间产生的电子在电场作用下向阳极移动，并不断增加速度。刚离开冷阴极的电子能量很低，不足以引起气体分子的激发电离，所以阴极近表面为暗区（阿斯顿暗区）。随着电子在电场中加速，当电子能量足以使气体原子激发时，就产生了辉光，这就是阴极光层，也称为阴极辉光区。当电子的能量进一步增加时，就能引起气体原子的电离，从而产生大量的离子和低速电子，而激发很小。这一过程并不发生可见光，这一区域称为阴极暗区，阴极位降主要发生在这一区域中。阴极暗区产生的低速电子在电场的作用下增加速度后又会引起气体原子的激发和电子与离子间的复合，由于激发发光和复合发光，从而形成负辉区光最强。再向阳极方向还可以形成几个明暗相间的区域。大部分电子在负辉区损失了能量，此区电场很弱，电子已无足够的能量进行明显的激发和电离，所以光度很弱，形成法拉第暗区。随后为正柱区，此区正、负离子数相等，又称等离子区，带电粒子的密度一般为 $10^{10}\sim10^{12}$ 个/cm^3，正离子迁移效率很低，电子迁移效率很高，因此等离子体是一个强的导电体，它在气体辉光放电中的作用就是传导电流，正柱区的电场强度比阴极区小几个数量级。故在等离子区主要是无规律的杂乱运动，其运动速度比迁移速度大几个数量级，碰撞以大量的非弹性碰撞为主。

在等离子的阳极端，电子被阳极吸收，离子被阳极排斥，所以阳极前形成负的空间电荷，电位急剧升高，形成阳极电位。电子在阳极区被加速，足以在阳极前产生激发和电离，因此形成阳极辉光区。辉光放电的外貌及微观过程，从阴极到阳极可分为阿斯顿暗区、阴极辉光区、阴极暗区、负辉区、法拉第暗区、正柱和阳极辉光区，如图 34-3 所示。

电场的分布如图 34-3 (d)所示。可见，阴极电位降主要发生在负辉区以前，维持辉光放电所必需的电离大部分发生在阴极暗区，在溅射镀和离子镀的气体放电中我们最感兴趣的是阴极暗区和负辉区这两个区域。入射离子的能量是由阴极位降确定的。可以粗略认为阴极位降近似等于放电电压，如图 34-3 所示。

通过以上讨论可知，与溅射有关的主要问题有两个：一个是在阴极暗区（克鲁克斯暗区）形成的正离子冲击阴极；另一个是当两极间电压不变而改变两极间的距离时，主要改变的是等离子体构成的阳极光柱部分的长度，从阴极到负辉区的距离改变不显著，这是因为两极间的电压下降几乎都发生在阴极到负辉区之间，使辉光放电产生的正离子撞击阴极，把阴极物质打出来，就是所谓的溅射法，所以阳极与阴极间的距离至少要比阴极与辉光区之间的距离大。

从前面的分析已知，辉光放电极间电压主要降落在阴极位降区，它是维持辉光放电不可缺少的区域。阴极位降区的大小与气体成分、种类和阴极材料有关。

辉光放电的条件是：

- 放电间隙中电场是均匀的，至少没有很大的不均匀性。
- 气压 P 不是很大，一般在 4～13300Pa，且当 $Pd<3\times10^4Pa\cdot cm$ 时可出现正常辉光放电，当 $Pd>3\times10^4Pa\cdot cm$ 时，非自持放电过渡到弧光放电或火花放电，而当 $pd>(Pd)_{min}$ 时，非自持放电通常会过渡到火花放电或丝状放电。
- 放电回路中的电源和电阻允许通过毫安以上的电流。

2. 溅射现象

1）溅射现象的概念

用带有几十电子伏特以上能量的粒子或粒子束照射固体表面，靠近固体表面的离子获得入射粒子能量的一部分，脱离基体进入真空，这种现象称为溅射现象。

溅射现象早已被人们所知，它由英国的 Grove 教授于 1852 年发现。1853 年，法拉第在进行气体放电实验时也发现在玻璃管上有金属沉积物，当时不仅没有想到它有什么用途，而且还当成有害的现象加以预防，对造成的原因不得其解。1902 年，Gordstein 实验证实了上述沉积物是正离子轰击阴极溅射出来的产物，并且第一次实践了人工离子束溅射实验。

当荷能离子碰撞固体表面时会产生一系列物理、化学变化现象。溅射示意图如图 34-4 所示。

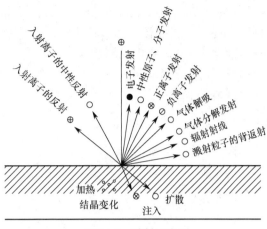

图 34-4　溅射示意图

入射离子的大部分能量由表面传入系统内部，消耗在引起的各种晶格缺陷和损伤上。在这一射程范围内，入射离子会引起样品原子的离位，试样表面被顺次剥离。在由表面到内部的几个原子层以上的范围内，也常会发生显著的原子混合，即原子的位置发生变换。溅射现象涉及复杂的散射过程，与此同时还伴随动能量传递机制，入射到阴极靶表面的离子和高能原子可能产生以下作用及现象。

- 溅射出阴极靶原子。
- 产生二次电子。
- 溅射掉表面沾污，即溅射清洗。
- 离子被电子中和，以高能中性原子或金属原子的形式从阴极表面反射。
- 进入阴极表面改变其表面性能。
- 一次离子未失去电荷而被反射。
- 被轰击出的吸附在靶表面的被电离后的气体分子。

溅射出的表面的原子可能再现下列情况。

- 被散射回阴极。
- 被电子轰击产生电离或被亚稳原子碰撞电离，$S^0+G^* \rightarrow S^+ +G^0 +e^-$，产生的离子加速返回阴极，或产生新的溅射作用，或在阴极区损失掉。
- 以荷能中性粒子的形式沉积到基片或其他某些部位上，即溅射镀膜的过程。

溅射的直接对象是材料表面，溅射对材料表面的作用如下。

- 表面粒子：溅射原子或分子，二次电子发射，正、负离子发射，溅射原子返回，解吸附杂质原子或分解，光辐射等。
- 表面物化现象：加热、清洗、刻蚀、化学分解或反应。
- 材料表面层现象：结构损伤、级联碰撞、离子注入、扩散共混、非晶化和化合相。

2）溅射机制

用肉眼观察固体的表面是完全被物质充满的。在原子尺度上，用光学显微镜和电子显微镜仔细观察，固体表面却呈现出充满洞孔的状态。溅射的过程就是原子与充满孔洞表面的作用过程，溅射完全是粒子动能的交换过程。一般溅射时用的 Ar 离子的能量为 1keV（速度为 2km/s）。入射离子在进入试样的过程中，与样品原子发生弹性碰撞，入射原子的一部分动能会传给试样的原子，当原子的动能超过由其周围存在的其他样品原子所形成的势垒（对金属来说是 5～10eV 时），这种原子会从晶格点阵碰撞出来，产生高位原子，进一步和附近试样原子依次反复碰撞，会引起固体内部原子之间一连串的碰撞，产生所谓的级联碰撞。当这种级联碰撞至样品表面时，碰撞传给表面原子的能量将大于它与固体的表面结合能（一般金属－6eV），那么原子就会挣脱束缚飞出固体表面，进入真空中，成为溅射原子，这种现象就是溅射。溅射原子大多数来源于表面零点几纳米的前表层。溅射靶材时是从表面开始剥离的。有大约 1%的入射离子能量转移到溅射原子上，其余能量则通过级联碰撞消耗在靶材的表层中。

3）溅射产额

溅射产额又称溅射率，是指每个入射离子所击出的靶材原子数，不同材料在不同溅射粒子的作用下，其溅射产额是不同的，溅射产额直接影响成膜效率。表 34-1 给出了常用靶材的溅射产额。

表 34-1　常用靶材的溅射产额

靶材	阈值/eV	Ar 离子能量/eV			靶材	阈值/eV	Ar 离子能量/eV		
		100	300	600			100	300	600
Ag	15	0.63	2.20	3.40	Ni	21	0.28	0.95	1.52
Al	13	0.11	0.65	1.24	Si		0.07	0.31	0.53
Au	20	0.32	1.65		Ta	26	0.10	0.41	0.62
Co	25	0.15	0.81	1.36	Ti	20	0.081	0.33	0.58
Cr	22	0.30	0.87	1.30	V	23	0.11	0.41	0.70
Cu	17	0.48	1.59	2.30	W	33	0.068	0.40	0.62
Mo	24	0.13	0.58	0.93	Zr	22	0.12	0.41	0.75
Fe	20	0.20	0.76	1.26					

入射离子束中离子的能量通常在几十电子伏特到几万电子伏特，溅射产额随入射离子能量的增加近似呈正比例增加，用这样的离子入射照射试样的一面，其中一部分在试样表面发生背散射，再返回到真空中去，大部分进入试样内部，这些入射离子经弹性靶射和非弹性散射，最终在试样内部达到静止状态，这就是所谓的注入离子。

影响溅射产额的因素如下。

溅射产额阈值：当入射离子能量小于或等于某个能量值时，不会发生溅射现象，此值称为溅射阈值。对同一靶材，入射离子不同，溅射阈值不同；对同一入射离子，不同的靶材溅射阈值也不同。

溅射产额与入射离子能量的关系：当入射离子能量低于阈值时，没有溅射产额；在 $10\sim10^4$eV 能量之间时，溅射产额随入射离子能量的增加而增加，较低能量区几乎是线性增加的。当能量稍高时，增加趋势变缓；当入射离子能量过高时，溅射产额变小，是因为接近于离子注入。

溅射产额与入射离子的原子序数之间的关系：一般来讲，原子序数越大，原子质量越大，产额越大，但略有起伏。

溅射产额与靶材原子序数的关系：有与溅射阈值相近的规律。阈值大的溅射产额大，反之亦然。

溅射产额与入射角的关系：入射角是法线与基体表面的夹角。入射角从 0 开始增加，产额随入射角的增加而增加；在 70°～80°之间，溅射系数最大，呈现一个高峰值。随后，继续增加入射角，溅射产额几乎为0。

溅射产额与工作气压的关系：当气压低时，溅射产额不随气压变化；当气压高时，气压越高，溅射产额越小。原因一方面是入射离子能量由于碰撞有所减小；另一方面是溅射原子又返回到基体表面的概率增大。

溅射产额与温度的关系：在某一温度期间，溅射产额与温度无关，但超出某一温度，产额会急剧增加。

4）几种溅射方式

目前，研究人员已研究出各种各样的溅射镀膜装置，根据电的结构、电极的相对位置以及溅射薄膜的过程，可将溅射方式分为二极溅射、三极（包括四极）溅射、三级溅射（如图34-5所示）、磁控溅射、对向靶溅射、离子束溅射、吸气溅射等。在这些溅射方式中，如果在Ar中混入反应气体，如O_2、N_2、CH_4、C_2H_2等，那么可制得靶材料的氧化物、氮化物、碳化物等化合物薄膜，这就是反应溅射。在成膜的基片上施加0～500V的负偏压，使离子轰击膜层的同时成膜，使膜层致密，改善膜的性能，这就是偏压溅射。在射频电压作用下，利用电子和离子运动特征的不同，在靶的表面引出负的直流脉冲而产生溅射现象，该方法对绝缘体也能溅射镀膜，这就是射频溅射。因此按溅射方式的不同，溅射又可分为直流溅射、射频溅射、偏压溅射、反应溅射。

3. 双层辉光离子渗金属原理

双层辉光离子渗金属技术（简称"双辉技术"），是在低真空条件下，利用双层辉光放电现象及其所产生的低温等离子体，通过离子轰击、溅射、空间传输、沉积及扩散等过程，在金属材料表面形成具有特殊物理、化学性能合金层的表面工程技术。双辉技术原理图如图34-6所示。

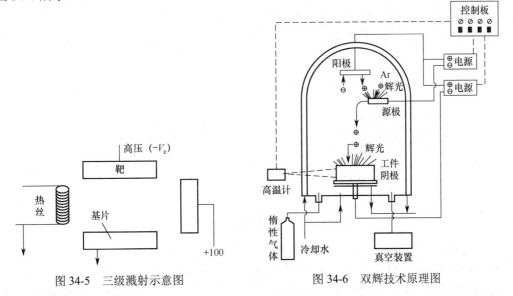

图34-5　三级溅射示意图　　　　图34-6　双辉技术原理图

在真空容器里设置以下三个电极：阳极、阴极（工件）和由欲渗合金元素制成的源极。在阳极与工件之间以及阳极和源极之间各设一个可控直流电源，工件和源极都处于负电位。当真空室抽真空后，充入一定的 Ar，接通两个直流电源，便会在阳极与工件之间、阳极与源极之间同时产生辉光放电，这就是所谓的双层辉光放电现象。利用辉光放电产生的氩离子轰击源极，使欲渗合金元素由源极表面被溅射出来，通过空间输运到工件表面而被工件表面吸附。与此同时，氩离子轰击工件使其加热至高温，并使工件表面吸附的合金元素在高温条件下向工件内部扩散，形成高硬、耐磨、抗腐蚀的合金层。

"双辉技术"采用的工作气体为 Ar。在辉光放电条件下，Ar 在与粒子的碰撞中，氩原子将发生激化和电离。激化是氩原子的内层电子被激发跳跃到具有高能位的外层，成为不稳定的激发电子。当这种高能量电子由于不稳定而跳回低能位的内层时，该电子释放的能量便以光的形式出现，这就是产生辉光的主要根源。电离是指氩原子和其他粒子碰撞而使其电子逸出氩原子，形成一个带正电的氩离子和一个自由电子。在电场的驱动下，氩的正离子向具有负电位的工件和源极轰击。工件因被轰击而加热至高温，源极因离子轰击而使合金元素被溅射出来。在辉光放电的空间里，被溅射出来的合金元素原子和氩原子一样，也同样会发生激化和电离。因此，放电空间存在氩的正离子、电子、合金元素及基体元素的正离子，还有各种元素的中性粒子与快速粒子，以及各种带电或不带电的原子团等。辉光放电空间中的粒子种类和形态繁多，它们之间的相互作用相当复杂。在电场的作用下，凡是带负电的粒子都向阳极做定向运动，凡是带正电的粒子都向工件和源极做定向运动，凡中性粒子及原子团则作无规则的自由运动。

总之，氩的正离子轰击源极，使源极材料中的合金元素被溅射出来，经过辉光放电空间，向工件方向运动并吸附在工件表面。工件在大量离子的轰击下，都以其动能的消耗而使工件加热至高温，从而使吸附在工件表面的合金元素通过扩散进入工件表面，形成合金层。

1）空心阴极放电

在一般辉光放电的真空容器内，设置两个等电位的平行平板的阴极，如图 34-7 所示。图中 1 为阴极 C_1，2 为阴极 C_2，3 为阳极，4 为进气口，5 为抽气口，阴极与阳极之间的距离为 d。

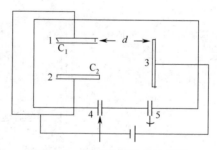

图 34-7 空芯阴极放电示意图

加上直流电压，当满足气体点燃电压时，这两个阴极与阳极都产生辉光放电，两个阴极产生各自的阿斯顿暗区、阴极辉光区、阴极暗区、负辉区、法拉第暗区、正柱区，当两阴极间的距离>$2d$ 时，两个阴位降区互相独立，不发生影响，有两个独立的阴极暗区和负辉区，法拉第暗区和正柱区为共用的。

d_K 为阴极位降区的宽度，用下式计算：

$$d_{\mathrm{K}} = \frac{a}{\sqrt{j}} + \frac{b}{P} = 0.82 \frac{\ln\left(1 + \dfrac{1}{r}\right)}{AP} \tag{34-6}$$

式中，j 为电流密度，P 为气压，a、b 为常数，A 为常数，r 为二次电子发射系数。

　　当气体种类和阴极材料一定时，d_{K} 和气体的压强成反比，即 $P \cdot d_{\mathrm{K}} =$ 常数。假如两个阴极板互相靠近，当距离 $<2d$ 时，两阴极间产生的负辉区也合并，此时从 C_1 发射出来的电子在 C_1 的阴极位降区加速，当进入 C_2 阴极位降区时又被减速，如果这些电子设备产生电离和激发，则电子在 C_1 和 C_2 之间来回振荡，增加了电子和气体分子的碰撞概率，可引起更多原子的激发和电离，电离密度增加，负辉区光强度增大，这种现象称为空心阴极效应，即空心阴极放电。

　　如果阴极是空心管时，空心阴极效应更加明显，靠近管壁处是阿斯顿暗区，靠管中心处是阴极辉光区、阴极暗区和强的负辉区。空心阴极放电满足下列共振条件时，得到最大的空心阴极效应。

　　平行平板：

$$2(D - 2S)f = v_{\mathrm{e}} \tag{34-7}$$

　　圆管形阴极：

$$2df = v_{\mathrm{e}} \tag{34-8}$$

式中，D 为平行平板之间距离，S 为阴极位降宽度，d 为圆管内径，f 为电子在空心阴极间的振荡频率，v_{e} 为电子通过等级阴极被加速获得的速度。

　　2）不等电位空心阴极放电

　　如图 34-8 所示，在真空容器内设置两个平行的板极 C_1 和 C_2，将阴极板 C_1 和 C_2 单独与各自的直流电源连接，而阳极为公用或独立的。各自的电源可以独立调整，当两者电位不等时，也会产生空心阴极效应。先将 C_1 在一定的电压下放电起辉，然后再将 C_2 阴极起辉。一般情况下，C_1 和 C_2 两电极各自单独起辉，两个负辉区互不相干，各极电流也无明显的变化，即分别产生各自正的常辉光放电，表现为双层辉光放电，但是当 C_1 和 C_2 两极间距离一定时，C_2 极的电压 V_{C2} 连续升高，C_2 极的负辉区便向前延伸，一旦与 C_1 极负辉区相衔接并重合成一体时，不但辉光

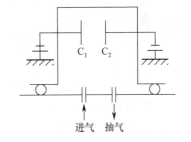

图 34-8　不等电位空心阴极放电示意图

亮度明显增加，而且各阴极电流密度也明显增大。如再将 V_{C2} 升高，两阴极间辉光亮度及各极电流也都以较大幅度升高。同样各极的电压不变（不相等），当 C_1 和 C_2 互相靠近时，也会使它的负辉区重合成一体，负辉区亮度增加，各极的电流密度也会有较大的提高，这种现象称为不等电位空心阴极效应。

　　产生不等电位空心阴极放电的最低电压称为引燃电压，即产生不等电压空心阴极放电时两电极电压之和的最小值 $V_{C1,C2} = V_{C1} + V_{C2}$，实验结果表明，在气压 P 及两电极间的距离 d 一定的条件下，$V_{C1,C2}$ 基本是常数，V_{C1} 和 V_{C2} 可以是不同的组合。$V_{C1,C2}$ 一般随气压 P 和距离 d 的增大而增大。

不等电位空心阴极效应产生的电流放大作用有两个明显的特征，一个是放电一经引燃，两电极 C_1 和 C_2 的电流发生突变，另一个是 V_{C1} 不变，通过 V_{C2} 的变化使 I_{C1} 的大小改变，但一经引燃后，I_{C1} 随 V_{C2} 的增加而大幅度上升，I_{C2} 也增加，所以 V_{C2} 增加，电流 I_{C1}、I_{C2} 也增加，气压 P 和距离 d 对电流有放大效果。

在阴极和中间极之间加入直流电源，其电压达到一定值以后，它们之间也产生了辉光放电，我们称这种阳极与阴极、阳极与中间极之间的辉光放电现象为双层辉光放电现象。若在阳极与阴极之间插入多个中间极，则可以形成多层辉光放电。

双层辉电离子渗金属就是将上述的中间极换成欲渗的金属极，称为金属源极，简称源极。利用源极辉光放电的溅射现象将其中的原子或离子溅射出来。依靠负偏压把这些粒子吸附于阴极（工件），达到渗金属目的。因为各种合金元素的每个原子的汽化能约为 10eV，辉光放电中产生的离子的能量很高，可达 50eV，因此，在辉光放电条件下，产生的离子轰击源表面，使金属源加热到白炽状态，由于高能离子的轰击，金属原子或离子不断地从源表面溅射出来，为离子渗金属不断地提供金属离子，使炉内充满活性的金属原子或离子，同时又利用阳、阴极之间的辉光放电使工件加热到渗金属的温度，从源极溅射出来的金属原子和离子被工件吸附，工件表面形成了离化的欲渗金属元素的原子或离子堆积层，借助扩散向工件内部渗入，形成一定渗层厚度的合金层。

双层辉光离子渗金属关键的问题是源极、中间极、阴极之间的距离要控制在阴极位降区宽度 d_K 和 $2d_K$ 之间，以便形成不等电位的空心阴极效应，当接通直流电源时，阴极和源极间产生的辉光放电层重叠将加剧辉光放电的强度，从而有利于增加源极的溅射，当阴极和源极处于同一负电位时，这种辉光的相互叠加使辉光强化的现象称为空心阴极效应，当阴极和源极具有不同的电位时，它们之间产生的辉光也发生类似空心阴极效应的强化作用，我们把这种现象称为不等电位和空心阴极效应，这是双层辉光离子渗金属的主要特征。

根据对气体辉光放电理论及现象的研究，环绕阴极周围产生的辉光有空间电位位降区，称为阴极位降区，阴极位降区的宽度是气体放电条件下气体压力的函数，随气压而变化。

4. 双层辉光离子渗金属工艺

1）双层辉光离子渗金属工艺参数选择

（1）源极电源特性——源极电压选择。

随着源极电压的升高，源极电流和阴极电流增大，渗层表面的浓度、渗层厚度及源极失重都相应增大。在离子渗金属的过程中，源极电压的高低直接影响正离子轰击表面时的能量大小，电压升高，源极位降增大，正离子轰击源极的能量增大，从而提高源的溅射率，使试样表面合金元素的浓度增大，渗层加厚。在阴极电压为 500V、阴极与源极间距为 15mm 条件下，当源极电压达 900V 时，源极电流密度由其相同气压条件下，单独辉光放电时的 1.5mA/cm^2 上升到 16mA/cm^2，由溅射镀膜技术的结果 $Q_{沉积速率} = CIr$（C 为溅射特性常数，I 为离子流，r 为溅射系数）可知，源极电压的升高，使溅射系数和离子流增大，提高了渗速，一般 $V_{源}$ 为 900～800V。

（2）阴极电压特性——阴极电压的选择。

在源极电压 V_S、气压 P、阴极与源极间距离 d 不变的情况下，试样表面合金浓度 C_m、

渗层厚度 d_a 均随阴极电压的升高出现一个极大值。这个极大值为 400～500V。在 400V 以下，C_m 和 d_a 随 $V_阴$ 的增加而增加；在 500V 以上，C_m 和 d_a 随 $V_阴$ 的增加而减少。

工件阴极也需要辉光放电产生的正离子轰击表面使之加热活化，阴极电压增大，阴极电流、源极电流均增大，但源极电流增大的幅度大，源极溅射强，$V_阴$ 增大、$I_阴$ 增大意味着试样表面的溅射也增强，结果使沉积到试样表面的合金元素又被溅射出来，返回到空间中，其中一部分返回源极，使试样表面欲渗元素浓度下降。当 $V_阴 > 500V$ 时，尽管源极电流增加，但试样表面溅射增大，使表面的欲渗元素浓度降低，所以阴极电压一般选择 400～600V，阴极电压高，对阴极的溅射作用严重。

（3）阴极与源极间距离 d 的选择。

阴极与源极间距离 d 对试样表面余金浓度 C_m、渗层厚度 d_a 有很大的影响。这是由于溅射出来的原子随源极与阴极距离的增大向周围空间散失的数目增多，更主要的原因是源极与阴极之间距离增大，空心阴极效应减弱，辉光放电效应减弱，源极电流减小，溅射量下降，即等离子体中欲渗元素浓度下降。一般阴极与源极之间距离为 15～25mm 较好。当 $d < 15mm$ 时，阴极和源极的辉光放电急剧增强，造成输出功率加大，工件温度过高。

（4）工作气压的选择。

工作气压太低时，电离效率低，溅射产生的原子量少；气压升高，离子数增多，溅射量增加。但另一方面，气压升高，气体分子的平均自由程减小，碰撞概率增大，因碰撞靶材返回源极的溅射粒子（包括离子、电子和原子）数量增加，达到试样表面的金属粒子数量减少，上述两种作用叠加的结果，使溅射产生的粒子总量在气压值为 16Pa 时最大。由于不等电位空心阴极效应，气压的生高使电流增大的幅度变大，离子流的密度增大，补充了因气压上升而造成的散射损失，因此当气压在 50Pa 以内时，源极的溅射量是随气压的升高而增大的，但当超过 50Pa 时，不仅溅射产生的粒子的散射和返回加剧，同时阴极电流的增大也加剧了试样表面的溅射，使溅射粒子随气压的升高返回源极的数目的增加幅度大于源极提供溅射原子的增加幅度，从而导致 C_m、d_a 的下降趋势，工作气压的升高具有增强电流放大效果及削弱溅射效果的双重作用，所以气压一般选择 30～60Pa。

2）手用锯条渗 W-MO 工艺参数

源极电压为 800～900V 或更高。

阴极电压为 500～600V。

阴极间距为 15～18mm。

保温时间为 2～4h。

工作气压为 40～50Pa。

工件温度为 800～1100℃。

工作气体为 Ar。

【实验装置】

双层辉光离子渗金属在双层辉光离子渗金属仪中进行，双层辉光离子渗金属仪架构如图 34-9 所示，主要由真空腔体、控制系统、真空系统、供气系统、冷却系统以及测温系统构成。

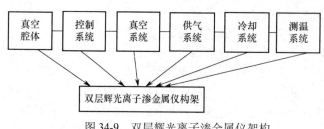

图 34-9　双层辉光离子渗金属仪架构

真空腔体主要提供可以进行渗金属的真空环境，内设样品台、源极和阴极杆，腔体是中空腔体，工作时内部通冷却水。

控制系统是设备电器控制柜，主要控制所有和电、水、气有关的装置，尤其控制源极和阴极电压、电流等。

真空系统主要解决设备真空问题，由于渗金属是在辉光放电下进行的，因此需要一定的真空条件。真空系统一般由机械泵、分子泵以及真空测试仪表组成。

供气系统主要由气瓶、管路、流量计等组成，用以保障工作时的气体供应。

冷却系统主要是水冷系统，由于渗金属过程对温度有一定的要求，会产生比较高的温度，因此必须由冷却系统控制温度和保障设备的正常运行。

【实验内容】

1. 观察双层辉光放电现象

（1）样品预处理后装炉，设置钛源极和不锈钢阴极。

（2）打开冷却水。

（3）打开机械泵抽真空，使气压至 5Pa 以下，打开分子泵抽至极限真空。

（4）充入工作气体 Ar 至预设气压。

（5）控制系统加阴极电压，产生阴极辉光放电 5～10min。

（6）控制系统加源极电压，产生源极辉光放电，至预设温度，开始计时。

（7）关闭应用程序，关闭仪器电源，关闭激光器电源。

2. 观察记录气压和温度的变化规律

双层辉光离子渗金属过程是一个等离子体产生、输运，以及吸附、扩散的复杂过程，实验过程中随着等离子体浓度、温度等的变化，气压温度也发生变化，但对渗金属结果影响比较大的因素是温度。当材料确定时，温度就是最关键的参数，所以在控制其他参数的条件下，使得渗金属温度参数不变是比较重要的工作之一。通过观察气压、功率的变化规律，运用物理知识分析物理现象，采取恰当的方法控制渗金属温度，可得到比较理想的渗金属表面改性层。不锈钢表面渗钛记录表如表 34-2 所示。

表 34-2　不锈钢表面渗镀钛记录表

序号	气压/Pa	温度/℃	源极		阴极		时间	备注
			电压/V	电流/A	电压/V	电流/A		
1								
2								
3								
4								

【注意事项】

1．前期样品预处理过程对实验结果的评价很重要，一定要做到镜面无污染。

2．实验过程严格按操作规程进行，特别关注温度、气压等参数变化，实验进行时不允许无人开机。

3．实验结束等到自然冷却后取出样品，关闭电源。

【结果分析】

观察各样品的断面微观形貌；测量渗层厚度，测量表面强度、摩擦系数变化。

【思考讨论】

1．装炉有哪些注意事项？

2．影响渗金属效果的因素有哪些？

3．为什么在渗金属过程中先加阴极电压 5～10min，然后再加源极电压？

4．在预设气压功率后，随着时间的延长温度会有什么变化，为什么？

【参考文献】

[1] Zhong Xu，Frank F Xiong. Plasma Surface Metallurgy [M]. Berlin: Springer, 2017.

[2] 张高会. 钛合金表面等离子合金化[M]. 北京：兵器工业出版社，2013.

[3] 张高会. 新表面科学与工程[M]. 北京：兵器工业出版社，2014.

[4] 张高会. 现代表面处理技术[M]. 北京：兵器工业出版社，2012.

[5] 高原，贺志勇，刘小萍. 离子渗铬钼手用锯条合金元素与切削性能的研究[J]. 兵工学报，1998，19(4)：331-335.

[6] 徐重，王从曾，苏永安. 锯切工具离子渗金属技术：87104358.0[P]. 1989-07-26.

[7] Zhang G H, Zhang P Z, Pan J D. Status and Prospect of Surface Treatment For Titanium Alloys[J]. WORLD SCI-TECH R&D, 2003, 4: 62-67.

[8] Zhang G H, He Z Y, Pan J D, et, Mechanical And Tribological Properties Of Ti6Al4V Hardened By Double Glow Plasma Hydrogen-Free Carbonitriding[J]. Materials Science Forum Vols, 2005, 475-479：3951-3954.

[9] 张高会，张平则，潘俊德，等. 钛合金双层辉光离子无氢碳氮共渗摩擦学性能研究[J]. 稀有金属材料与工程，2005，34(10)：1646-1649.

[10] Zhang G H, Pan J D, Xu Zhong, et. Friction and wear behavior of double glow plasma no-hydrogen carburizing layer on titanium alloy [J]. Tribology, 2004, 24(2)：111-114.

实验三十五　离子束表面改性实验

电子课件

　　高能束表面改性技术是现代表面科学中非常重要的表面处理方法之一，包括激光束、电子束和离子注入技术，统称三束。

　　激光束表面改性是利用激光的高方向性、高能量的特点，以及激光束与物质相互作用的特性，对材料（包括金属与非金属）进行切割、焊接、表面处理、打孔、微加工，以及作为光源或识别物体等。激光与金属之间的相互作用使材料受到加热、熔化和冲击作用，借助于材料自身的传导冷却，可对材料进行表面处理。激光具有许多优点，在材料表面改性上的应用主要有激光表面淬火、激光表面合金化、激光表面熔覆、激光表面非晶化、激光熔凝以及激光冲击硬化等。

　　电子束表面改性是利用高能电子束轰击材料表面，使其表面温度迅速升高，并发生成分、组织结构变化，从而达到所需性能。该方法称为电子束表面热处理。电子束表面具有加热和冷却速度快、工件变形小、与激光表面处理相比成本低、能量利用率高、真空条件下进行、无污染、表面质量高等特点，同时也有易发射 X 射线的缺点。

　　离子注入（ion implantation）技术是把某种元素的原子电离成离子，然后将所需的金属或非金属离子（如 N^+、C^+、Ti^+、Cr^+ 等）在电场中加速，获得一定能量后，射入金属材料表面，离子束与材料中的原子或分子发生一系列物理和化学作用，入射离子逐渐损失能量，最后停留在材料中，使之形成近表面合金层，从而改变表面性能的表面处理技术。材料经离子注入后，其表面的物理、化学及机械性能会发生显著的变化。离子注入能在不改变材料基体性能的情况下有选择地改善材料表面的耐磨性、耐蚀性、抗氧化性和抗疲劳性等，利用离子注入技术可把异类原子直接引入表层进行表面合金化，引入的原子种类和数量不受任何常规合金化热力学条件限制。结合实验条件，本实验主要探讨的是离子注入技术。按照注入离子的能量划分，离子注入可以分为强流注入、中束流注入和高能注入。强流注入提供高剂量注入，大束流，且成本低，工作电压为 200eV～120keV，可以注入各种元素，所使用的离子源是灯丝结构，或是抗热阴极非直接加热，产生电子和离子。另一种方法是采用 RF 射频源技术，实际上是在磁场环境产生分子激励，然后产生更高的引出束流和更冷的静等离子体。高能注入带来更大的灵活性，同时提高亚微米器件结构的特性。利用高能注入可保证微米层在表面以下生成而不形成任何形式的扰动，高能注入给 IC 制作带来更多机遇。20 世纪 50 年代，研究人员开始研究用离子束作为掺杂手段来改变固体表面的性质。20 世纪 60 年代，离子注入成功应用于半导体材料的精细掺杂，并取代了传统的热扩散工艺，推动了集成电路的迅速发展，引发了微电子、计算机和自动化领域的革命。20 世纪 70 年代，英国科学家开始用离子注入研究金属表面合金化，使离子注入成为目前最活跃的研究领域之一。此外，为了解决注入层浅的问题，注入技术与各种冲击技术、扩散技术结合起来，形成了各种复合表面处理新工艺，出现了离子增强沉积（IBED）、等离子浸没离子注入（PIII）、技术蒸发真空弧离子源（MEVVA）等技术。

【实验目的】

1. 掌握离子注入的基本原理。
2. 了解高能离子束表面改性的物理原理。
3. 掌握离子注入表面改性的工艺程序。
4. 了解离子注入技术的应用。

【实验原理】

1. 离子注入表面改性原理

离子注入表面改性技术是将几万至几十万电子伏特的高能离子注入材料表面，使材料表面层的物理、化学和机械性能发生变化，经离子注入后某些金属材料的抗腐蚀、耐磨和抗氧化性能可提高数千倍、数万倍。尽管表面改性的技术有很多，但离子注入表面改性可获得其他方法不能得到的新合金相，且离子与基体结合牢固，无明显界面和脱落现象，从而解决了许多涂层技术中存在的粘附问题和热膨胀系数不匹配问题，由于处理温度一般在室温附近，因此不会引起精密零件的变形，这是许多表面改性技术无法比拟的，是一种很有发展前途的新技术。离子注入技术与现有的电子束和激光束热处理等表面强化工艺不同，其突出的优点是由于注入的离子能量很高，因此离子注入的过程是非热力学平衡过程，可将在热力学上与基体不互溶的元素注入基体中，可将任何元素注入任意基体材料中，注入元素的种类、能量和剂量均可选择，由于离子的注入是高能量输入的动力学过程，因此获得的表面层组成相不受传统热力学限制，可获得其他方法得不到的新相，离子的注入表层与基体材料无明显界面，力学性能在注入层至基材为连续过渡保证了注入层与基材之间具有良好的动力学匹配性，与基体结合牢固，避免了表面层的破坏与剥落。离子注入处理后的工件表面无形变、无氧化，能保持原有尺寸精度和表面光洁度，特别适合于高精密部件的最后工艺。如超精密轴承、超精密导轨等，由于离子注入处理可以在接近室温时完成，无须对零件进行再精整或再热处理。

离子注入技术是把某种元素的原子电离成离子，并使其在几十至几百千伏的电压下进行加速，在获得较高速度后射入放在真空靶室中的工件材料表面的一种离子束技术。材料经离子注入后，其表面的物理、化学及机械性能会发生显著的变化。

离子注入过程中注入元素的几种作用如下。

（1）弹性碰撞：注入元素与基体原子相互弹性碰撞，最后停留在基体内某个位置。

（2）晶格原子位移：入射离子与晶格原子碰撞，使得晶格原子获得足够的能量并发生位移，成为间隙原子或换位，出现空穴和损伤。

（3）级联碰撞：入射到基体内部的离子将在基体中引起级联碰撞。载能离子进入基体以后，与其中的原子发生电离和原子碰撞两种主要作用。能量为 E_1 的载能离子在固体内慢化的过程中，将一部分能量以弹性碰撞的方式传输给被击的点阵原子，这些被击的点阵原子称为初级碰撞原子。初级碰撞原子仍可能具有相当大的动能，当它们的能量 E_2 超过其离位阈能 E_d 时就会离开其正常位置，变成离位原子并产生空位。而这些初级碰撞原子又可作为"炮弹"撞击其他的点阵原子并使之发生离位，形成二级碰撞原子。同理，具有相当能量的二级碰撞原子又能击出三级离位的碰撞原子……这样一代一代地延续下去，直到各个级次的碰撞原子静止下来，由此构成了一个"级联碰撞"过程，如图 35-1 所示。

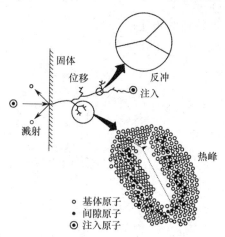

图 35-1　离子注入时级联碰撞示意图

（4）无序态形成：也叫非晶态形成。

（5）热峰效应：在很小的范围内，高能离子将能量转化为热能，使局部地区出现高温效应。

2．离子注入主要特点

（1）靶材与注入元素不受限制，几乎任何元素都可以作为注入元素，任何固体物质都可以作为靶材。

（2）注入过程不受温度限制，可以根据需要在高、低温度下进行。

（3）注入原子不受固溶度限制，不受扩散系数和化学结合力的影响，可以获得新相。

（4）可以精确控制参数，掺杂浓度可以最低到 $5 \times 10^{15} \sim 1 \times 10^{16}/cm^3$。

（5）注入过程的横向扩散可以忽略，深度均匀，大面积均匀性好。

（6）直接注入不改变工件尺寸，可以作为最后处理工序。

离子注入的缺点一个是技术成本高，注入层浅，一般以纳米为单位，最大深度也仅有几微米。再一个是离子的直射性，离子几乎没有绕射性，所以对一些表面有凹凸的工件不易做到均匀处理。

3．注入元素浓度分布

离子从固体表面到其停留点的路程称为射程，一般用 R 表示；射程在入射方向上的投影长度称为投影射程，用 R_p 表示。注入离子与基材原子之间的碰撞是随机的，各个离子的射程也是不相同的。丹麦科学家 Lindhard 等人提出的射程理论（LSS 理论）认为：注入离子浓度 N 随深度的变化呈高斯分布，如图 35-2 所示，浓度 $N(x)$ 随深度 x 的分布可表示为

$$N(x) = N_{max}\mathrm{e}^{\frac{-x^2}{2}}$$

平均投影射程的最大峰值浓度与入射离子的注入剂量成正比。注入元素沿深度的高斯分布，只在注入剂量较低的情况下相符。

当离子注入是沿基体的晶向注入时，注入离子可能与晶格原子发生较少的碰撞而进入较深的位置，这种现象叫沟道效应。显然沟道效应影响射程分布。研究表明，沟道离子的射程分布随离子注入剂量的增加而减小，并随温度的升高而减小，这是由于晶格的损伤或者无序化阻碍了沟道效应的产生。

当注入剂量过高时，将会使注入离子分布偏离高斯分布，这是由于在离子注入的同时，还会发生近表面的靶原子和已经注入的原子被溅射掉的现象。注入量增大，被溅射掉的概率增大，当注入的原子与被溅射掉的原子数量相同时，注入达到平衡态。此时，注入离子的浓度达到极限值。

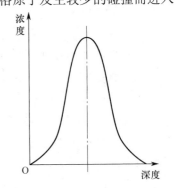

图 35-2　注入离子浓度与深度的关系

4. 注入离子表面改性的机理

1）离子注入强化

金属处理强化主要有固溶强化、位错强化、晶界与晶面强化和析出强化。

当离子注入时，注入离子的高能量与基体原子的强烈碰撞会产生大量的空位和间隙原子，并形成各种位错组态，从而使注入金属表面强化。由于注入间隙原子引起晶格应力大于置换溶质原子引起的应力，所以把碳、氮注入铁中比将锰、硅注入铁中更有利于固溶强化；并且，注入原子的半径和负电性与基体原子差别大的比差别小的有利于强化。随着注入量的增加，过饱和浓度也随之增大，固溶强化效果越明显。

注入原子半径大于基体原子半径，注入原子将优先占据刃型位错下方；而注入原子半径小于基体原子半径，注入原子可能与基体原子置换，形成置换固溶体；也可能占据晶格间隙，形成间隙原子，这样的位置均可以使位错移动阻力加大，形成钉扎位错，强化表面。离子注入引起的位错密度变化程度与注入离子的半径以及注入量有很大的关系，注入离子半径越大，则晶格的畸变越明显；若注入剂量增加，则缺陷浓度增大，相应地，其强化效益也越明显。一般来讲，为了使注入原子产生最大限度的强化效果，应使注入离子有充分的钉扎效果。注入离子应该与位错有充分的相互作用。在施加应力时，借助于非弹性行为，形成位错纠缠。尽量使注入离子沿位错线扩散，最终停留在位错节点上，达到钉扎最大化；从晶体结构出发，与体心立方相比，面心立方和密排六方结构的滑移系统将导致三维位错节点的形成。

离子注入可以细化晶粒，起到强化基体的作用。晶粒细化不仅可以提高屈服强度，而且有助于提高韧性。

另外，离子注入可以产生新相。离子注入时，一些新相的诞生也是表面强化的一个主要原因，如氮化物、碳化物、硼化物等，这些化合物均匀弥散析出，提高了材料强度。

最后一个强化原因是离子注入过程是高能量离子对表面的轰击过程，该过程有喷丸强化的作用，即产生压应力。

总之，离子注入表面强化的机理有：固溶强化、晶粒细化、晶格损伤、弥散强化、压应力效应。

2）耐磨性能

离子注入是通过两种不同的机制改善材料耐磨性能的。其一是通过析出的硬化相来提高材料表面的屈服强度。当给材料注入 C、N 这类活性离子时，可形成细小的弥散分布的碳化物和氮化物硬质相。随着注入离子数量的增加，这些硬粒子不断聚集，从而提高了材料的表面硬度。将钛离子注入碳钢或合金钢中，可在表面层形成细小且与基体共格的碳化钛陶瓷颗粒，提高硬度与耐磨性。其二是降低摩擦系数，高能离子与晶格原子发生碰撞后，使大量原子从原来的点阵位置离开，导致高度畸变，有时是非晶态结构，因此使材料表面摩擦系数减小。例如，将 N 离子注入 Ti6Al4V 材料，使 Ti6Al4V 磨损率减小 500 倍，这是由于 N 离子注入改善了磨损过程。当未注入离子时，磨损由粘着机制产生，N 离子注入后把粘着磨损改变为具有低摩擦系数和低磨损率的氧化过程。

离子注入引起的层位错强化、超饱和固溶强化和合金相金属间化合物弥散强化，是提高注入层硬度、增长抗磨损寿命的主要原因。

3）离子注入非晶化

注入金属材料表面的高能离子与金属表面原子发生碰撞，将在基体中引起级联碰撞，损伤原有晶格结构，使金属表面形成非晶态与无晶界的表面层。在非晶相中不存在晶界、位错等缺陷。例如，将钛、碳离子先后注入零件可产生非晶态表面。

4）离子注入提高疲劳强度、延长抗疲劳寿命

在低碳钢和不锈钢表面注入 N 离子，可使其抗疲劳寿命延长 8 至 10 倍。航空发动机上压缩机叶片注入 Pt 和 Ba 后，均能在高温下延长抗疲劳寿命。虽然离子注入不改变显微硬度，但却能延长抗疲劳寿命。这表明位错没能穿过近表面区域而形成滑移带，因此，裂纹的形核受到了阻止。注入后高的损伤缺陷阻止了位移运动，形成可塑性表面层，表面的压应力也可以阻止裂纹的形成，延长抗疲劳寿命。

5）离子注入提高抗氧化性

离子注入能提高金属抗氧化能力的原因，一方面是离子注入后，注入元素富集于晶界，阻止氧元素向内部扩散，或者是形成致密的氧化物阻挡层；另一方面，注入元素进入氧化膜后，改变了膜的导电性，抑制了阳离子向外扩散，从而降低氧化速度。

6）离子注入提高抗腐蚀性

注入金属材料表面的高能离子与金属表面原子发生碰撞，损伤了原有的晶格结构，使金属表面形成非晶态与无晶界的表面层。在非晶相中不存在晶界、位错等缺陷，降低了表层的微电池数目，从而提高了金属材料的抗腐蚀性。例如，将钛、碳离子先后注入零件可产生非晶态表面，使抗腐蚀性大大提高。

离子注入可在钢零件表面产生一层难熔的氧化膜，并加速表面钝化，这种钝化膜可防

止钢在稀释的碱性溶液中发生点蚀。

离子注入不但会在材料表面形成非晶态，而且易在金属材料表面生成单相固溶体和亚稳态，表层的单相固溶体结构避免了不同相之间的电极电位差，从而提高了抗腐蚀性。经测试把 N、Pa、Ta 等元素离子注入 Ti 中，可使其在沸腾的 $IM-H_2SO_4$ 中腐蚀速度降低 1000 倍。

离子注入对大气腐蚀有抑制作用。例如，在铝、不锈钢中注入 He 离子，在铜中注入 B、Ne、Al 和 Cr 离子，金属或合金抗大气腐蚀性明显提高。其原因是离子注入的金属表面形成了注入元素的饱和层，阻止金属表面吸附其他气体，所以提高了金属抗大气腐蚀性。

在零件表面注入惰性元素，可提高表面化学稳定性，改善抗腐蚀性。

5. 离子注入的应用

1）在电子工业中的应用

现在，离子注入成为微电子工艺中的一种重要的掺杂技术，也是控制 MOSFET 阈值电压的一个重要手段。离子注入因其掺杂精确控制的特点在集成电路从中小规模发展到超大规模的过程中起到了关键的作用，并在微波、激光和红外技术中得到了应用。

2）在机械零件中的应用

改善零件表面强度，可提高耐磨性、耐蚀性、抗高温氧化性，改善疲劳强度等。注入元素有 N、C、Cr、Ti、Ta、Y、Sn、B、Mo、Ag、Co 等。离子注入作为物理冶金的一种研究手段，可以制备出其他方法无法获得的新合金系统，研究新合金的性能。

3）用于材料科学的研究

一是可以测量注入元素的位置，因为元素的位置对材料性能有很大的影响；二是可以进行扩散系数的测定。

4）在模具工业中的应用

可提高模具的耐磨性、疲劳强度、抗腐蚀性、抗氧化性。将离子注入塑料成型模具，可以大大延长模具的使用寿命。

5）在生物和医疗方面的应用

在医疗领域中，作为人工关节的钛合金制品，经离子注入处理后性能得到了极大改善，作为人工血泵和人造心瓣膜的生物高分子材料，经离子注入处理后增加了机械强度，耐磨性也得到了提高，延长了使用寿命。需注意注入量要严格控制。

6. 几种变异的离子注入方式

1）反冲注入

将预镀元素涂抹于基体表面，利用离子注入，使离子轰击预镀层，镀层原子反冲进入基体。

2）轰击扩散镀层

与反冲注入类似，只是在基体下方增加一个加热源，对基体进行加热，以便离子向基体扩散。

3）动态反冲注入

利用离子溅射预镀元素源极，溅射出的预镀元素沉积到基体表面，同时对基体进行离子注入，即镀膜和注入同时进行。源极溅射方向和离子注入有一定的角度要求，保证溅射离子和注入方向互不影响。

4）离子混合

用离子轰击 A、B 两种源极材料，交替进行镀膜和离子注入，使表面出现交替生长的多层改性膜。

【实验装置】

离子注入是在一种称为离子注入机的设备上进行的，如图 35-3 所示。离子注入机是因半导体材料的掺杂需要而于 20 世纪 60 年代问世的。虽然有一些不同的类型，但它们一般都由以下几个主要部分组成。

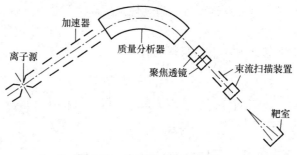

图 35-3　离子注入机示意图

离子源：用于产生和引出某种元素的离子束，这是离子注入机的源头。离子源是离子注入设备中最关键的部件，分为气体离子源和金属离子源。金属离子源又称为 MAAWA 源，两者的结构及工作原理完全不同。气体离子源主要是将气体分子在高温灯丝加速电子作用下离化，然后加速引出。金属离子源是利用弧光放电产生的高温将金属熔化并蒸发离化，然后引出。

加速器：对离子源引出的离子束进行加速，使其拥有所需的能量。

质量分析器：进行离子种类的选择。

聚焦透镜、束流扫描装置：利用磁控制系统对离子进行聚焦。

靶室：将经过加速、选定并聚焦后的离子注入基体。

【实验内容】

在工业纯钛表面注入 N 离子，观察离子注入现象；记录屏极电压和束流等参数；测试注氮后样品的表面特性。

1. 抽真空

（1）打开水阀、电阀、气泵，打开供电电源和样品转动控制电源。

（2）打开挡板程序，将挡板调至合适位置再将样品放入。

（3）关闭 V12 放气阀门，关闭腔体。

（4）开机械泵控制电源，转动 V1 控制阀门到底，2min 后打开复合真空计，等待复合真空计读数降至 5.0Pa 及以下。

（5）关闭 V1 控制阀门，打开电磁阀、闸板阀，等复合真空计读数再次降至 5.0Pa 及以下。

（6）开启分子泵，待显示屏示数闪烁几下再启动开关，抽真空使气压至 10^{-4}Pa 及以下。

2. 离子注入过程

（1）将放电棒放置于地上。

（2）打开供气瓶开关、供气针阀，打开真空腔 V10 供气开关，至真空计读数到 10^{-2}Pa 左右。

（3）打开离子源工作电源，缓慢调节屏极电压（一般为 20kV）、阳极（110V）、加速电压（1kV），然后调节阴极电压直至束流出现，缓慢调制为 10mA。此时可见有光束射到样品上。重复步骤（3），并将数据记录于表 35-1 中。

表 35-1　离子注入实验记录表

名称				日期		
序号	屏极电压/V	加速电压/V	束流/A	开始时间	结束时间	备注

（4）按标定时间进行离子注入，结束后将屏极电压调节至 0，依次关闭阳极电压、阴极电压、加速电压，关闭离子源工作电源。

（5）用放电棒轻触几下供气针阀放电（离子注入过程带有的高压，需要放掉，以免出现安全事故，实验中严禁触碰供气系统）。

（6）关闭供气开关。

3. 停真空

（1）停止分子泵，待分子泵示数降到 0，关闭分子泵电源。

（2）依次关闭电磁阀、闸板阀、机械泵。

（3）关闭复合真空计。

（4）关闭左、右控制柜电源。

（5）关闭水阀、气泵。

1h 后打开腔体门，取出样品。

【注意事项】

1. 注入源有较高电压，需要特别注意安全，工作期间不允许到禁区，更不允许触摸注入源附近。

2．工作结束后，首先用放电棒放电。

3．实验结束，关闭电源，最少过 1h 再取出样品。

4．接触样品侧面，不用手直接接触样品处理面。

【结果分析】

观察各样品的表面颜色变化，表面形貌变化；测量耐腐蚀性变化。

【思考讨论】

1．离子注入的基本原理是什么？

2．离子注入的特点有哪些？

3．离子注入的真空要求范围是多少？真空度不够会有哪些副作用？

4．屏极电压反映了什么物理特性？

5．质量分析仪的工作原理是什么？

【参考文献】

[1] 张通和，吴瑜光. 离子束材料科学和应用[M]. 北京：科学出版社，1999.

[2] 张伟，聂师华. 离子注入技术在 n 型太阳电池中的应用研究[J]. 科学与信息化. 2021，17：100-101.

[3] 冯兴国，张凯锋，周晖，等. Ti6Al4V 合金表面离子注入 N+C、Ti+N 和 Ti+C 性能研究[J]. 稀有金属材料与工程，2019，5：1447-1453.

[4] 冯建东，林振金，杨锡震，等. 离子注入重掺 N 的 GaP 中过带隙发光谱[J]. 北京师范大学学报，1988，2：47-50.

[5] 张高会. 钛合金表面等离子合金化[M]. 北京：兵器工业出版社，2013.

[6] 张高会. 新表面科学与工程[M]. 北京：兵器工业出版社，2014.

[7] 张高会. 现代表面处理技术[M]. 北京：兵器工业出版社，2012.

[8] 王贻华，胡正琼. 离子注入与分析基础[M]. 北京：航空工业出版社，1992.

[9] 张通和，吴瑜光. 离子注入表面优化技术[M]. 北京：冶金工业出版社，1993.

[10] 张通和，吴瑜光. 离子束表面工程技术和应用[M]. 北京：机械工业出版社，2005.